B. Jacobi, S. Partovi

BASICS Molekulare Zellbiologie

Björn Jacobi, Sasan Partovi

Mit fachlicher Unterstützung von Prof. Dr. Alwin Krämer

# BASICS
# Molekulare Zellbiologie

ELSEVIER
URBAN & FISCHER

URBAN & FISCHER München

**Zuschriften und Kritik bitte an:**
Elsevier GmbH, Urban & Fischer Verlag, Hackerbrücke 6, 80335 München

**Wichtiger Hinweis für den Benutzer**
Die Erkenntnisse in der Medizin unterliegen laufendem Wandel durch Forschung und klinische Erfahrungen. Die Autoren dieses Werkes haben große Sorgfalt darauf verwendet, dass die in diesem Werk gemachten therapeutischen Angaben (insbesondere hinsichtlich Indikation, Dosierung und unerwünschter Wirkungen) dem derzeitigen Wissensstand entsprechen. Das entbindet den Nutzer dieses Werkes aber nicht von der Verpflichtung, anhand weiterer schriftlicher Informationsquellen zu überprüfen, ob die dort gemachten Angaben von denen in diesem Buch abweichen, und seine Verordnungen und Entscheidungen in eigener Verantwortung zu treffen.

**Bibliografische Information der Deutschen Nationalbibliothek**
Die Deutsche Nationalbibliothek verzeichnet diese Publikation in der Deutschen Nationalbibliografie; detaillierte bibliografische Daten sind im Internet unter http://dnb.d-nb.de abrufbar.


1. Auflage 2011

Der Urban & Fischer Verlag ist ein Imprint der Elsevier GmbH.

11 12 13 14 15 5 4 3 2 1



Planung: Inga Dopatka, Dr. Konstanze Knies, Dr. Constance Spring
Redaktion + Register: Dr. Nikola Schmidt, Berlin
Herstellung: Rainald Schwarz, Elisabeth Märtz
Satz: Kösel, Krugzell
Druck und Bindung: Printer Trento, Trient, Italien
Umschlaggestaltung: SpieszDesign, Neu-Ulm
Titelfotografie: © DigitalVision/GettyImages, München
Gedruckt auf 100 g/qm Eurobulk matt gestr. holzfrei, 1,1 f. Vol.

Printed in Italy
ISBN 978-3-437-42686-5

Aktuelle Informationen finden Sie im Internet unter **www.elsevier.de** und **www.elsevier.com**

# Vorwort



Die molekulare Zellbiologie stellt innerhalb des vorklinischen Medizinstudiums einen Themenbereich dar, der in die Gegenstandskataloge der Fächer Biochemie, Zellbiologie und Physiologie integriert ist. Der enorme Wissenszuwachs auf diesem Gebiet führt zunehmend dazu, dass die molekularen Ursachen von Erkrankungen besser verstanden und zielgerichtete Therapien ermöglicht werden. Für den modernen Arzt ist eine Kenntnis molekularer Vorgänge in der Zelle also nicht nur eine große Hilfe für das Verständnis vieler Körperfunktionen, sondern gleichermaßen für die Bewältigung des Klinikalltags. Im Medizinstudium gewinnen molekulare Zusammenhänge auch in Prüfungen zunehmend an Bedeutung. Das BASICS Molekulare Zellbiologie soll in dieses Fachgebiet auf kompakte und verständliche Weise einführen, ohne komplexe Zusammenhänge zu verfälschen. Bei der Erstellung hat uns der Gegenstandskatalog des Instituts für medizinische Prüfungsfragen als Leitfaden gedient. Wir haben insbesondere darauf geachtet, komplizierte Abbildungen zu vereinfachen, um dem Leser vor allem die für das grundlegende Verständnis notwendigen Informationen zukommen zu lassen. Das Motto dieses Buchs lautet also passend zur BASICS-Reihe: „Schneller Einstieg – Freude beim Lesen – fundierte Prüfungskompetenz“.

Unser Dank gebührt allen Personen und Freunden, die uns bei der Erstellung des Werks unterstützt haben: Allen voran danken wir Prof. Dr. Alwin Krämer für die detaillierte Durchsicht des Manuskripts und seine kompetenten Verbesserungsvorschläge. Für Korrekturen am Text danken wir Yaron Gordon, Christine Jakob-Zipp und Helga Jacobi. Wir bedanken uns insbesondere bei unseren Lektorinnen des Elsevier-Verlags Inga Dopatka, Dr. Konstanze Knies und Dr. Constance Spring sowie bei unserer Redakteurin Dr. Nikola Schmidt für ihre engagierte Unterstützung und die überaus konstruktive Zusammenarbeit. Der herzlichste Dank gilt natürlich unseren besseren Hälften Theresa und Lisa, die in unzähligen Nächten aufgrund des „Tastengehämmers“ nicht einschlafen konnten und uns dennoch jederzeit tatkräftig unterstützten.
So bleibt noch, unseren Lesern viel Spaß bei der Lektüre zu wünschen sowie einen erfolgreichen Weg durch das Medizinstudium und die Berufslaufbahn!

*Heidelberg und Basel, August 2010*
Björn Jacobi und Sasan Partovi

# Inhalt

# Abkürzungsverzeichnis

| | |
|---|---|
| 7TM-Rezeptor | Sieben-Transmembrandomänen-Rezeptor |
| A. | Arteria |
| A | Adenin (DNA-Base) |
| Abb. | Abbildung |
| abl | Abelson-Kinase |
| ADH | Adiuretin |
| ADP | Adenosindiphosphat |
| Ala | Alanin |
| ALT | *engl.* Alternative lengthening of telomers |
| ANP | atriales natriuretisches Peptid |
| Apaf | *engl.* Apoptotic protease-activating factor |
| APC/C | *engl.* Anaphase promoting complex/ Cyclosome |
| APL | akute Promyelozytenleukämie |
| AS | Aminosäure |
| A-Stelle | Akzeptorstelle |
| ATP | Adenosintriphosphat |
| BER | Basenexzisionsreparatur |
| bp | Basenpaar(e) |
| C | Coulomb |
| C | chemisches Symbol für Kohlenstoff |
| C | Cytosin (DNA-Base) |
| $Ca^{2+}$ | Calciumionen |
| CAM | zelluläre Adhäsionsmoleküle |
| cAMP | zyklisches Adenosinmonophosphat |
| CdK | zyklinabhängige Kinase |
| CFTR | *engl.* Cystic fibrosis transmembrane conductance regulator |
| cGMP | zyklisches Guanosinmonophosphat |
| Chk | Checkpoint-Kinase |
| CK | Zytokeratin |
| CKI | zyklinabhängige-Kinase-Inhibitor |
| CM | Calmodulin |
| CML | chronische myeloische Leukämie |
| CNG | *engl.* Cyclic nucleotide gated |
| $CO_2$ | Kohlenstoffdioxid |
| c-Onkogene | zelluläre Onkogene |
| COOH | Carboxyl |
| CREB | *engl.* cAMP response element binding protein |
| CSF | *engl.* Colony-stimulating factor |
| CT | Computertomogramm |
| DAG | Diacylglycerol |
| DHPR | Dihydropyridin |
| d-loop | *engl.* Displacement loop |
| DNA | Desoxyribonukleinsäure |
| EBS | Epidermolysis bullosa simplex |
| ECM | extrazelluläre Matrix |
| eEF | eukaryoter Elongationsfaktor |
| EGF | *engl.* Epidermal growth factor |
| eIF | eukaryoter Initiationsfaktor |
| EKG | Elektrokardiogramm |
| EPO | Erythropoetin |
| ER | endoplasmatisches Retikulum |
| ERAD | endoplasmatisches-Retikulum-assoziierte Proteindegradation |
| E-Stelle | *engl.* Exit site |
| FAK | fokale Adhäsionskinase |
| F-Aktin | filamentäres Aktin |
| $Fe^{2+}$ | Eisenion (zweiwertig) |
| FLIP | *engl.* FLICE-inhibitory protein |
| G | Guanin (DNA-Base) |
| GAG | Glykosaminoglykan |
| G-Aktin | globuläres Aktin |
| GAP | GTPase aktivierendes Protein |
| GDP | Guanosindiphosphat |
| GEF | *engl.* Guanine nucleotide exchange factor |
| gER | glattes endoplasmatisches Retikulum |
| GFAP | gliales fibrilläres saures Protein |
| GH | Somatotropin |
| Gly | Glycin |
| GPCR | G-Protein-gekoppelter Rezeptor |
| G-Phase | *engl.* Gap phase (des Zellzyklus) |
| GPI | Glykosylphosphatidylinositol |
| GSH | Glutathion |
| GSSG | Glutathiondisulfid |
| GTP | Guanosintriphosphat |
| H | chemisches Symbol für Wasserstoff |
| H | Histone |
| $H^+$ | Proton |
| $H_2O$ | Wasser |
| HDAC | Histondeacetylase |
| HDL | *engl.* High density lipoprotein |
| HEJ | *engl.* Homologous end joining |
| HIF | *engl.* Hypoxia-inducible factor |
| HNPCC | *engl.* Hereditary nonpolyposis colorectal cancer |
| hnRNA | heterogene nukleäre RNA |
| HPV | humanes Papillomvirus |
| Hsp | Hitzeschockprotein |
| HWZ | Halbwertszeit |
| Hz | Hertz |
| i. m. | intramuskulär |
| i. v. | intravenös |
| IFAP | Intermediärfilament-assoziiertes Protein |
| Ig | Immunglobulin |
| IGF | *engl.* Insulin-like growth factor |
| $IP_3$ | Inositol-1,4,5-trisphosphat |
| J | Joule |
| JAK-Kinase | *engl.* Just another kinase |
| $K^+$ | Kaliumion |
| kDa | Kilodalton |
| L. | Lamina |
| LAMP | lysosomenassoziierte Membranproteine |
| LDL | *engl.* Low density lipoprotein |
| Lys | Lysin |
| M | muskarinerger Rezeptor |
| M. | Muskulus |
| mab | *engl.* Monoclonal antibody |
| MAP | Mikrotubulus-assoziiertes Protein |
| MAP-Kinase | Mitogen-aktivierte Kinase |
| MCC | mitotischer Checkpoint-Komplex |

| | |
|---|---|
| MHC | *engl.* Major histocompatibility complex |
| miRNA | Mikro-RNA |
| MLCK | Myosin-leichte-Ketten-Kinase |
| MMR | Mismatch-Reparatur |
| M-Phase | Mitose-Phase (des Zellzyklus) |
| mRNA | *engl.* Messenger-Ribonukleinsäure |
| MRT | Magnetresonanztomographie |
| ms | Millisekunde |
| mt | mitochondrial |
| MT | Mikrotubulus |
| MTOC | Mikrotubulus-organisierendes Zentrum |
| mV | Millivolt |
| N | chemisches Symbol für Stickstoff |
| N. | Nervus |
| $Na^+$ | Natriumion |
| NAD | Nikotinamid |
| $NAD^+$ | Nikotinamid-Adenin-Dinukleotid |
| NER | Nukleotidexzisionsreparatur |
| NES | nukleäre Exportsequenz |
| NGF | Nervenwachstumsfaktor |
| $NH_3$ | Amino- oder Ammoniak |
| NHEJ | *engl.* Nonhomologous end joining |
| NLS | nukleäre Lokalisationssequenz, nukleäres Lokalisationssignal |
| nm | Nanometer = $10^{-9}$ Meter |
| NO | Stickstoffmonoxid |
| NSF | *engl.* N-ethylmaleimide-sensitive fusion protein |
| $O_2$ | Sauerstoff |
| OH | Hydroxyl- |
| ORF | *engl.* Open reading frame |
| p.o. | per os |
| PC | Phosphatidylcholin |
| PCM | perizentrioläre Matrix |
| PDI | Proteindisulfid-Isomerase |
| PE | Phosphatidylethanolamin |
| $P_i$ | anorganisches Phosphat |
| $PIP_2$ | Inositol-4,5-bisphosphat |
| PK | Phosphorylase-Kinase |
| PKA | Proteinkinase A |
| PKB | Proteinkinase B |
| PKC | Proteinkinase C |
| PKG | cGMP-abhängige Proteinkinase |
| PLC-$\beta$ | Phospholipase C-$\beta$ |
| PS | Phosphatidylserin |
| P-Stelle | Peptidylstelle |
| PTS | *engl.* Peroxismal targeting signal |
| R | Rest |
| RAAS | Renin-Angiotensin-Aldosteron-System |
| RAR | Retinsäure-Rezeptor |
| RB | Retinoblastom-Protein |
| rER | raues endoplasmatisches Retikulum |
| RISC-Komplex | *engl.* RNA-induced silencing complex |
| RNA | Ribonukleinsäure |
| RNAi | RNA-Interferenz |
| RNP | Ribonukleoproteine |
| ROS | *engl.* Reactive oxygen species |
| R-Punkt | Restriktionspunkt |
| rRNA | ribosomale Ribonukleinsäure |
| RTK | Rezeptor-Tyrosin-Kinase |
| RyR | Ryanodinrezeptor |
| S | Svedberg als Maßeinheit für den Sedimentationskoeffizienten |
| S | chemisches Symbol für Schwefel |
| SERCA | Calcium-ATPase des sarko- und endoplasmatischen Retikulums |
| SH | Thiol |
| shRNA | *engl.* Small heterochromatic RNA |
| SM | Sphingomyelin |
| SNARE-Protein | *engl.* Soluble N-ethylmaleimide-sensitive factor attachment receptor |
| snRNA | *engl.* Small nuclear RNA |
| S-Phase | Synthesephase (des Zellzyklus) |
| SR | sarkoplasmatisches Retikulum |
| SRP | *engl.* Signal recognition particle |
| SS-B-Proteine | *engl.* Single-stranded DNA-binding protein |
| STAT | *engl.* Signal transducer and activators of transcription |
| T | Thymin (DNA-Base) |
| TAG | Triacylglycerid |
| TAP | Transportmolekül |
| TAP-Transporter | *engl.* Transporter associated with polypeptide processing |
| TCR | T-Zell-Rezeptor |
| TIM | *engl.* Translocase of the inner membrane |
| t-loop | *engl.* Telomer-loop |
| TNF-$\alpha$ | *engl.* Tumor necrosis factor $\alpha$ |
| TOM | *engl.* Translocase of the outer membrane |
| TPO | Thrombopoetin |
| TRAIL | *engl.* Tumor necrosis factor-related apoptosis-inducing ligand |
| tRNA | Transfer-Ribonukleinsäure |
| t-SNARE | *engl.* Target-SNARE |
| Tyr | Tyrosin |
| UE | Untereinheit |
| UPR | *engl.* Unfolded protein response |
| UTR | untranslatierte Region |
| V. | Vena |
| V-ATPasen | vakuoläre ATPasen |
| VEGF | *engl.* Vascular endothelial growth factor |
| v-Onkogene | virale Onkogene |
| VSD | Ventrikelseptumdefekt |
| v-SNARE | vesikuläres SNARE |
| $Zn^{2+}$ | Zinkion |

## Bauplan des Lebens



## Zelluläre Organisation

# A Allgemeiner Teil

# Einführung in die Zell- und Molekularbiologie

## Definition und Fachvorstellung

Die Lebewesen auf unserem Planeten sind sehr vielfältig (mehrere Millionen verschiedene Arten) und reichen von Einzellern bis zu vielzelligen Organismen. Die kleinste Lebenseinheit größerer Organismen ist die **Zelle,** welche Gegenstand zellbiologischer Untersuchungen ist. Ihre Struktur und Funktion können sehr stark variieren (Prozess der **Zelldifferenzierung**), jedoch besitzen Zellen einen gewissen **Grundbauplan** (s. S. 14–23). Trotz der enormen Vielfalt zellulärer Strukturen ähnelt sich dieser molekulare Bauplan bei allen Zellen sehr. Aus einem gemeinsamen Grundstock an chemischen Molekülen können durch verschiedenartige Organisation diverse Strukturen, Funktionen und – bei fehlerhafter Organisation – auch Dysfunktionen entstehen. Den Zusammenhang zwischen Struktur und Funktion auf kleinster Ebene des Lebens untersucht die Molekularbiologie. Da man molekulare Effekte häufig auf zellulärer Ebene betrachtet, spricht man zusammengefasst auch von der **molekularen Zellbiologie.**

### Bedeutung in der modernen Medizin

Die Medizin wird zunehmend „molekularbiologischer". Wir verstehen die Funktionen unseres Körpers heutzutage als ein komplexes Zusammenspiel winziger Moleküle. Bei einer immer größeren Anzahl von Krankheiten werden die molekularen Ursprünge bekannt. In der Diagnostik bedienen sich Ärzte immer öfter des Nachweises von fremder oder mutierter DNA oder fremden oder mutierten Proteinen. Schließlich kennt man heute auch viele Angriffspunkte von Medikamenten auf molekularer Ebene. Ein Ziel molekularbiologischer Forschung ist das Finden von neuen, möglichst spezifischen Medikamentenangriffspunkten in unseren Zellen (*engl.* **Drug targets**). Es ist für den modernen Arzt daher unerlässlich, die molekularbiologischen Grundlagen des menschlichen Organismus zu kennen und zu verstehen.

## Molekularbiologische Grundkonzepte

### Moleküle des Lebens

Zellen sind aus chemischen Molekülen aufgebaut. Von diesen machen **niedermolekulare Substanzen** (< 1000 Da, z. B. Wasser, Ionen, Glucose, Harnstoff, Vitamine, Fettsäuren) etwa 80 % der Gesamtmasse einer Zelle aus. Den Rest bilden größere **Makromoleküle** (> 1000 Da), die sich aus drei wichtigen Stoffgruppen rekrutieren:

- Kohlenhydrate (Polysaccharide, Zucker)
- Proteine (Polypeptide, Eiweiße)
- Nukleinsäuren.

Diese Makromoleküle sind häufig **Polymere,** die aus chemisch verwandten niedermolekularen Bausteinen **(Monomere)** zusammengesetzt werden. Das modulartige Aufbauprinzip erlaubt eine große Vielfalt organischer Verbindungen aus einer begrenzten Auswahl kleinerer Vorstufen. Makromoleküle sind der zentrale Untersuchungsgegenstand der molekularen Zellbiologie, da sie zusammen mit den **Lipiden** wesentliche Zellstrukturen bilden und Zellfunktionen ausführen (s. S. 4–11).

### Evolution als biologische Grundlage

Grundlage der heutigen Vielfalt an Lebewesen stellt der seit über vier Milliarden Jahren ablaufende Evolutionsprozess dar. Die Evolution resultiert aus zufälligen Erbgutveränderungen **(Mutationen)** einzelner Lebewesen, die evtl. zu einem **Selektionsvorteil** führen und sich dann auf lange Sicht in einer Population durchsetzen.
Wie bereits angesprochen, ähneln die molekularen Baupläne der verschiedenen Lebewesen einander sehr stark. Das mag daran liegen, dass alle heutigen Arten sich aus einem **gemeinsamen einzelligen Vorfahren** entwickelt haben. Dieser gemeinsame Vorfahre entstand vor etwa 3,5 Milliarden Jahren aus einer **„RNA-Welt".** Tatsächlich scheint die RNA (Ribonukleinsäure, s. S. 8/9) als erstes Makromolekül auf der jungen Erde außerhalb eines biologischen Organismus aus niedermolekularen Vorstufen entstanden zu sein. RNA vereint als einziges Makromolekül die beiden Fähigkeiten, einerseits Informationen in seiner Nukleotidsequenz zu speichern und andererseits auch katalytisch aktiv zu werden. Reaktionen können durch sie beschleunigt werden und so in größerem Maßstab ablaufen. Auf diese Weise könnten RNA-Moleküle sich zunächst selbst repliziert und schließlich durch die Katalyse von Peptidbindungen zur Entstehung von Proteinen (s. S. 6/7) beigetragen haben. Dies ist ein sehr eingängiges Modell der Entstehung des Lebens, da RNA-Moleküle in allen heute bekannten Zellen die Proteinsynthese am Ribosom katalysieren (s. S. 52/53).
Die Proteine selbst übertrafen schließlich die RNA als **Katalysatoren** und wurden die eigentlichen „Arbeitstiere" **(Enzyme)** in der Zelle.
DNA (Desoxyribonukleinsäure, s. S. 8/9) entstand ebenfalls aus RNA und erwies sich aufgrund der fehlenden 2'-OH-Gruppe als chemisch stabiler und damit als der bessere **Informationsspeicher.** So kam es zur heute gültigen Arbeitsverteilung unter den Makromolekülen unserer Zellen, deren Grundprinzip als das zentrale Dogma der Molekularbiologie angesehen werden kann (s. S. 12/13).

### Energetische Grundlagen

Im Gegensatz zu kleinen Molekülen, welche v. a. aus dem Blutkreislauf nach Kapillarfiltration über den Extrazellularraum durch Kanäle und Transporter der Zellmembranen ins Zellinnere transportiert werden (s. S. 16/17), werden Makromoleküle im Zellinneren neu synthetisiert **(anaboler Stoffwechsel).** Dies benötigt Energie v. a. in Form des zellulären Energieüberträgers Adenosintriphosphat **(ATP).** ATP wiederum kann gewonnen werden aus dem Abbau von Makromolekülen in ihre Bausteine **(kataboler Stoffwechsel).** Neben der reinen Synthese von Makromolekülen wird Energie auch für deren Funktionen als fertige Moleküle gebraucht. So benötigen zelluläre Vorgänge wie die Zellbewegung (s. S. 34–37), die Endo- und Exozytose oder der Abbau von gealterten Molekülen ebenfalls Energie (s. S. 70–73).

## Zellen als Reaktionsräume

Um Stoffwechselreaktionen geordnet ablaufen zu lassen, bedienen sich Zellen des Prinzips der räumlichen Trennung **(Kompartimentierung).** Hierzu gibt es membranumschlossene Zellorganellen, die Spezialfunktionen im Zellinneren erfüllen (s. S. 14–23). Diese sind oft mit speziellen Molekülen verbunden, welche dafür in das entsprechende Organell beordert werden müssen (**intrazellulärer Transport,** s. S. 62–73). Ein charakteristisches Beispiel der Aufgabenteilung zwischen den unterschiedlichen Zellorganellen sind die in den meisten Körperzellen vorkommenden Mitochondrien. Sie arbeiten als Zellkraftwerke und generieren den größten Teil des zellulären ATP. Nach der **Endosymbiontentheorie** entstanden sie aus der Endozytose eines prokaryoten Bakteriums in eine eukaryote Vorläuferzelle. Dies erklärt, warum Mitochondrien ihre eigene ringförmige DNA und eigene „bakterielle" 70S-Ribosomen zur Proteinsynthese besitzen.

## Gliederung des Organismus

Komplexe Organismen wie der Mensch sind **hierarchisch gegliedert.** Er besteht aus zahlreichen Organsystemen, von denen eines wiederum aus mehreren Organen aufgebaut ist. Jedes Organ umfasst zahlreiche Gewebe (Grenze des makroskopisch Sichtbaren), die wiederum aus verschiedenen Zelltypen aufgebaut sind. Einzelne Zellen schließlich enthalten Organellen, deren Struktur und Funktion im Wesentlichen von Makromolekülen bestimmt werden. Diese wiederum entstehen aus kleineren Molekülen, welche letztlich aus Atomen zusammengesetzt sind (▌Abb. 1). Die molekulare Ebene wird als die kleinste funktionsbedingende Hierarchieebene des Lebens angesehen und ist daher für die Lebenswissenschaften von großem Interesse.

## Integrationssysteme und Signaltransduktion

Trotz dieser **reduktionistischen Sichtweise,** bei der man versucht, die Funktionen eines ca. 1,80 m großen Menschen auf das Zusammenwirken von wenigen Nanometer (1 nm = $10^{-9}$ m) großen Molekülen zu reduzieren, soll bereits zu Beginn dieses Buchs klargestellt werden, dass nur das Zusammenspiel aller Organe und Organsysteme einen funktionierenden, regulierten Organismus ermöglicht **(Homöostase).** Hierzu sind **Integrationssysteme** (z. B. das Hormonsystem, das Nervensystem oder das Immunsystem) notwendig, deren systemische Funktionen (z. B. Blutdruckregulation) in der Physiologie untersucht werden. Die Signalprozesse, welche diesen Funktionen zugrunde liegen, lassen sich aber auch auf molekularbiologischer Ebene betrachten (**Signaltransduktion,** s. S. 82–99). Ein Verständnis von körpereigenen Signalprozessen auf kleinster Ebene ist z. B. notwendig, um durch spezifisch angreifende Medikamente eine bestimmte Körperfunktion zu beeinflussen (z. B. den Blutdruck zu senken).

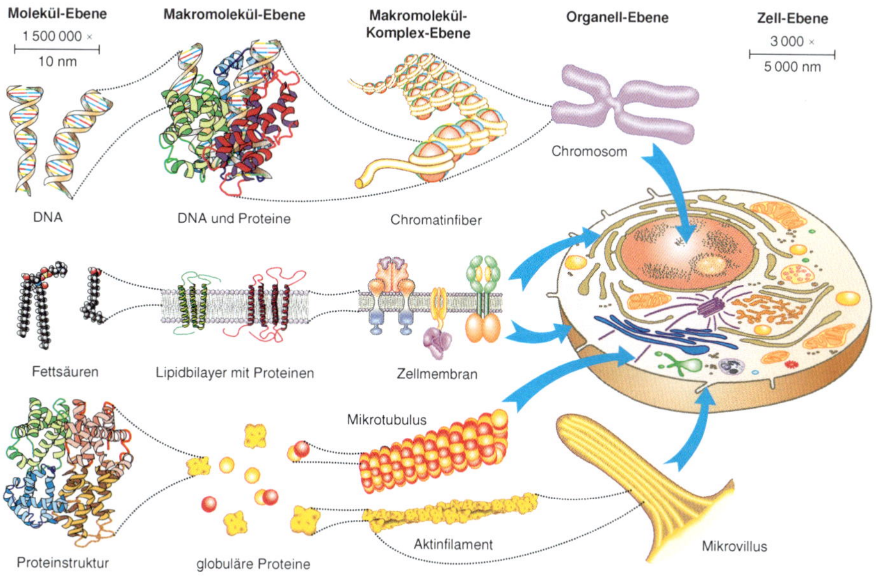


▌Abb. 1: Molekularbiologische Größenordnungen im Bereich subzellulärer Strukturen. Zu sehen sind der Aufbau von Chromatin aus einem linearen DNA-Molekül und Proteinen, der Aufbau von filamentären Zytoskelettkomponenten (Aktin und Mikrotubuli) aus globulären Proteinuntereinheiten und der Aufbau von Membranen aus Lipiden und eingelagerten Proteinen. Alle diese Prozesse werden im Verlauf des Buchs detaillierter erläutert. [1]

## Zusammenfassung

Die molekulare Zellbiologie untersucht die Funktionsweise des Lebens auf seiner kleinsten Ebene, nämlich wie Moleküle zelluläre Funktionen ermöglichen und steuern. Diese Zusammenhänge gewinnen in der modernen Medizin eine immer größere Bedeutung, da sie die Entstehung von Krankheiten erklären und neue Therapien ermöglichen.

# Kohlenhydrate

Der menschliche Körper besteht zu 1 % aus Kohlenhydraten. Laut aktuellen Nahrungsempfehlungen sollte sich die zugeführte Energie zu 50 % aus Kohlenhydraten zusammensetzen, wobei hier die langkettigen Kohlenhydrate den kurzkettigen Formen vorgezogen werden sollten. Diese Zahlen zeigen die Bedeutung der Stoffgruppe für unseren Organismus.

Historisch stammt der Begriff „Kohlenhydrat" von der Bildung der Summenformel dieser Moleküle, die sich aus der **Grundform $C_n(H_2O)_n$** ableitet. Heute weiß man jedoch, dass chemische Moleküle nicht auf ihre Summenformel reduziert werden können, sondern auch die räumliche Konformation eine bedeutende Rolle spielt. Deswegen muss man den Begriff „Kohlenhydrat" als einen Überbergriff auffassen, der detaillierter in seinen einzelnen Komponenten erörtert werden muss. Viele Kohlenhydrate sind Polymere, die gemäß der Anzahl ihrer Untereinheiten eingeteilt werden (▮ Tab. 1).

## Struktur und chemische Eigenschaften

### Monosaccharide

Monosaccharide bilden die kleinste Untereinheit der Kohlenhydrate. Sie bestehen grundsätzlich aus einer Kette von Kohlenstoffatomen. Ein Kohlenstoffatom der Kette trägt eine **Carbonylgruppe,** an den anderen Kohlenstoffatomen hängt je eine **Hydroxylgruppe.** Befindet sich die Carbonylgruppe an einem der beiden endständigen Kohlenstoffatome, spricht man bei diesem Zucker von einer **Aldose,** da die Carbonylgruppe dann als **Aldehydgruppe** vorliegt. Befindet sich die Carbonylgruppe an einem der mittleren Kohlenstoffatome und stellt somit eine **Ketogruppe** dar, spricht man von einer **Ketose.**

| | Anzahl der Monomere |
|---|---|
| **Monosaccharide** | 1 |
| **Disaccharide** | 2 |
| **Oligosaccharide** | 3–9 |
| **Polysaccharide** | Ab 10 |

▮ Tab. 1: Einteilung der Kohlenhydrate.

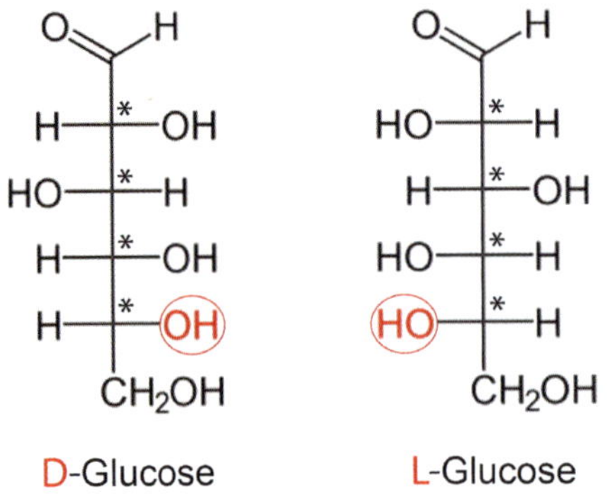


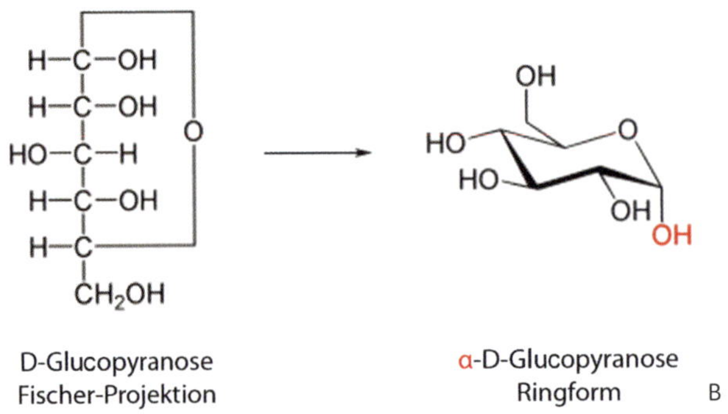


▮ Abb. 1: Chemische Struktur von Monosacchariden. [2]
A) Fischer-Projektionen von D- und L-Glucose. Beachte die vorliegende Enantiomerie (Spiegelbildlichkeit). Die für die Benennung relevante OH-Gruppe ist rot markiert. Alle asymmetrischen Kohlenstoffatome (Chiralitätszentren) sind mit einem Stern markiert.
B) Ringbildung von Monosacchariden im wässrigen Milieu der Zelle. Rot = OH-Gruppe des anomeren C1-Atoms.

Alle Monosaccharide mit Ausnahme von Dihydroxyaceton besitzen mindestens ein **asymmetrisches Kohlenstoff-Atom (Chiralitätszentrum).** Diese Kohlenstoffatome weisen vier verschiedene Substituenten auf.

Je nach Stellung der Substituenten eines Zuckermoleküls im Raum existieren maximal zwei isomere Formen pro Chiralitätszentrum (bei n Zentren $2^n$ Isomere). In der sog. Fischer-Projektion wird ein Monosaccharid vertikal aufgeschrieben (▮ Abb. 1A): Die Aldehyd- bzw. Ketogruppe steht „oben" und die einzelnen Hydroxygruppen weisen zu den Seiten. Je nach Stellung der untersten OH-Gruppe werden D- von L-Zuckern unterschieden. D- und L-Fom verhalten sich wie Bild und Spiegelbild, da die Konfigurationen sämtlicher OH-Gruppen entgegengesetzt sind. Solche Moleküle bezeichnet man als **Enantiomere.**

In wässriger Lösung liegen Monosaccharide in zyklischer Form und nicht als offene Kette vor. Zur Bildung solcher Ringe reagiert die Carbonylgruppe der Kette mit einer Hydroxylgruppe im Molekül (▮ Abb. 1B). Kohlenhydrate mit fünf Ringatomen bezeichnet man als **Furanosen,** solche mit sechs Ringatomen als **Pyranosen.** Nach der Ringbildung entsteht am ersten Kohlenstoffatom ein weiteres Chiralitätszentrum. Je nachdem, ob die OH-Gruppe dieses C-Atoms ober- oder unterhalb der Ringebene liegt, bezeichnet man die entstehenden Isomere als β- oder **α-Anomere.** Beide Anomere stehen im Gleichgewicht, da sie durch Ringöffnung und Drehung der OH-Gruppe ineinander überführt werden können. Reagiert nun die Alkoholgruppe eines anderen Moleküls mit dieser anomeren Hydroxylgruppe, spricht man von einer **O-glykosidischen Bindung.** Handelt es sich hingegen bei dem Reaktionspartner um eine Aminogruppe, liegt nach der Reaktion eine **N-glykosidische Bindung** vor.

### Disaccharide

Bei der Reaktion von zwei Monosacchariden entsteht ein Disaccharid: **Saccharose** (Rohrzucker) entsteht aus der Verknüpfung der beiden Monosaccharide Fructose und Glucose in einer α/β-1,2-

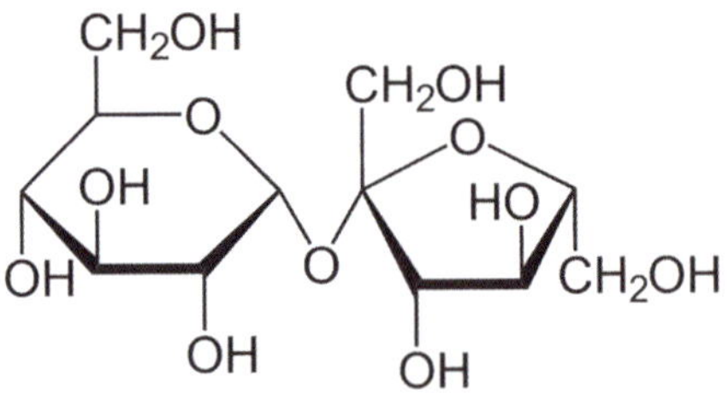

▮ Abb. 2: Strukturformel des Disaccharids Saccharose. [2]

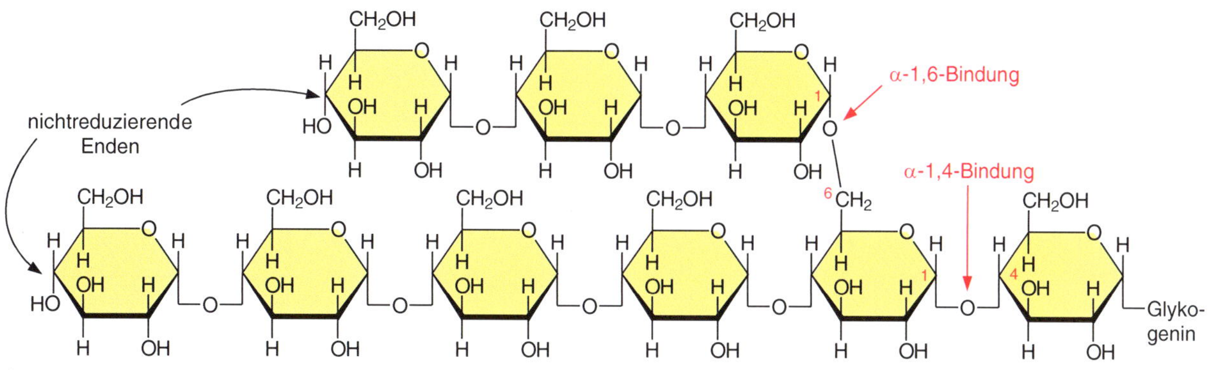


A

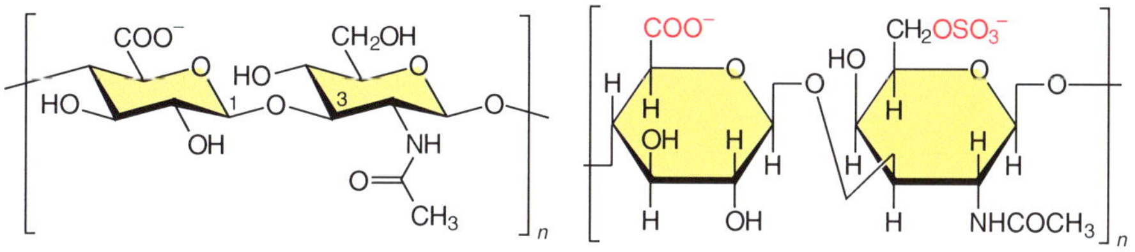

B C

▮ Abb. 3: Aufbau von Polysacchariden.
A) Aufbau von Glykogen. [1]
B) Hyaluronsäure (Monomere: D-Glucuronsäure und N-Acetyl-D-glucosamin). [3]
C) Chondroitinsulfat (Monomere: D-Glucuronsäure und N-Acetyl-D-galaktosamin). [1]

diglykosidischen Bindung (▮ Abb. 2). Das Disaccharid **Lactose** (Milchzucker) ist eine Verbindung aus den Monosacchariden Galaktose und Glucose, verbunden durch eine β-1,4-glykosidische Bindung. **Maltose** (Malzzucker) ist ein Produkt des Stärkeabbaus und wird gebildet aus zwei Glucosemonomeren in α-1,4-glykosidischer Bindung.

## Oligo- und Polysaccharide

Werden mehrere Monosaccharide über glykosidische Bindungen miteinander verknüpft, entstehen Oligosaccharide. Diese sind typischerweise 3–9 Monosaccharidreste lang. Sie sind wichtiger Bestandteil von **Glykoproteinen** und werden im endoplasmatischen Retikulum bzw. im Golgi-Apparat in N- bzw. O-glykosidischer Bindung an die Proteinketten angefügt.

> Beinahe alle humanen Plasmaproteine außer Albumin sind Glykoproteine. Sie enthalten also neben Proteinbestandteilen auch Saccharidreste.

In Polysacchariden (mehr als zehn Monosaccharidreste) sind viele Monomere über glykosidische Bindungen miteinander verknüpft. Dabei unterscheidet man **Homoglykane,** die nur aus einem Monomertyp bestehen (z. B. Stärke, Glykogen), von **Heteroglykanen** (z. B. Glykosaminoglykane), die aus mehr als einem Monomertyp aufgebaut sind.

Intrazellulär gespeichert werden Kohlenhydrate als Polysaccharide, in tierischen Zellen in Form von **Glykogen,** in pflanzlichen Zellen als **Stärke.** Glykogen findet sich im menschlichen Körper in erster Linie in Leber und Muskel. Dort wird es mit Hilfe von Enzymen aus aktivierten Glucosemonomeren aufgebaut. Im Zentrum des Moleküls findet sich ein Protein, das **Glykogenin.** An einen Tyrosinrest dieses Proteins wird das erste Glucosemolekül einer Kette angehängt. Die Glucosemonomere des Glykogens sind in α-1,4-glykosidischen Bindungen miteinander verknüpft. Häufig werden **Verzweigungsstellen** durch α-1,6-glykosidische Bindungen ausgebildet (▮ Abb. 3A).

**Proteoglykane** sind Makromoleküle, die einen Proteinkern besitzen, an den lange Kohlenhydratreste angehängt sind. Diese bestehen aus unverzweigten repetitiven Disaccharideinheiten und werden als **Glykosaminoglykane (GAG)** bezeichnet. Die Disaccharideinheiten der GAG werden i. d. R. aus einem Aminozucker (häufig ein Hexosamin) und einer Uronsäure (Zucker mit zusätzlicher Carboxylgruppe am C6-Atom) gebildet. Die Zuckerketten sind über **glykosidische Bindungen** an Serin-, Asparagin- oder Hydroxylysin-Resten des Proteinanteils gebunden.

**Hyaluronsäure** ist ein GAG ohne Proteinkern. Es bindet extrazellulär Wasser und ist für die Viskosität der extrazellulären Matrix (s. S. 42/43) von Bindegeweben verantwortlich. Seine repetitive Disaccharideinheit wird durch D-Glucuronsäure und N-Acetyl-D-glucosamin gebildet (▮ Abb. 3B). **Aggrecan** ist ein Proteoglykan, dessen GAG-Seitenketten u. a. von Chondroitinsulfat gebildet werden. Dieses ist aus den Monomeren D-Glucuronsäure und N-Acetyl-D-galaktosamin zusammengesetzt (▮ Abb. 3C), die zusätzlich sulfatiert sein können. Man findet Aggrecan im Knorpelgewebe, für dessen Druckelastizität es verantwortlich ist.

## Zusammenfassung

Kohlenhydrate bilden eine wichtige Stoffgruppe, die sowohl in Nährstoffen als auch in menschlichen Geweben vorkommt. Im menschlichen Körper spielen komplexe Polysaccharide eine wichtige Rolle. Sie werden in Homoglykane (z. B. Glykogen) und Heteroglykane (z. B. Glykosaminoglykane) unterteilt.

# Aminosäuren und Proteine

## Aminosäuren

Aminosäuren (AS) sind die monomeren Bausteine der Proteine (Eiweiße). Sie bestehen aus einer Aminogruppe, einer Carboxylgruppe und einem Wasserstoffatom, welche alle an einem zentralen α-C-Atom gebunden sind. Die vierte Bindung des α-C-Atoms nimmt ein Rest „R“ ein, in dem sich die einzelnen AS unterscheiden. Alle AS bis auf Glycin sind **stereogen,** d. h., sie können aufgrund der räumlichen Beziehung ihrer **vier verschiedenen Substituenten** am α-C-Atom Konfigurationsisomere (als „L“- und „D“-Form bezeichnet) ausbilden (▌Abb. 1).

> In menschlichen Zellen kommt nur die L-Form der Aminosäuren in Proteinen vor.

Bei zellulärem pH-Wert (6,9 – 7,2) liegen die AS als Zwitterionen vor, d. h. die Aminogruppe ist protoniert ($-NH_4^+$) und die Carboxylgruppe deprotoniert ($-COO^-$).
Die Proteine in menschlichen Zellen sind aus insgesamt **21 verschiedenen proteinogenen L-AS** aufgebaut. Sie können aufgrund der chemischen Eigenschaften ihrer Reste in Gruppen eingeteilt werden (▌Abb. 2).

## Peptide und Proteine

Reagiert die $COO^-$-Gruppe einer AS mit der $NH_4^+$-Gruppe einer zweiten AS, so entsteht nach Wasserabspaltung ein Dipeptid **(Kondensationsreaktion).** Auf diese Weise können viele AS zu Oligopeptiden (bis ca. zehn Aminosäuren), Polypeptiden (bis ca. 100 AS) und schließlich zu Proteinen polymerisieren. Es kommen nur lineare Peptidketten vor, Verzweigungen gibt es in dieser Stoffklasse nicht. Die **Peptidbindung** besitzt partiellen Doppelbindungscharakter (▌Abb. 1), was zu einer relativ starren Anordnung der beteiligten Atome führt und dadurch die Anzahl möglicher Sekundärstrukturmotive auf wenige beschränkt (s. u.).
Proteine übernehmen in den Zellen des menschlichen Organismus zahlreiche Funktionen: Als **Enzyme** beschleunigen sie Reaktionen im Stoffwechsel und regulieren diverse Vorgänge in der Zelle (z. B. den Zellzyklus), als **Strukturproteine** bilden sie z. B. das Zytoskelett, als **Transkriptionsfaktoren** bestimmen sie das Ausmaß der Expression unserer Gene, als **Rezeptoren** auf der Zelloberfläche leiten sie Signale aus dem extrazellulären Milieu ins Zellinnere weiter. Diese und weitere Funktionen werden dadurch ermöglicht, dass Proteine verschiedene Raumstrukturen annehmen können. Die dreidimensionale Gestalt eines Proteins wird durch seine Aminosäuresequenz bestimmt. Hierarchisch werden vier verschiedene Strukturebenen von Proteinen unterschieden (▌Abb. 3, 4):

**Primärstruktur** Die lineare Aminosäureabfolge einer Peptidkette wird als Primärstruktur bezeichnet. Beispiel: $NH_4^+$-Gly-Ala-Tyr-$COO^-$ als Tripeptid der Aminosäuren Glycin, Alanin und Tyrosin.

> Nach Kondensation mehrerer AS zu einem Polypeptid besitzt dieses an einem Ende eine freie $NH_4^+$-Gruppe, am anderen Ende eine freie $COO^-$-Gruppe. Die Aminosäuresequenz wird immer von N- nach C-terminal angegeben.

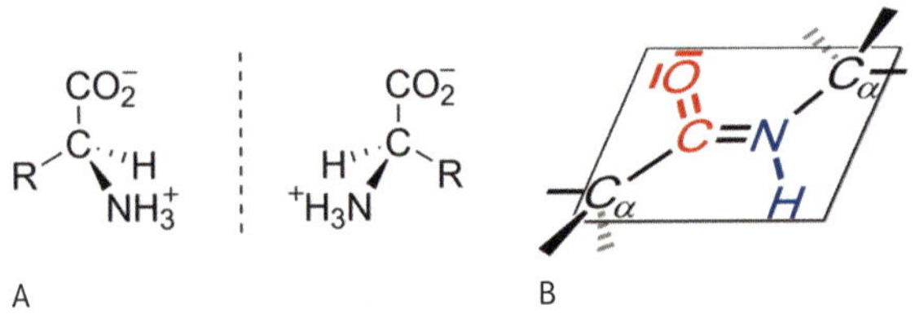


▌Abb. 1: Struktur von Aminosäuren und einer Peptidbindung. [4]
A) Aminosäure-Grundstruktur.
B) Peptidbindung. Beachte die Lage von sechs Atomen in einer Ebene.

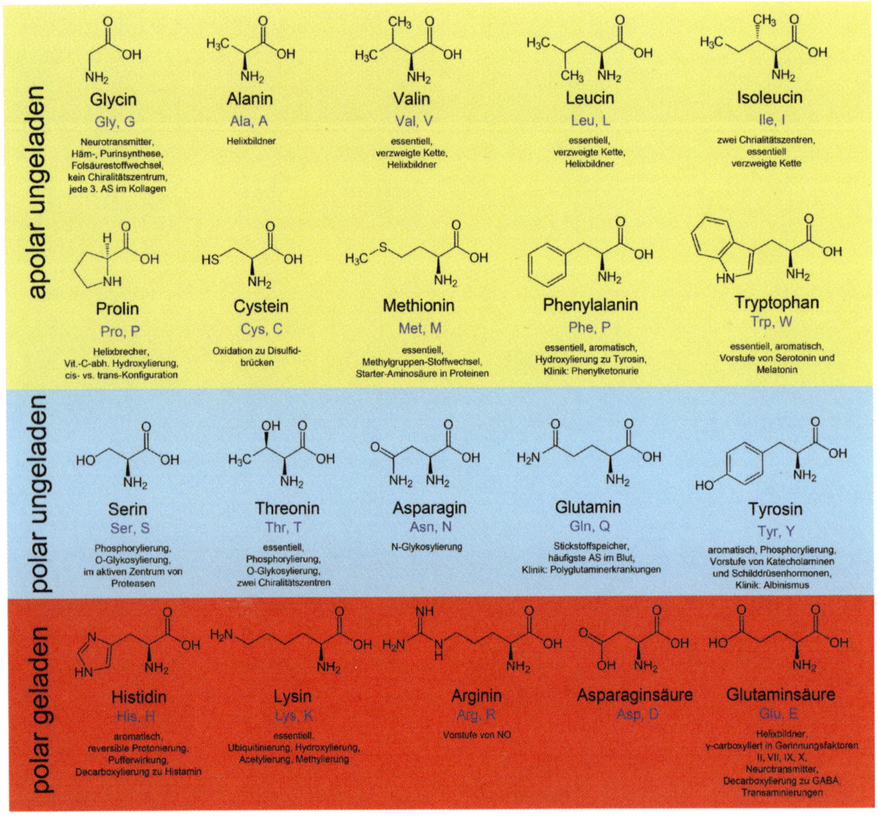


▌Abb. 2: Die 20 proteinogenen Aminosäuren. Selenocystein als 21. proteinogene Aminosäure stellt eine Modifikation von Serin dar und ist hier nicht aufgeführt. [5]

| | α-Helix | β-Faltblatt |
|---|---|---|
| **Aminosäuren (AS)** | ▶ Begünstigend: AS mit kleinen, ungeladenen Resten<br>▶ Störend: Prolin als Helixbrecher! | ▶ AS auch mit größeren Resten. |
| **Strukturstabilität bedingt durch** | **Wasserstoffbrückenbindungen** zwischen Carboxy-Sauerstoff und Amid-Wasserstoff des Peptid**rückgrats** | |
| **Strukturelle Eigenschaften** | ▶ Rechtsgängige Helix aufgrund von L-Konfiguration der AS<br>▶ 3,6 AS pro Windung<br>▶ Reste zeigen nach außen. | ▶ Mehrere β-Stränge einer Peptidkette liegen parallel oder antiparallel nebeneinander (flächige Struktur).<br>▶ Reste zeigen nach oben und unten aus der Blattebene.<br>▶ „Knicks" eines β-Strangs an α-C-Atomen. |

Tab. 1: Die wichtigsten Sekundärstrukturen von Proteinen.

**Sekundärstruktur** Zu den Sekundärstrukturen zählt man stabile und daher sehr häufig vorkommende Faltungsmotive von Abschnitten einer Peptidkette, die eine begrenzte Anzahl an AS umfassen. Es sind v. a. die **α-Helix** und das **β-Faltblatt** voneinander zu unterscheiden (Tab. 1, Abb. 3). Diese machen gemeinsam etwa 60 % aller bekannten Proteinstrukturen aus.

**Tertiärstruktur** Die dreidimensionale Anordnung einer gesamten Peptidkette im Raum wird als Tertiärstruktur bezeichnet. Sie umfasst also alle in ihr enthaltenen Sekundärstrukturmotive sowie nicht näher definierbare Faltungsbereiche („Knäuel"). Stabilisiert wird diese Struktur zusätzlich durch kovalente (z. B. Disulfidbrücken, -S-S-) und nichtkovalente Wechselwirkungen (z. B. Van-der-Waals-Kräfte, Ion-Ion-Wechselwirkungen) zwischen Aminosäure**resten** der Polypeptidkette. Einen strukturell oder funktionell eigenständigen Bereich einer Tertiärstruktur bezeichnet man als **Domäne** (z. B. „Kinasedomäne", „Transmembrandomäne", „DNA-bindende Domäne").

**Quartärstruktur** Assoziieren **mehrere Polypeptidketten** über kovalente oder nichtkovalente Wechselwirkungen miteinander, so entsteht eine Quartärstruktur. Die einzelnen Polypeptidketten werden als **Untereinheiten** bezeichnet. Ein Paradebeispiel stellt Hämoglobin dar (Abb. 4).

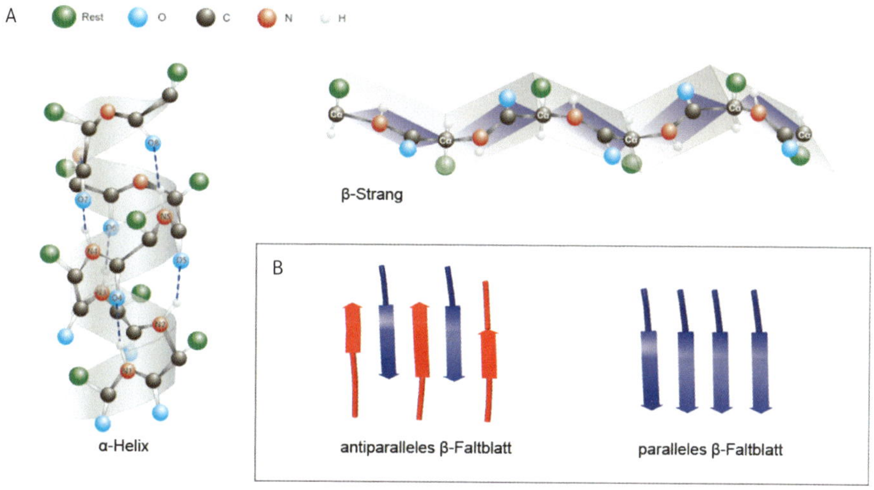


Abb. 3: Sekundärstrukturen von Proteinen. [5]
A) Schematische Darstellung von α-Helix und β-Strang.
B) β-Faltblatt-Konfigurationen.

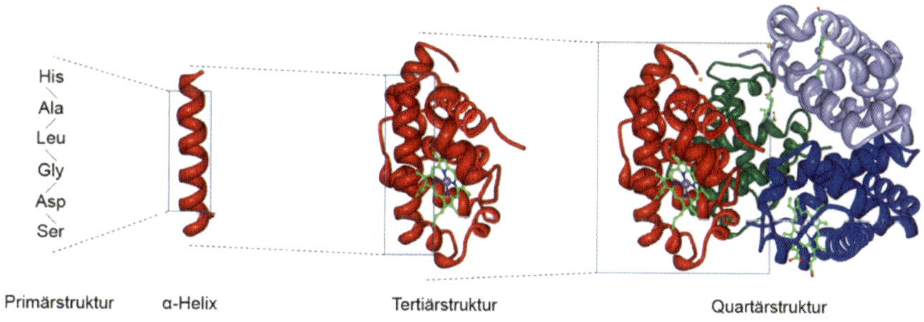


Abb. 4: Strukturebenen von Proteinen am Beispiel des humanen Hämoglobins. Jede seiner vier Untereinheiten (je zwei α- und β-Untereinheiten) besteht fast ausschließlich aus α-Helices. [5/6]

## Zusammenfassung

Die Proteinstruktur ist der Schlüssel zum Verständnis diverser Funktionen dieser Molekülklasse. Sie ist unmittelbares Resultat der Aminosäuresequenz eines Proteins, wobei insbesondere die chemischen Eigenschaften der AS-Reste ihre dreidimensionale Faltung bestimmen.

# Nukleinsäuren

Nukleinsäuren sind polymere Makromoleküle, die aus vielen linear aneinandergereihten Monomeren, den Nukleotiden, bestehen. In der Nukleotidabfolge (Nukleotidsequenz) der **Desoxyribonukleinsäure (DNA)** ist die Erbinformation der Zelle codiert. Ein zweiter Typ von Nukleinsäuren, die **Ribonukleinsäuren (RNA),** übernehmen eine Vielzahl von Funktionen in der Zelle. Wesentlich dabei ist die Übertragung der DNA-Sequenz in die Aminosäureabfolge von Proteinen (s. S. 12/13).

## Funktion und Aufbau von Nukleotiden

In der Zelle haben Nukleotide vielfältige Funktionen. Sie dienen als Energielieferanten (ATP), spielen in vielen Stoffwechselwegen der Zelle eine Rolle und haben im Rahmen des genetischen Informationsflusses immense Bedeutung. Ein Nukleotid besteht aus drei Komponenten (▮ Abb. 1A): einer stickstoffhaltigen **Base,** einem **Zucker** und einer **Phosphatgruppe.** Als Zucker kommt entweder **Ribose** (RNA) oder **Desoxyribose** (DNA) vor. Bei der Desoxyribose ist die Hydroxylgruppe am 2'-Kohlenstoffatom durch ein Wasserstoffatom ersetzt.

> Die Einheit aus Zucker und Base bezeichnet man als Nukleosid. Werden nun am 5'-Kohlenstoff-Atom des Zuckers eine oder mehrere (in der Zelle bis zu maximal drei) Phosphatgruppen an Ribose oder Desoxyribose angefügt, spricht man von einem Nukleotid.

Als Stickstoffbasen enthalten die Nukleotide entweder **Purine** oder **Pyrimidine.** Als Purinbasen kommen in allen Nukleinsäuren Adenin und Guanin vor. Die Pyrimidinbasen der DNA sind Cytosin und Thymin, wohingegen in der RNA Uracil statt Thymin vorhanden ist (▮ Abb. 1B).

Der Zucker ist am 1'-C-Atom mit der Base über eine N-glykosidische Bindung kovalent verbunden.

Die Phosphatgruppe bedingt die sauren Eigenschaften der Nukleinsäuren.

## Aufbau von Nukleinsäuren

Nukleinsäuren entstehen durch Polymerisierung von Nukleotidmonomeren. Diese Polymerisierung ist ein energieverbrauchender Prozess. Deswegen müssen die Nukleotidmonomere in Triphosphatform vorliegen. Nach Abspaltung zweier Phosphatgruppen kann dann mithilfe der freigesetzten Energie und der notwendigen Enzyme die Polymerisierung durchgeführt werden.

Dabei wird eine kovalente **Phosphodiesterbindung** zwischen der 3'-Hydroxylgruppe eines Nukleotids und der 5'-Hydroxylgruppe des nächsten Nukleotids gebildet. Nukleinsäuren haben grundsätzlich zwei Enden: ein 5'-Ende, an welchem das 5'-Kohlenstoffatom des Zuckers mit einer freien Phosphatgruppe verbunden ist, und ein 3'-Ende, an dem das 3'-Kohlenstoffatom eine freie OH-Gruppe trägt (▮ Abb. 2).

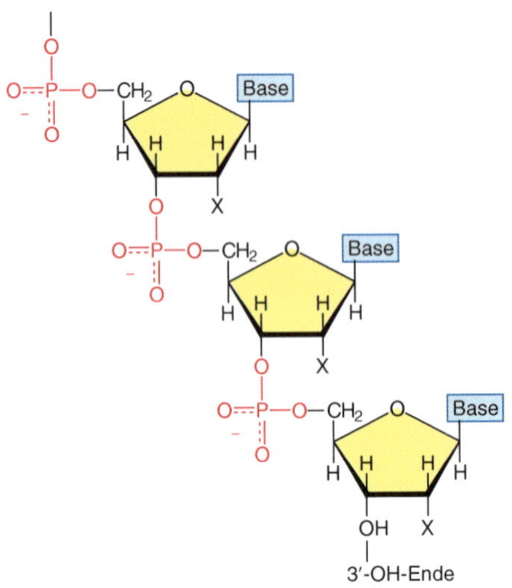


▮ Abb. 2: Aufbau eines Nukleinsäure-Einzelstrangs am Beispiel der DNA. Beachte die typische 5'-3'-Polarität. Ohne Berücksichtigung räumlicher Verhältnisse. [7]

## RNA-Formen

Die RNA macht mit über 90 % den überwiegenden Anteil der Nukleinsäuren in der Zelle aus. Es gibt verschiedene RNA-Formen, die unterschiedlichste Funktionen in der Zelle übernehmen. RNA ist das einzige zelluläre Molekül, das sowohl als **Informationsüberträger** wie auch als **Katalysator (sog. Ribozyme)** fungieren kann. Sie wird bei dem Vorgang der **Transkription** (s. S. 50/51) durch verschiedene RNA-Polymerasen gebildet.

> RNA-Moleküle können katalytisch aktiv sein (Ribozyme)!

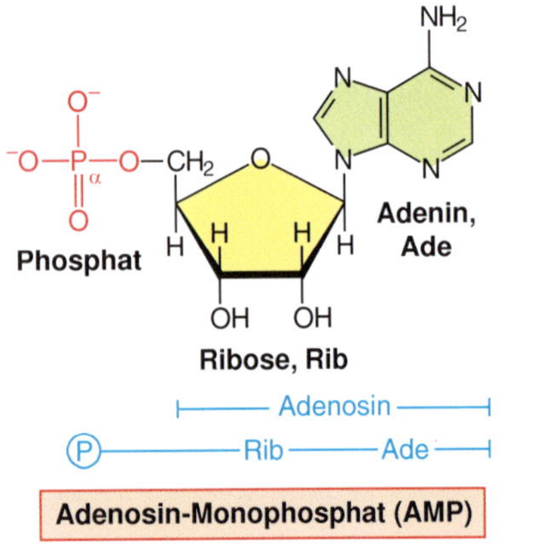


A

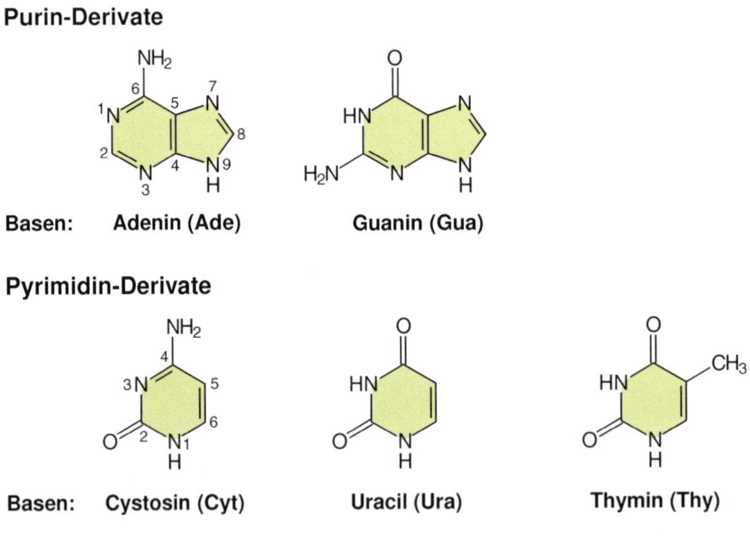


B

▮ Abb. 1: Nukleotide. [1]

A) Grundstruktur eines Nukleotids.

B) Darstellung der beiden Purinbasen und der drei Pyrimidinbasen, die in DNA und RNA vorkommen.

## Ribosomale RNA (rRNA)

Die ribosomale RNA (rRNA) stellt einen wichtigen Baustein der Ribosomen dar. Diese spielen eine große Rolle bei der Proteinbiosynthese (s. S. 52/53). Ungefähr 80 % der RNA einer Zelle bestehen aus rRNA. Sie wird im Kernkörperchen **(Nukleolus)** synthetisiert und dort auch mit den ribosomalen Proteinen verbunden.

## Transfer-RNA (tRNA)

Die Transfer-RNA (tRNA) macht etwa 15 % der RNA einer Zelle aus. Die Nukleotide der tRNA enthalten einige atypische Basen (z. B. Inosin, Dihydrouridin). Ein tRNA-Molekül ordnet sich im Raum durch intramolekulare Basenpaarungen in einer typischen **Kleeblattstruktur** (▮ Abb. 3) an. An die tRNAs einer Zelle werden die 21 proteinogenen Aminosäuren im Zytosol ATP-abhängig angeheftet. Diese werden dann durch die tRNA zum Ort der Proteinbiosynthese, den Ribosomen, transportiert. Aufgrund der Degeneration des genetischen Codes existieren für jede Aminosäure mehrere tRNAs.

## Messenger-RNA (mRNA)

Die Erbinformation der DNA (Gesamtheit der Gene) wird über molekulare Boten aus dem Zellkern ins Zytosol zu den Ribosomen transportiert, wo sie in Proteinsequenzen umgeschrieben wird. Diese Boten sind Messenger-RNA-Moleküle (mRNA). Sie entstehen nach der Transkription durch Prozessierungsvorgänge aus unreifen Vorläufermolekülen, der sog. **prä-mRNA** (Synonym: **hnRNA** = heterogene nukleäre RNA).

## Kleine Kern-RNA (snRNA)

Die kleine Kern-RNA wird mit dem Terminus **snRNA** (*engl.* Small nuclear RNA) abgekürzt. Sie hat mit weniger als 1 % nur einen sehr geringen Anteil an der RNA der Zelle. snRNA ist mit anderen Proteinen in einem Komplex verbunden und am **Spleißvorgang** beteiligt. Dieser vollzieht sich während der Prozessierung der prä-mRNA zur mRNA im Zellkern. Dabei werden die **Introns** (nichtcodierende Sequenzen der prä-mRNA) herausgeschnitten und die **Exons** (codierende Sequenzen) aneinandergefügt.

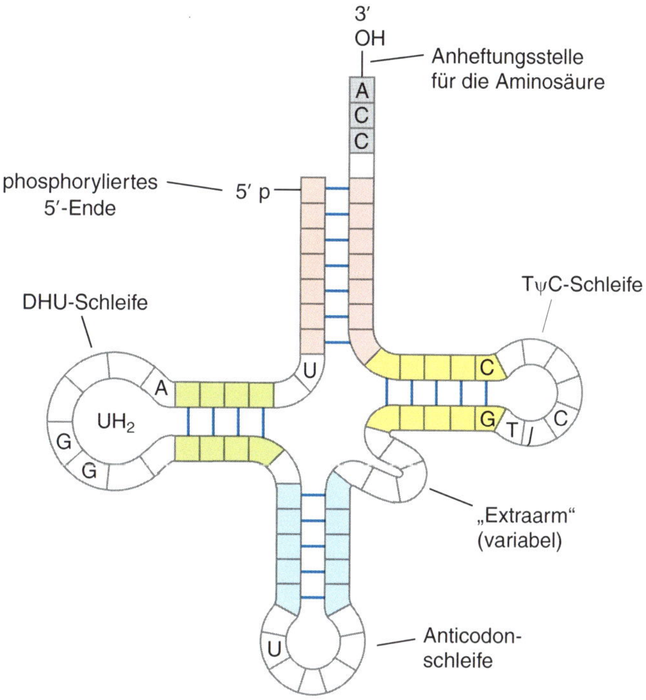


▮ Abb. 3: Struktur der tRNA. [1]

## Mikro-RNA (miRNA)

Mikro-RNA-Moleküle sind kleine, ca. 22 bp lange doppelsträngige RNA-Moleküle, die aus größeren Vorläufern durch RNAsen gebildet werden. Diese Vorläufer (pri-miRNA) bilden durch intramolekulare Basenpaarungen doppelsträngige Abschnitte aus. Mikro-RNA spielt eine wichtige Rolle bei der Regulation der Genexpression eukaryoter Zellen, da sie an komplementäre mRNA-Moleküle bindet und diese inaktivieren kann (s. S. 54/55).

## Synthese der RNA

In eukaryotischen Zellen werden die verschiedenen RNA-Formen durch drei unterschiedliche RNA-Polymerasen synthetisiert (▮ Tab. 1).
α-Amanitin ist das Gift des Knollenblätterpilzes. Es wirkt durch Hemmung der RNA-Polymerase II (und III).

| Molekül | Synthese von |
|---|---|
| RNA-Polymerase I | rRNA (im Nukleolus) |
| RNA-Polymerase II | hnRNA, miRNA |
| RNA-Polymerase III | tRNA, miRNA und snRNA |

▮ Tab. 1: RNA-Polymerasen.

### Zusammenfassung

Nukleotide sind die Monomere der Nukleinsäuren. Man unterscheidet die Ribonukleinsäure (RNA) von der Desoxyribonukleinsäure (DNA). Die DNA dient als Speicher der Erbinformation im Zellkern, wohingegen verschiedene RNA-Spezies eine Reihe verschiedener Funktionen in der Zelle übernehmen. Sie sind v. a. an der Übertragung der genetischen Information der DNA in eine Aminosäuresequenz beteiligt.

# Lipide

## Lipide als heterogene Stoffklasse

Lipide (Fette) sind eine heterogene Stoffklasse, die kein einheitliches Bauprinzip (wie Proteine oder Nukleinsäuren) aufweist, sondern über ihre physikochemischen Eigenschaften definiert ist. Lipide zeichnen sich durch ihre schlechte Löslichkeit in Wasser **(Hydrophobie)** aus. Sie lösen sich dagegen in organischen Lösungsmitteln i. d. R. gut **(Lipophilie).** Insbesondere Membranlipide besitzen jedoch neben ihrem großen hydrophoben Molekülanteil auch einen kleinen Anteil (meist eine sog. **Kopfgruppe**), welcher eine hydrophile Oberfläche darstellt **(amphiphile Lipide).** Diese Lipide besitzen daher die Fähigkeit, zwischen hydrophoben und hydrophilen Phasen zu vermitteln. Sie sind **grenzflächenfähig** und eignen sich daher gut zur Abgrenzung von Zellkompartimenten.

## Einteilung der Lipide

Aufgrund ihrer unterschiedlichen Bauprinzipien kann man Lipide in zahlreiche Gruppen einteilen. Die Struktur hängt jeweils eng mit den Funktionen der jeweiligen Lipidklasse zusammen.

### Fettsäuren

Fettsäuren sind unverzweigte **Kohlenwasserstoffketten** aus meist 4–24 C-Atomen, die an ihrem Ende eine **Carboxylgruppe** (-COOH) tragen (▌Abb. 1A). Hierüber können sie mit Hydroxylgruppen (-OH), Aminogruppen ($-NH_3$) oder Thiolgruppen (-SH) verestert werden. Fettsäuren können gesättigt (ohne Doppelbindungen) oder ungesättigt (mindestens eine Doppelbindung) sein. Fettsäuren besitzen nur isolierte (von zwei oder mehr Einfachbindungen getrennte) cis-Doppelbindungen.

> Je länger die Kohlenwasserstoffkette einer Fettsäure ist, desto hydrophober/lipophiler ist sie. Je mehr Doppelbindungen eine ungesättigte Fettsäure besitzt, desto niedriger sind Schmelz- und Siedepunkt.

Fettsäuren kommen im menschlichen Organismus in erster Linie an Glycerin, Cholesterin oder anderen Molekülen verestert vor. Aus diesen **Fettsäureestern** können sie durch spezifische Enzyme (z. B. Phospholipasen) freigesetzt werden, um folgende Funktionen zu erfüllen:

- Abbau im Stoffwechsel zur Energiegewinnung (Katabolismus)
- Umbau für die Synthese anderer Lipide (Anabolismus)
- Generierung von Signalmolekülen (z. B. aus Arachidonsäure)
- Modifikation von Proteinen und anderen Molekülen (**„Acylierung“,** z. B. zur Anlagerung an Membranen).

### Triacylglyceride (TAG)

Triacylglyceride (TAG) bestehen aus **drei Fettsäuren,** die an den drei OH-Gruppen eines **Glycerinmoleküls** verestert sind (▌Abb. 1B). Durch den Verlust der freien OH-Gruppen entsteht ein gänzlich hydrophobes Molekül, welches nicht grenzflächenfähig ist. TAG-Moleküle eignen sich daher nicht als Membranlipide. Stattdessen sind sie der ideale Energiespeicher des menschlichen Körpers: Fettzellen (Adipozyten) sind nahezu vollständig mit TAG gefüllt und besitzen nur ca. 20 % Wassergehalt (andere Gewebe ca. 70 %), was das Fettgewebe sehr leicht werden lässt. Triacylglyceride liegen als Lipidtropfen vor. Dies sind keine eigenen Zellorganellen (nicht membranumhüllt), sondern werden von einem Lipidmonolayer und dem Protein **Perilipin** umgeben, das die Interaktion mit dem wässrigen Zellmilieu vermittelt.

### Phosphoglyceride

Bei Phosphoglyceriden sind nur zwei OH-Gruppen des Glycerins mit Fettsäuren verestert, an der dritten ist über eine **Phosphodiesterbindung** eine **polare Kopfgruppe** gebunden (▌Abb. 1C). Diese ist häufig alkoholischer Natur (z. B. Cholin, Ethanolamin, Inositol) oder die Aminosäure Serin. Aufgrund der polaren Kopfgruppen und des resultierenden amphiphilen Charakters stellen Phosphoglyceride die häufigsten Membranlipide im menschlichen Körper dar (s. S. 14/15).

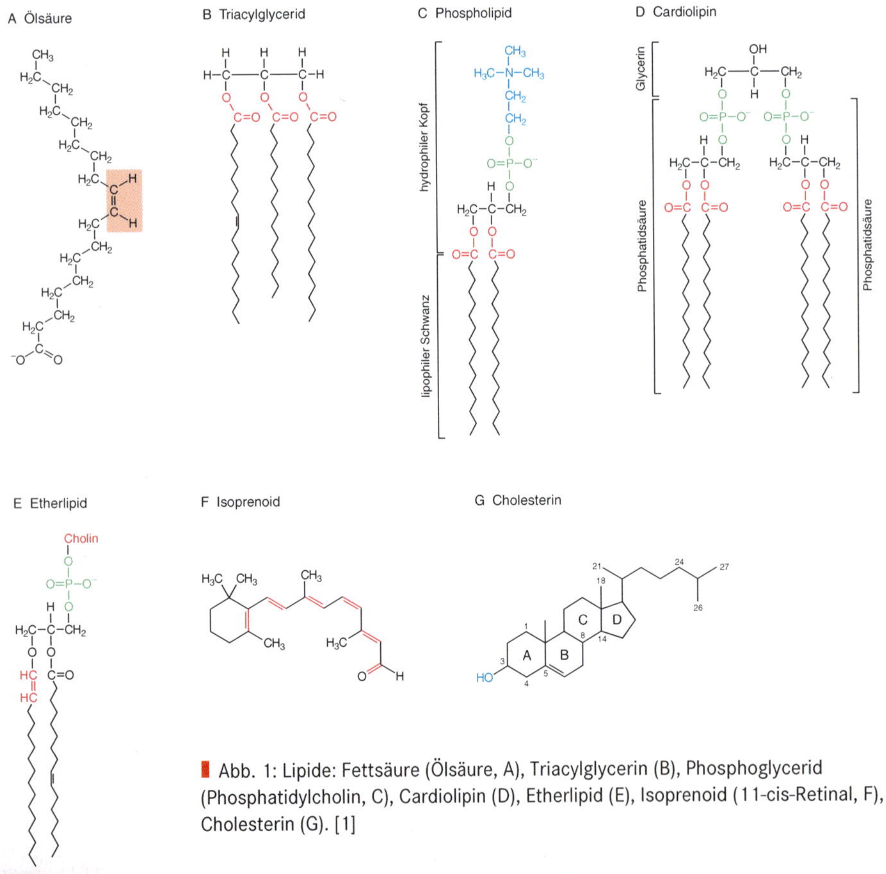


▌Abb. 1: Lipide: Fettsäure (Ölsäure, A), Triacylglycerin (B), Phosphoglycerid (Phosphatidylcholin, C), Cardiolipin (D), Etherlipid (E), Isoprenoid (11-cis-Retinal, F), Cholesterin (G). [1]

## Sphingolipide

Einige Sphingolipide besitzen wie die Phosphoglyceride eine Phosphatgruppe, über die verschiedene Kopfgruppen gebunden werden können. Von den Phosphoglyceriden können sie durch ihr **Sphingosinrückgrat** unterschieden werden, das kein Glycerin enthält. Vielmehr ist es aus **Palmitinsäure** und **Serin** aufgebaut. Wird an die freie $NH_3$-Gruppe am α-Kohlenstoffatom des Serins eine weitere Fettsäure über eine Amidbindung angehängt, so entsteht **Ceramid.** Durch Anheftung einer Phosphatgruppe mit verestertem Cholin an die freie OH-Gruppe des Serins entsteht **Sphingomyelin,** ein wichtiges Membranlipid aus der Klasse der Phospholipide (▌Abb. 2).

Werden an die OH-Gruppe des Serins direkt über O-glykosidische Bindungen Zuckerreste angehängt, so entstehen **Glykolipide,** welche v. a. auf der äußeren Seite der Zellmembran vorkommen. Besteht die Kopfgruppe nur aus einem Monosaccharid, so bezeichnet man das Glykolipid als **Cerebrosid** (Vorkommen: ZNS-Membranen). Werden hingegen mehrere Zucker (meist 3- bis 6-wertige Oligosaccharide) an das Ceramidgerüst gebunden, so entstehen **Ganglioside** oder **Sulfatide,** die ubiquitär in Zellmembranen vorkommen. Ein typischer Zuckerbaustein von Gangliosiden ist N-Acetylneuraminsäure (Sialinsäure), die Zellen vor dem Abbau durch Phagozyten schützt.

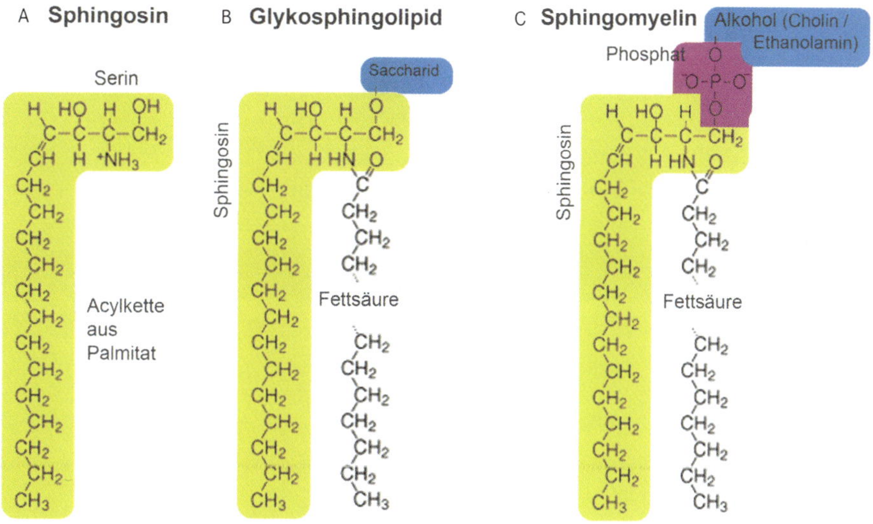


▌Abb. 2: Aufbau von Sphingolipiden. [5]
A) Sphingosin-Grundstruktur.
B) Glykosphingolipide.
C) Sphingomyelin als wichtigster Vertreter der Phosphosphingolipide.

## Cardiolipin und Etherlipide

Cardiolipin besteht aus zwei Phosphatidsäuremolekülen, die jeweils über ihre Phosphatgruppe an einem weiteren Glycerinmolekül verestert sind (▌Abb. 1D). Es ist ein wesentlicher Bestandteil der inneren Mitochondrienmembran. In **Etherlipiden** ist eine Fettsäure am Glycerinrückgrat als Enolether gebunden, die zweite Fettsäure ist i. d. R. ungesättigt (▌Abb. 1E). Etherlipide scheinen eine immunmodulatorische Rolle zu spielen, ihre Funktion ist aber noch weitgehend ungeklärt.

## Isoprenoide

Isoprenoide basieren auf der Isoprengrundstruktur mit **konjugierten Doppelbindungen** (nur eine Einfachbindung trennt zwei Doppelbindungen, vgl. ungesättigte Fettsäuren). Sie besitzen daher die Fähigkeit, Licht zu absorbieren und kommen z. B. in den Photorezeptoren des menschlichen Auges (11-cis-Retinal als Vitamin-A-Derivat, ▌Abb. 1F) vor.

## Cholesterin

Cholesterin ist ein polyzyklisches Isoprenoid und besteht aus einem weitgehend hydrophoben, nichtplanaren **Steran-Grundgerüst.** Es besitzt zusätzlich eine verzweigte Seitenkette und am C3-Atom eine **polare OH-Gruppe** (▌Abb. 1G). Cholesterin hat eine wichtige Bedeutung in der Medizin als kardiovaskulärer Risikofaktor, besitzt darüber hinaus aber auch zahlreiche wichtige physiologische Funktionen:

- Membranbestandteil: steigert durch seine starre Form die Membranfluidität und -dichte; die OH-Gruppe weist nach außen.
- Steroidhormonvorläufer (u. a. Cortisol, Testosteron, Östrogene, Progesteron, Vitamin $D_3$)
- Gallensäurenvorläufer (Fettresorption im Darm).

### Zusammenfassung

Lipide sind über ihre schlechte Löslichkeit in Wasser als Stoffgruppe definiert. Sie stellen daher eine strukturell heterogene Stoffgruppe dar, die folglich sehr unterschiedliche Funktionen in der Zelle übernimmt.

# Zentrales Dogma der Molekularbiologie

## Was ist das „Dogma"?

Im Zentrum der Molekularbiologie steht die Frage, wie Struktur und Funktion einer Zelle aus ihrer Erbinformation hervorgehen. Träger der Erbinformation ist die **DNA,** welche im Zellkern als Chromatin verpackt vorliegt. Die Abfolge von Nukleotiden als Monomere der DNA stellt das wesentliche Codierungsprinzip unserer Erbinformation dar. Die allermeisten zellulären Funktionen werden durch **Proteine** bewerkstelligt. Die Funktion eines Proteins ist das Resultat seiner Struktur. Diese wiederum wird bestimmt durch die Sequenz seiner Monomere, den Aminosäuren. Die Verbindung zwischen der Erbinformation (DNA) und der Zellfunktion (Proteinstruktur) stellt demnach die Tatsache dar, dass beide Makromoleküle aus einer linearen Sequenz von Monomeren aufgebaut sind. Auf molekularer Ebene wird diese Verbindung durch die **Messenger-RNA (mRNA)** hergestellt. Sie ist der Botenstoff, der die Information aus dem Zellkern heraus ins Zytoplasma zu den Ribosomen transportiert, wo sämtliche Proteine synthetisiert werden.

Einen DNA-Abschnitt, der in eine RNA umgeschrieben wird, bezeichnet man als **Gen.** Ein Gen, das für mRNA codiert, ist meist deutlich länger als seine korrespondierende mRNA. Dies liegt daran, dass ein solches Gen aus für Aminosäuren codierenden **(Exons)** und nicht für Aminosäuren codierenden Nukleotidsequenzen **(Introns)** besteht. Die von ihm gebildete reife mRNA besteht jedoch nur noch aus der zusammenhängenden Exonsequenz, welche in die Aminosäuresequenz des Proteins übersetzt wird (▮ Abb. 1).

> Der Informationsfluss DNA → mRNA → Protein wird als das zentrale Dogma der Molekularbiologie angesehen.

Die DNA liegt mit allen ihren Genen geschützt im Zellkern vor. Durch die räumliche Trennung vom Ort der Proteinsynthese (Zytosol) und von der mRNA als Zwischenstufe ergeben sich diverse Möglichkeiten, die Genexpression zu regulieren. Als **Genexpression** bezeichnet man den Vorgang des Umschreibens der Erbinformation auf DNA-Ebene in eine Abfolge von Aminosäuren (Primärstruktur eines Proteins). Der Informationsfluss vom Gen zum Protein ist somit praktisch mit einer Einbahnstraße zu vergleichen. Das Protein selbst ist kein Informationsträger innerhalb der Zelle, aus ihm können also umgekehrt keine Nukleinsäuren synthetisiert werden.

## Informationsfluss in der Zelle

Die Entstehung einer RNA auf Basis einer DNA wird als **Transkription** bezeichnet. Sie wird durch (DNA-abhängige) RNA-Polymerasen durchgeführt. Die Übersetzung der mRNA in ein Protein bezeichnet man als **Translation.** Die DNA muss bei einer Zellteilung (Mitose) zu gleichen Teilen auf die beiden entstehenden Tochterzellen verteilt werden. Um dies zu erreichen, muss sie vorher exakt dupliziert werden. Dieser Verdopplungsprozess der DNA wird als **Replikation** bezeichnet und wird von (DNA-abhängigen) **DNA-Polymerasen** durchgeführt.

## Grenzen des Dogmas der Molekularbiologie

Es gab im letzten Jahrhundert wichtige Entdeckungen rund um den Vorgang der Genexpression, die in die vorhandene Sichtweise des Informationsflusses von der DNA zum Protein integriert werden müssen. Einige werden im Folgenden kurz beschrieben.

### Reverse Transkription

Mit zunehmenden Erkenntnissen aus der Virologie zeigten sich erste Grenzen des Dogmas, als die sog. Retroviren (z. B. HI-Virus) entdeckt wurden. Das Genom dieser Virusgruppe besteht aus RNA. Im Infektionszyklus der Retroviren ist es erforderlich, dass sie ihr Genom in die DNA der Wirtszelle einbauen. Hierzu ist die Umwandlung von RNA in DNA notwendig. Diesen Umwandlungsprozess von RNA in DNA bezeichnet man als reverse Transkription. Sie wird durch spezielle Enzyme dieser Viren, die **reversen Transkriptasen,** durchgeführt (▮ Abb. 2).

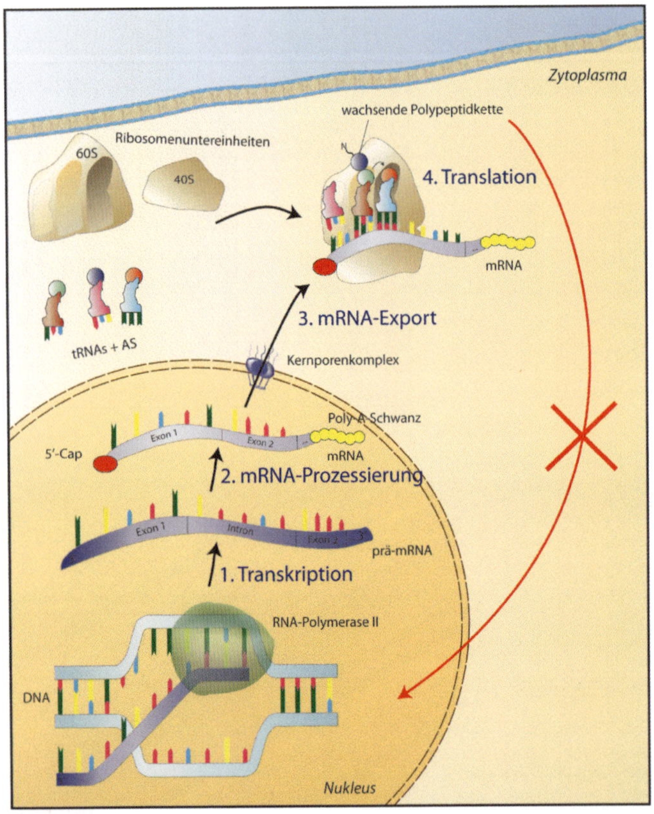


▮ Abb. 1: Zentrales Dogma der Molekularbiologie. [2]

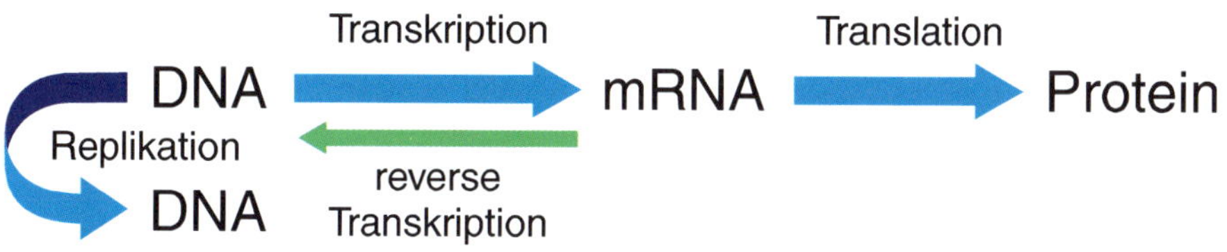


Abb. 2: Molekularer Informationsfluss in der Zelle. [2]

## Regulation von Genexpression

Die Transkriptionsregulation zeigt, dass der dargestellte Informationsfluss nicht allumfassend ist und durchaus gesteuert werden kann: Zwar besitzen alle menschlichen Körperzellen prinzipiell dieselben Gene, jedoch zeigen sie teilweise eine erheblich unterschiedliche Differenzierung. Erklärt werden kann dies durch die in verschiedenen Zellen unterschiedlich starke Expression bestimmter Gene **(Enhancer-Effekt)** und das Herunterregulieren der Expression anderer Gene **(Silencer-Effekt).** Dies kann durch verschiedene Prozesse der Expressionsregulation erreicht werden. Gemeinsam haben diese Prozesse, dass sie meist von Proteinen gesteuert werden. Die Expression von Genen wird also durch ihre Produkte (Proteine) beeinflusst.

## Posttranskriptionelle Veränderungen der Gensequenz

Auch der sog. **RNA-Editing**-Mechanismus zeigt, dass die Gültigkeit des zentralen Dogmas eingeschränkt sein kann. Er bezeichnet die posttranskriptionelle Modifkation einzelner Nukleotide der mRNA-Sequenz, sodass sie mit der Gensequenz auf DNA-Ebene nicht mehr übereinstimmt. Ein Beispiel ist das gewebeabhängige Einfügen eines neuen Stopp-Codons in die Gensequenz des menschlichen Apolipoproteins B. Die Funktion dieses Proteins ist der Transport von Lipiden aus Darm oder Leber im Blut zu anderen Geweben. Durch das neu entstehende Stopp-Codon wird im Darm ein 48 kDa schweres ApoB48 exprimiert. In der Leber, wo das Editing nicht stattfindet, entsteht ein 100 kDa schweres ApoB100. Der Editing-Mechanismus wird durch ein gewebsspezifisch exprimiertes katalytisches Polypeptid gesteuert. Auf diese Weise können also auch Peptide einen Einfluss auf die RNA-Sequenz haben.

## Proteinbasierte Vererbung

Die DNA stellt das molekulare Korrelat der Erbinformation des Menschen dar. Bei Bildung der Zygote aus Eizelle und Spermium müssen neben der DNA selbstverständlich auch intakte Zellstrukturen (z. B. ER, Golgi und Mitochondrien aus der Eizelle und dem Zentrosom des Spermiums) weitergegeben werden. Diese Organellen haben einen Einfluss auf den neu entstehenden Organismus.
Deutlich wird dies bei einer näheren Betrachtung der Weitergabe des Zentrosoms. Es stellt das Mikrotubulus-organisierende Zentrum unserer Zellen dar und bildet den mitotischen Spindelapparat aus (Abb. 3 und s. S. 38/39). Das Zentrosom wird nicht nur bei der Bildung der Zygote, sondern auch bei jeder folgenden (mitotischen) Zellteilung im neuen Organismus an die Tochterzellen weitergegeben. Hierzu wird es in der Mutterzelle (analog zur DNA) genau ein Mal verdoppelt. Es stellt damit das einzige Zellorganell dar, das sich – aufgebaut aus über 100 verschiedenen Proteinen – unabhängig von der DNA ebenso reguliert dupliziert und damit eine Art „proteinbasierte Vererbung" verkörpert.

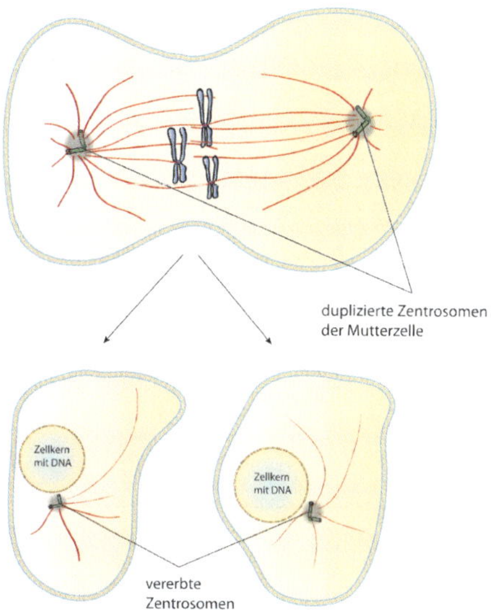


Abb. 3: Weitergabe des Zentrosoms als Beispiel proteinbasierter Vererbung. [2]

### Zusammenfassung

Das zentrale Dogma der Molekularbiologie zeigt den Weg von einem Gen als spezifischen Abschnitt der DNA über ein RNA-Molekül zu einem Protein mit einer spezifischen Aminosäuresequenz. Neue Erkenntnisse der Molekularbiologie fordern das Dogma stellenweise heraus – es besitzt aber nach wie vor grundlegende Bedeutung.

# Membranen und Membranproteine

In wässriger Umgebung ballen sich Lipide aufgrund ihrer großen hydrophoben Bereiche spontan zu bestimmten Strukturen zusammen: **Mizellen** sind kugelartige Molekülkomplexe, bei denen die Fettsäuren der beteiligten Phospholipide ins Kugelinnere zeigen, die Kopfgruppen nach außen (▮ Abb. 1A). **Bilayer** sind sandwitchartige Strukturen, bei denen die Lipidschwänze ins Innere der Doppelschicht weisen und von den Kopfgruppen gegen die wässrige Umgebung abgegrenzt werden. Da Bilayer an ihren Rändern hydrophobe Bereiche aufweisen, welche mit der wässrigen Umgebung ungern interagieren, besteht bei der spontanen Membransynthese per se die Tendenz, abgeschlossene Kompartimente zu bilden (▮ Abb. 1B).

## Aufbau von Biomembranen

### Lipide

Biomembranen bestehen aus einer ca. 5 nm dicken **Lipiddoppelschicht** mit eingelagerten Proteinen. An beide Membranbausteine können zudem Kohlenhydratreste gebunden sein (▮ Abb. 2). Diese bilden auf der Außenseite der Zellmembran eine dichte Oberfläche, die **Glykokalix.** Sie dient der Zell-Zell-Interaktion und spielt z. B. bei der Hämostase, der Interaktion von Spermium und Eizelle oder dem Auswandern von weißen Blutzellen aus dem Gefäßsystem eine wichtige Rolle.
Als Membranlipide kommen v. a. amphiphile Phospholipide und Cholesterin vor. Diese Lipide bilden eine flüssige Phase, in der die eingelagerten Proteine schwimmen **(Fluid-Mosaik-Modell).** Einzelne Lipid- und Proteinmoleküle sind normalerweise nur innerhalb einer Schicht der Lipidbilayer beweglich **(laterale Diffusion).** Mithilfe spezieller Enzyme, sog. Phospholipid-Translokasen, wird jedoch auch ein Flipflop von Lipiden von einer in die andere Schicht des Lipidbilayers möglich.
Die Lipidverteilung zwischen beiden Membranlayern der Zellmembran ist **asymmetrisch:** Auf der Außenseite kommen v. a. Phosphatidylcholin (PC), Sphingomyelin (SM) und Glykolipide vor, auf der Innenseite dagegen Phosphatidylserin (PS) und Phosphatidylethanolamin (PE). Während der Apoptose (programmierter Zelltod) wird beispielsweise PS auf die Membranaußenseite verlagert, was für die Erkennung der Zelle durch Phagozyten sorgt.
Innerhalb der Zellmembran gibt es zudem floßartige Areale **(Lipid rafts),** in denen Sphingolipide und Cholesterin angereichert sind. Sie sind dicker als normale Membranabschnitte und zudem angereichert mit bestimmten Rezeptor- und Kanalproteinen, sodass regelrechte Signalstationen auf der Zelloberfläche entstehen. Auch Caveolae (s. S. 70/71) bilden sich bevorzugt aus Lipid rafts.
Insbesondere die Zellmembranen von Epithelzellen können durch Interzellularkontakte **(Tight junctions)** in ein **apikales und basolaterales Kompartiment** unterteilt werden. Sämtliche Membranproteine und Lipide des äußeren Membranblatts können Tight junctions nicht passieren. Sie werden somit auf einer der beiden funktionellen Seiten des Epithels festgehalten. Diese Zellpolarität ermöglicht u. a. eine selektive Ausstattung beider Seiten eines Epithels mit unterschiedlichen Transportmolekülen.
Die **Fluidität** von Membranen ist abhängig von der Umgebungstemperatur und der Membranzusammensetzung. Ein hoher Gehalt von ungesättigten Fettsäuren in den Membranlipiden verringert die hydrophoben Wechselwirkungen im Membraninneren, da ihre cis-Doppelbindungen für starre Knicks in den Fettsäureresten sorgen. Sie steigern daher die Membranfluidität. Cholesterin erhöht die Membranfluidität bei niedrigen Temperaturen (Verhinderung einer dichten Fettsäurepackung) und verringert sie bei hohen Temperaturen (Behinderung der Phospholipiddiffusion).

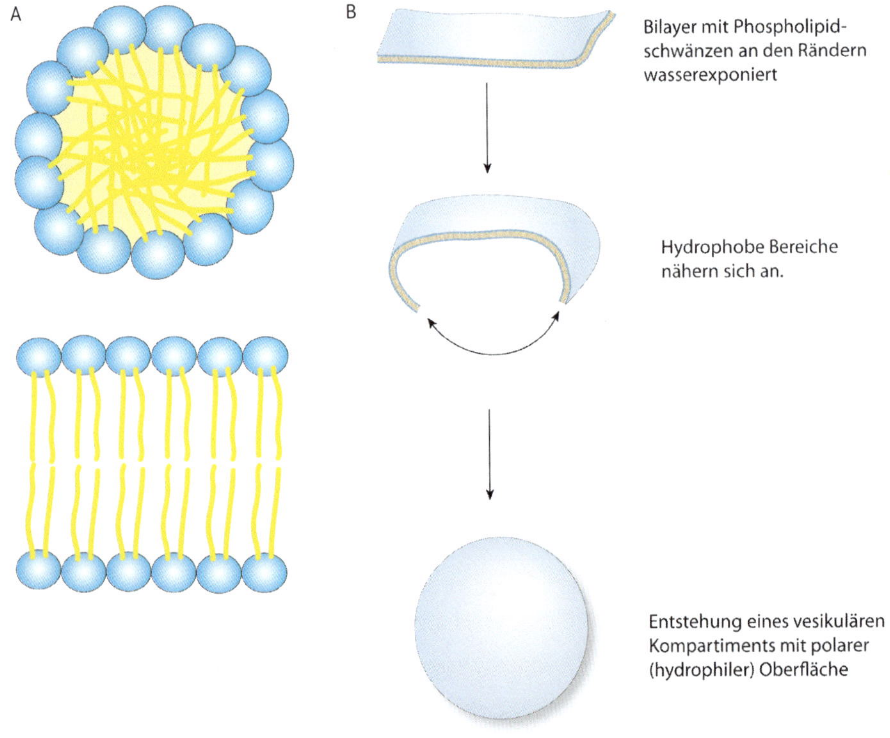


▮ Abb. 1: Typische Lipidstrukturen in wässriger Umgebung. [5]
A) Mizellen und Bilayer.
B) Ausbildung eines Vesikels, das von einer Bilayermembran umschlossen wird.

> Lipid rafts haben einen hohen Gehalt an Cholesterin und Sphingolipiden.

### Membranproteine

Proteine machen ca. 50 % des Gesamtgewichts einer Zellmembran aus. Sie können Lipidmembranen komplett durchqueren **(integrale Membran-**

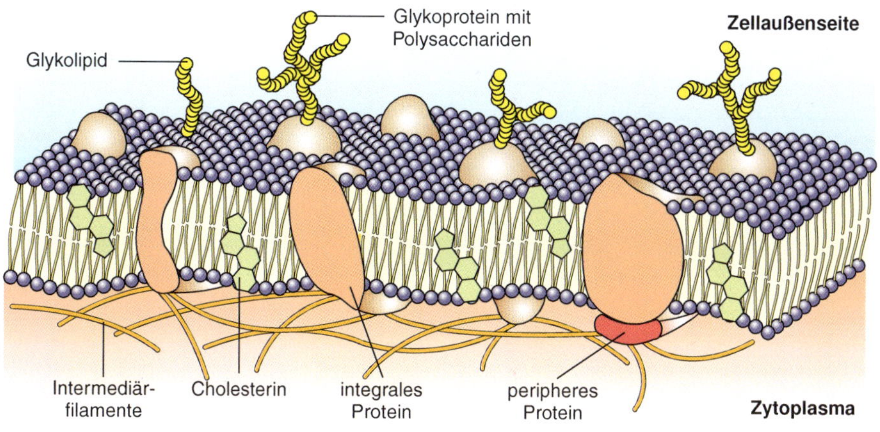


Abb. 2: Modell einer Biomembran. [1]

**proteine)** oder ihnen angelagert sein **(periphere Membranproteine).** Membranproteine haben vielfältige Funktionen, welche die Eigenschaften der Membran (z. B. Leitfähigkeit für eine bestimmte Ionensorte) wesentlich bestimmen.
Integrale Membranproteine besitzen häufig **Transmembrandomänen.** Dies sind hydrophobe Bereiche der Aminosäuresequenz, welche meist als α-Helix die Membran komplett durchspannen. Daneben gibt es auch β-Stränge als Transmembrandomänen. Kanalbildende integrale Membranproteine besitzen oft **amphiphatische Helices,** bei denen der dem Kanalinneren zugewandte Teil aus hydrophilen Aminosäureresten besteht, die der Lipidschicht zugewandten Anteile aus hydrophoben Aminosäureresten. Periphere Membranproteine können auf verschiedene Arten in der Membran verankert sein:

- **Nicht-kovalente Interaktionen** mit Membranlipiden oder anderen integralen Membranproteinen (Beispiel: Der Apoptosemarker Annexin bindet an Phosphatidylserin.)
- **Partielle Verankerung** der Peptidkette in der Lipidmembran (z. B. Prostaglandin-Synthase)
- **Fettsäurereste** (Acylierung, z. B. Myristoylierung, Palmitoylierung): gebunden an Cystein-Reste oder den N-Terminus von Proteinen
- **Isoprenoidreste** (Prenylierung, z. B. Farnesylierung): gebunden an Cystein-Reste von Proteinen
- **Glykosyl-Phosphatidylinositol-anker (GPI-Anker):** gebunden an den C-Terminus von Proteinen (Amidbindung).

Membranproteine dienen als Rezeptoren, Transporter, Kanäle, Enzyme oder Kontaktmoleküle (zum Zytoskelett, zu benachbarten Zellen oder zur extrazellulären Matrix). Häufig assoziieren mehrere Untereinheiten zu funktionalen Proteinkomplexen.

## Funktion von Membranen

Membranen sind die Begrenzungen von zellulären Kompartimenten und ganzen Zellen in unserem Körper. Diese **Barrierefunktion** wird durch den hohen Gehalt an Lipiden erreicht. Sie grenzen das wässrige Milieu des Extra- und Intrazellularraums voneinander ab. Da sich Gleiches in Gleichem gut löst, können kleine lipophile Moleküle (z. B. Steroidhormone, gelöste Gase) gut durch Membranen diffundieren. Große oder geladene Moleküle (sämtliche Makromoleküle oder Ionen) dagegen passieren Membranen schlecht (s. S. 16/17).
Folgende **Zellorganellen** sind membranumschlossen:

- Doppelmembran: Zellkern und Mitochondrien
- Einfachmembran: endoplasmatisches Retikulum, Golgi-Apparat, zelluläre Transportvesikel, Peroxisomen und Lysosomen.

**Lipidtropfen,** die in Fettzellen gehäuft vorkommen, werden von einem Lipidmonolayer umschlossen, der die zahlreichen Triacylglyceride im Inneren gegenüber dem Zytosol abgrenzt.
Die Kommunikation der beiden von einer Membran getrennten Kompartimente wird über **Rezeptoren** (Proteinmoleküle) ermöglicht. Diese befinden sich auf der Membranoberfläche, nehmen Signale auf und können sie ins Zellinnere weiterleiten. Zudem wird über bestimmte Kanäle und andere **Transportproteine** ein reger Stoffaustausch zwischen beiden Seiten einer Membran erreicht.
Insbesondere für den Stoffaustausch und auch die Weiterleitung von elektrischen Signalen über Zellen ist das **Membranpotential** relevant, eine Ladungsdifferenz zwischen Innen- (negativ) und Außenseite (positiv) der Zellmembran, welche durch eine Ungleichverteilung von Ionen über die Membran (v. a. Kalium) hervorgerufen wird.

### Zusammenfassung

Membranen bestehen aus einem Lipidbilayer, in den verschiedenste Proteine eingebaut sind. Die Lipiddoppelschicht ist für die Barrierefunktion von Membranen essentiell, wohingegen die meisten anderen Membranfunktionen, wie der gerichtete Stofftransport oder die Signalübermittlung, von Membranproteinen übernommen werden.

# Transport über Membranen

## Prinzipien des Stofftransports

Durch die Zellmembran können Stoffaufnahme und -abgabe einer Zelle reguliert werden. Dies betrifft nicht nur wichtige organische Moleküle wie Glucose, Fettsäuren, Vitamine oder Hormone, sondern auch anorganische Teilchen wie Ionen, Sauerstoff, Kohlenstoffdioxid oder Stickstoffmonoxid. Zellen müssen die Ionenkonzentrationen im Zytosol strengstens regulieren, um z. B. den osmotischen Druck oder den pH-Wert in einem engen Bereich konstant zu halten **(zelluläre Homöostase).** Zudem müssen Zellen ständig Nachschub an Nährstoffen für ihre eigenen anabolen Stoffwechselvorgänge liefern. Produkte des zellulären Stoffwechsels werden hingegen ins Blut oder in bestimmte Körpersekrete abgegeben, um dort Funktionen zu erfüllen (Schutz der Schleimhäute von Hohlorganen, Verdauung von Nahrungsbestandteilen, Aufbau der extrazellulären Matrix) oder vom Körper ausgeschieden zu werden. Die Grundlage von Teilchenbewegungen im Körper ist die **Brown'sche Molekularbewegung,** hervorgerufen durch die den Teilchen innewohnende kinetische Energie. Sie führt dazu, dass sich Teilchen in einem Raum (z. B. einer Flüssigkeit) von Orten hoher Konzentration zu Orten niedrigerer Konzentration bewegen **(Konzentrationsgradient),** sodass schließlich ein Konzentrationsausgleich erreicht wird. Dieser als **Diffusion** bezeichnete Prozess kann auch durch Biomembranen erfolgen. Hierbei diffundieren insbesondere kleine und hydrophobe Moleküle (wie $NH_3$, $O_2$ und $CO_2$) besonders gut durch die Lipiddoppelschicht. Geladene Ionen und Moleküle sowie stark hydrophile Moleküle (z. B. Glucose, Glycerin) können sie ohne spezielle Transportproteine bzw. -proteinkomplexe nicht oder nur sehr langsam durchqueren. Ein Konzentrationsausgleich eines Stoffs über eine Membran kann auch dadurch erreicht werden, dass Lösungsmittelmoleküle (also im Falle unserer Körperzellen $H_2O$) durch die Membran vom Ort niedrigerer Stoffkonzentration zum Ort höherer Konzentration diffundieren und den Stoff dort „verdünnen". Dies spielt an Membranen eine Rolle, welche für den gelösten Stoff selbst undurchlässig, für die Lösungsmittelmoleküle jedoch durchlässig sind **(semipermeable Membranen).** Die Diffusion von Lösungsmittelmolekülen (i. d. R. $H_2O$) durch semipermeable Membranen bezeichnet man als **Osmose.** Das Membranpotential spielt bei allen Transportvorgängen von geladenen Teilchen (Ionen) eine Rolle, da das (negativ geladene) Zellinnere Kationen anzieht und Anionen abstößt. Somit bestimmt beim Ionentransport nicht der Konzentrationsgradient alleine, sondern ein sog. **elektrochemischer Gradient,** der sich aus Membranpotential und Konzentrationsunterschied zusammensetzt, die Richtung des spontanen Transports.

### Arten des Membrantransports

Wird ein Stoff über eine Membran entlang seinem elektrochemischen Gradienten transportiert, so bezeichnet man dies als **passiven Transport.** Im Gegensatz dazu findet **aktiver Transport** entgegen einem elektrochemischen Gradienten statt.

> Passiver Transport erfolgt entlang, aktiver Transport entgegen einem elektrochemischen Gradienten.

Hierzu ist Energie notwendig, die entweder aus der Spaltung von Adenosintriphosphat **(primär aktiv)** oder dem „Anzapfen" von bereits existierenden Ionengradienten gewonnen werden kann. Letzteres wird auch als **sekundär aktiver Transport** bezeichnet, da existierende Ionengradienten zuvor ATP-basiert generiert wurden. Als **elektrogen** bezeichnet man Transportvorgänge, bei denen eine Netto-Ladungsverschiebung über die Membran stattfindet, sodass das Membranpotential hierbei verändert wird (z. B. **$Na^+$-$K^+$-ATPase,** die zwei $K^+$ nach intrazellulär und drei $Na^+$ nach extrazellulär transportiert). **Cotransport** bezeichnet Transportvorgänge, bei denen ein Carrier zwei Ionenarten gleichzeitig transportiert. Erfolgt der Transport in eine Richtung über die Membran, so bezeichnet man ihn als **Symport,** erfolgt er in entgegengesetzte Richtungen, wird er **Antiport** genannt.

## Transporter in Zellmembranen

Sämtliche zellulären Transporter sind integrale Membranproteine, da sie die zu transportierenden Teilchen auf einer Membranseite aufnehmen und auf der anderen wieder abgeben müssen. Es gibt drei große Klassen von Transportproteinen in unseren Zellen (▮ Abb. 1): Poren, Kanäle und Carrier. Viele der heute verwendeten Medikamente (z. B. zur Blutdruck- bzw. Herzfrequenzregulation, Psychopharmaka) greifen an zellulären Transportmolekülen an. Um die Wirkweise dieser Medikamente zu verstehen, ist die Kenntnis der Bau- und Funktionsweise von Membrantransportern wichtig.

### Poren

Es handelt sich um wassergefüllte röhrenartige Molekülstrukturen, die mit hindurchdiffundierenden Molekülen häufig nur geringfügig interagieren und ihnen ständigen Durchtritt erlauben. Als Poren kommen beim Menschen beispielsweise die Kernporenkomplexe der Kernhülle, die Porine der äußeren Mitochondrienmembran und die Aquaporine in den Membranen aller Körperzellen vor. Letztere sind für die osmotischen Gleichgewichte über Zellmembranen entscheidend. Häufig vermitteln hydrophile Asparaginreste im Inneren dieser Aquaporine ihre Selektivität für $H_2O$-Moleküle.

### Kanäle

Diese ebenfalls membrandurchspannenden Röhren vermitteln v. a. den schnellen Transport von Ionen (geladene Teilchen). Damit eignen sie sich hervorragend dazu, mittels schneller Veränderungen des Membranpotentials elektrische Signale zu generieren.
Sie zeichnen sich durch eine komplexe Funktionsweise aus, die für die Aufrechterhaltung des Membranpotentials und dessen gezielte Beeinflussung zur Generierung und Weiterleitung von elektrischen Signalen im Körper notwendig ist. Die Funktion von Kanälen basiert v. a. auf vier molekularen Bestandteilen:

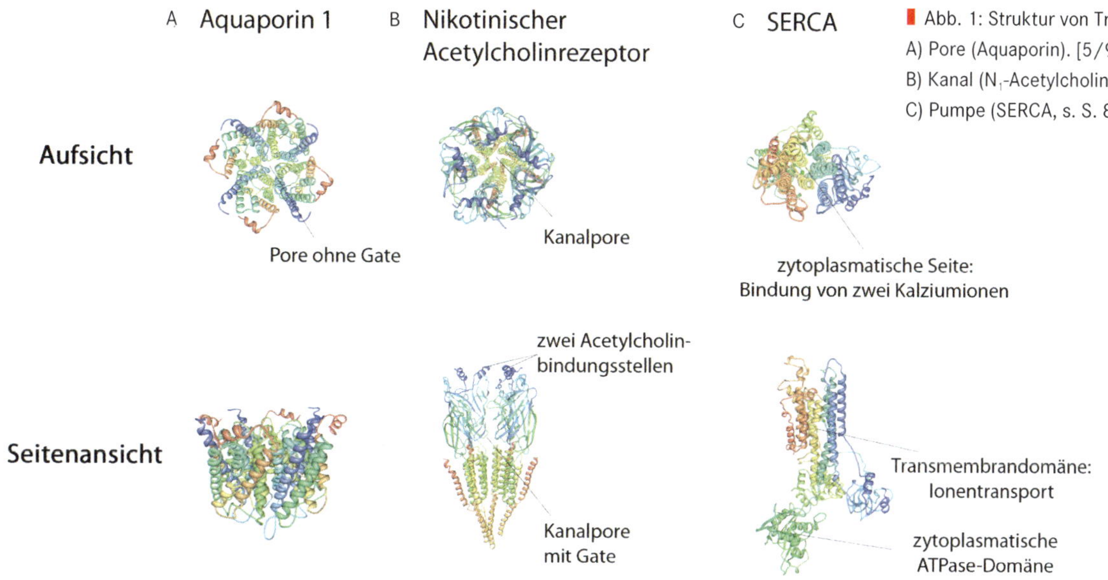


Abb. 1: Struktur von Transportmolekülen.
A) Pore (Aquaporin). [5/9]
B) Kanal ($N_1$-Acetylcholin-Rezeptor). [5/10]
C) Pumpe (SERCA, s. S. 86/87). [5/11]

1. Sie besitzen ein **Tor (Gate),** das sie normalerweise geschlossen hält (im Gegensatz zu Poren).
2. Sie besitzen eine **regulatorische Domäne,** deren Aktivierung sie vom geschlossenen in den offenen Zustand überspringen lässt. Diese kann durch extra- oder intrazelluläre Liganden, mechanische Sensationen oder eine Änderung des Membranpotentials aktiviert werden. In letzterem Fall ist die regulatorische Domäne ein Spannungssensor, bestehend aus geladenen Aminosäureresten.
3. Sie besitzen eine **Inaktivierungsdomäne,** die sie nach Aktivierung vom offenen in den inaktiven Zustand überführt. Dies ist meist ein zytoplasmatischer Kanalabschnitt, der die Pore von innen verschließt.
4. Sie besitzen einen **Selektivitätsfilter** im Inneren ihres Kanals, der die Art der transportierten Teilchen bestimmt. Er kann „eng" und damit sehr selektiv sein (im Falle von $K^+$-Kanälen wird sogar die Hydrathülle der Ionen abgestreift) oder eher durchlässig (unspezifische Kationenkanäle).

## Carrier und Pumpen

Carrier binden spezifisch (aber i. d. R. nichtkovalent) an zu transportierende Moleküle und durchlaufen eine Serie von Konformationsänderungen, um diese in mehreren Schritten (ähnlich einer enzymatischen Reaktion) über die Membran zu transportieren. Ihre Transportrate ist daher viel langsamer als diejenige von Kanälen. Alle Poren und Kanäle erlauben nur passiven Membrantransport, Carrier hingegen können als ATP-getriebene Pumpen gelöste Teilchen auch gegen ihren elektrochemischen Gradienten über eine Membran transportieren. Zudem erlaubt ihre Bindungsfähigkeit für zwei oder mehr verschiedene Ionen einen **sekundär-aktiven Transport,** d. h., der Abwärtstransport eines Ions entlang seinem elektrochemischen Gradienten treibt den Aufwärtstransport eines anderen Stoffs gegen dessen elektrochemischen Gradienten an. Natürlich können Carrier auch die gerichtete Diffusion von Teilchen entlang ihres elektrochemischen Gradienten vermitteln **(erleichterte Diffusion).** Die Transportrate ist dann aber nicht mehr (wie bei Poren und Kanälen) allein vom elektrochemischen Gradienten abhängig **(Kinetik erster Ordnung),** sondern wird von der maximalen Transportgeschwindigkeit des Carriers limitiert (Sättigungskurve, **Kinetik zweiter Ordnung**).

Carrier und Pumpen entstanden in der Evolution aus demselben Vorläufermolekül. Dies wird anschaulich an der Austauschbarkeit ihrer Reaktionsrichtung: Pumpen kreieren i. d. R. Ionengradienten durch ATP-Verbrauch. Es gibt aber auch Carrier, welche existierende Ionengradienten nutzen, um ATP aus ADP und anorganischem Phosphat zu recyceln (z. B. $F_OF_1$-ATPase, Mechanismus s. S. 20/21).

### Zusammenfassung

Poren, Kanäle, Carrier und Pumpen sind die wichtigsten zellulären Membrantransporter. Pumpen vermitteln ATP-getriebenen primär-aktiven Transport von Teilchen über Membranen. Die Energie der entstehenden Ionengradienten nutzen Carrier für sekundär-aktiven Transport anderer Teilchen. Kanäle vermitteln vor allem schnelle Änderungen des Membranpotentials durch Ionentransport. Hierfür weisen sie eine komplexe molekulare Struktur auf.

# Endoplasmatisches Retikulum und Golgi-Apparat

Das endoplasmatische Retikulum (ER) und der Golgi-Apparat sind zwei Zellorganellen, welche dem **intrazellulären Membransystem** angehören. Sie spielen eine zentrale Rolle bei Synthese, Modifikation und Transport von Makromolekülen in der Zelle. Der Transport von Membranvesikeln vom ER über den Golgi-Apparat zur Zellmembran wird als **exozytotischer Pathway** (*engl.* für „Pfad, Weg") bzw. **anterograder Transport** bezeichnet, der gegenläufige Weg als **endozytotischer Pathway (retrograder Transport).**

## Endoplasmatisches Retikulum

Das endoplasmatische Retikulum ist ein schlauchartiges Netzwerk aus zisternenartigen bzw. tubulären **Membranstapeln.** Es steht in direkter Verbindung mit dem periplasmatischen Raum zwischen beiden Membranen der Kernhülle (s. S. 44/45). Das Membrannetzwerk ist ein dynamisches System, welches sich ständig im Umbau befindet. Das ER wird in **raues (rER)** und **glattes ER (gER)** unterteilt – je nachdem, ob seine Oberfläche mit Ribosomen besetzt ist.

### Aufbau

Auf der Oberfläche des rER befinden sich Ribosomen (▮ Abb. 1A), die Proteine direkt durch spezielle Kanäle **(Translokons)** in das Lumen des ER synthetisieren (s. S. 68/69). Bei diesen Proteinen handelt es sich entweder um sekretorische Proteine (die aus einer Zelle ausgeschleust werden sollen), lysosomale Proteine oder Membranproteine. Sie weisen an ihrem N-Terminus eine spezifische **Signalsequenz** zur Erkennung auf.
Morphologisch teilt man das ER in **Zisternen** und **transitorisches** ER ein. Am transitorischen ER befinden sich keine Ribosomen. Hier werden Vesikel abgeschnürt, die zum Golgi-Apparat transportiert werden (auch als **ERES** bezeichnet, *engl.* Endoplasmic reticulum exit site). Das gER besitzt keine Ribosomen auf seiner Oberfläche (▮ Abb. 1B).

### Funktion

#### Proteinsynthese, -modifikation und -faltung

Im rER finden neben der Proteinbiosynthese auch Modifikationen sowie die Faltung von Proteinen statt. Zu den Proteinmodifikationen gehören die Abspaltung der Signalsequenz sowie die Knüpfung von **Disulfidbrücken** zwischen Cysteinresten von Proteinen. Auf Asparaginreste werden cotranslational Kohlenhydratseitenketten übertragen **(N-Glykosylierung).** Im Anschluss wird eine Qualitätskontrolle der Proteine im ER durchgeführt, woran spezielle Chaperone und Glykosyltransferasen beteiligt sind (s. S. 62/63). Ist ein Protein korrekt gefaltet und modifiziert, wird es in **Membranvesikel** verpackt und weiter zum Golgi-Apparat transportiert. Bleibt die Proteinfaltung fehlerhaft und kann durch Helfersysteme nicht mehr korrigiert werden, wird es mit einem speziellen Kohlenhydratmuster versehen und retrograd aus dem ER ins Zytosol transportiert, wo es in **Proteasomen** (s. S. 72/73) abgebaut wird. Dieser Mechanismus wird als **ERAD** (*engl.* Endoplasmic reticulum-associated protein degradation) bezeichnet. Das Lumen des rER kann durch Speicherung von Proteinen erweitert werden. Dies passiert beispielsweise bei fehlgefalteten Proteinen, die durch das ERAD-System nicht degradiert werden können und dadurch im Lumen des Organells akkumulieren. Diese Situation stellt einen Stressfaktor für die Zelle dar. Sie führt zu einer spezifischen Antwortreaktion (*engl.* **Unfolded protein response, UPR**), bei der die Expression von Chaperonen (s. S. 62/63) und Proteasomkomponenten kompensatorisch gesteigert wird. Die UPR kann sogar den programmierten Zelltod (**Apoptose**, s. S. 80/81) zur Folge haben. Peptidbruchstücke aus dem proteasomalen Abbau werden über ein Transportmolekül **(TAP)** ins ER transportiert und dort auf sog. **MHC-I-Komplexe** übertragen. Diese gelangen über den exozytotischen Pathway auf die Zellmembran und erlauben Immunzellen die Kontrolle über das Innere Milieu der Zellen.

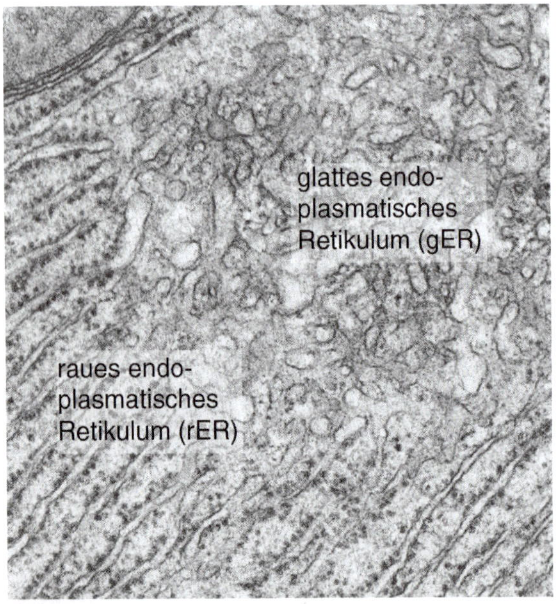


▮ Abb. 1: Elektronenmikroskopisches Bild des rauen und glatten endoplasmatischen Retikulums. [12]

#### Weitere Funktionen

Im gER findet die **Synthese von Lipiden** (Phospholipide, TAG und Cholesterin) statt. Deswegen ist das gER in Zellen, welche Steroidhormone produzieren, besonders deutlich ausgeprägt (z. B. Nebennierenrinde, Testis, Ovar). Insbesondere im gER von Leberzellen finden Entgiftungsreaktionen im Rahmen der **Biotransformation** durch das Zytochrom-$P_{450}$-System statt. Durch Medikamentenabusus wird das gER insbesondere in Leberzellen stark ausgebildet. In Muskelzellen gibt es ein spezielles gER in länglicher Konfiguration: das **sarkoplasmatische Retikulum (SR).** Es ist in die Kopplung von Muskelerregung und Kontraktion (s. S. 36/37) invol-

Abb. 2: Aufbau des Golgi-Apparats mit schematischer Darstellung vesikulärer Transportvorgänge während des exozytotischen (rot) und endozytotischen (blau) Pathways. [13]

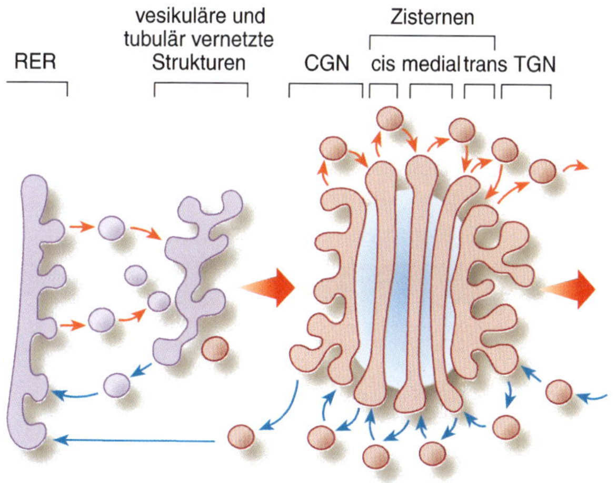


viert. In den Membranen des ER und SR kommt die **Calcium-ATPase des sarko- und endoplasmatischen Retikulums (SERCA)** vor. Sie transportiert Calciumionen unter Energieaufwand vom Zytosol ins ER, sodass ein großer Gradient für $Ca^{2+}$ über die ER-Membran entsteht. $Ca^{2+}$ ist ein wichtiger zellulärer Signalstoff (s. S. 86/87), der bei Bedarf schnell ins Zytosol freigesetzt werden kann.

## Golgi-Apparat

### Aufbau

Beim Golgi-Apparat handelt es sich um mehrere Stapel von **Membranzisternen,** die über Vesikel in einem regen Austausch stehen. Häufig liegt er in der Nähe des Zentrosoms einer Zelle. Der Golgi-Apparat kann als Zwischenstation und Schaltstelle des vesikulären Transports von Proteinen sowohl in Richtung Peripherie als auch in Richtung Zentrum einer Zelle angesehen werden. Er gliedert sich in eine **Cis-Seite** (Eintrittspforte aus dem ER zum Golgi-Apparat), einen **medialen Abschnitt** und eine **Trans-Seite** (Austrittspforte aus dem Golgi-Apparat in Richtung Zellmembran bzw. endolysosomales Kompartiment, Abb. 2). Diese drei Anteile des Golgi-Apparats sind nicht nur rein anatomische Landmarken, sondern unterscheiden sich auch funktionell. Während ein Protein von der Cis- zur Trans-Seite des Golgi-Apparats wandert, findet schrittweise seine weitere Reifung durch chemische Modifikationen statt. Das **Trans-Golgi-Netzwerk** ist ein Vesikelsystem, das sich aus der Trans-Seite des Golgi-Apparats ableitet. Hieraus werden primäre Lysosomen und Sekretvesikel abgeschnürt.

### Funktion

Der Golgi-Apparat sortiert im Rahmen seiner vesikulären Transportprozesse Proteine. Außerdem ist er an der weiteren **posttranslationalen Modifikation** von Proteinen und Membranlipiden des exozytotischen Pathways beteiligt. Dabei führen Enzyme des Golgi-Apparats **O-Glykosylierungen** an Serin-, Threonin- oder Hydroxylysinresten der Peptidkette durch. Zudem modifiziert der Golgi-Apparat bestehende N-verknüpfte Kohlenhydratseitenketten von Proteinen und induziert **limitierte Proteolysen,** sodass Vorläuferproteine (z. B. Prohormone) vor ihrer Sekretion aktiviert werden. Eine besondere Eigenschaft des Golgi-Apparats ist die Synthese von **Glykosphingolipiden** aus Sphingolipid-Vorläufern.

**Zusammenfassung**

Das raue endoplasmatische Retikulum führt die Synthese von Proteinen des exozytotischen Pathways durch. Diese Proteine werden im ER gefaltet, modifiziert und qualitativ kontrolliert. Im glatten endoplasmatischen Retikulum finden Entgiftungsprozesse und die Lipidsynthese statt. Der Golgi-Apparat ist die zentrale Schaltstation des zellulären Vesikeltransports. In seinen Zisternen werden sekretorische Proteine weiter modifiziert und proteolytisch aktiviert.

# Mitochondrien

Mitochondrien sind die Energiekraftwerke der Zelle. Sie synthetisieren den überwiegenden Teil des zellulären ATP. Zudem verfügen sie über ein eigenes Genom mit assoziierter Proteinsynthesemaschinerie, in der sie einen kleinen Teil ihrer Proteine selbst herstellen. Nach aktueller Vorstellung stammen Mitochondrien von Bakterien ab, die von einer eukaryoten Zelle im Laufe der Evolution aufgenommen wurden **(Endosymbiontentheorie).**

## Aufbau

Ein Mitochondrium ist von einer **Doppelmembran** umhüllt. Die Membranen bezeichnet man als Außenmembran (dem Zytosol zugewandt) und Innenmembran (der mitochondrialen Matrix zugewandt). Wesentlicher Bestandteil der mitochondrialen Innenmembran sind das Phospholipid **Cardiolipin** (s. S. 10/11) sowie die Enzymkomplexe der **Atmungskette.** Die Mitochondrienmatrix ist der Innenraum des Organells. Sie enthält ein eigenes **ringförmiges Genom** und **70S-Ribosomen.**
Das mitochondriale Genom codiert für 13 mitochondriale Proteine. Die überwiegende Anzahl der mitochondrialen Proteine (mehrere Tausend) sind kerncodiert. Zu den Proteinen, die im Mitochondrium vorhanden sind, gehören u. a. die Enzyme für den **Energie-** und **Intermediärstoffwechsel.** Da das Organell auch Ort der Calciumspeicherung ist, enthält es in der Matrix Partikel, die mit Calcium gefüllt sind.
Die Innenmembran stülpt sich in die Matrix. Diese Ausstülpungen werden als **Cristae** bezeichnet (▮ Abb. 1A). Zellen, die Steriodbiosynthese betreiben, haben Mitochondrien mit einem anderen Erscheinungsbild: Die Ausstülpungen der Innenmembran in die Matrix hinein gleichen Röhren. Es handelt sich um Mitochondrien vom **tubulären Typ** (▮ Abb. 1B).

## Funktion

Mitochondrien werden als Kraftwerke der Zelle bezeichnet, da sie mithilfe der Atmungskette ATP produzieren. In Zellen, die viel Energie benötigen, sind besonders viele und große Mitochondrien vorhanden. Zahlreiche Stoffwechselvorgänge einer Zelle finden in der mitochondrialen Matrix statt. Hierzu gehören der **Citratzyklus,** die **β-Oxidation** sowie die **Ketonkörpersynthese.** Ein Teil des **Harnstoffzyklus** (Elimination von Stickstoff) sowie die Synthese von 5-Aminolävulinat im Rahmen der **Hämsynthese** sind ebenfalls hier lokalisiert. In Mitochondrien vom tubulären Typ läuft ein Teil der **Steroidbiosynthese** ab. Schließlich können Mitochondrien über den intrinsischen Signalweg **Apoptose** induzieren (s. S. 80/81). Hierzu entlassen sie ein Molekül, das eigentlich im Rahmen der Atmungskette dem Elektronentransport dient **(Zytochrom c)** ins Zytosol, wo es lytische Enzyme aktiviert.

## Mitochondriales Genom

Das mitochondriale Genom ist aus zirkulärer DNA aufgebaut. Es besitzt einen kompakten Aufbau, in dem **Introns** (s. S. 50/51) fehlen. Vielmehr reiht sich eine proteincodierende Sequenz direkt an die nächste. In jedem Mitochondrium finden sich ungefähr zehn solcher Ringmoleküle. Jedes Ringmolekül enthält 37 Gene und codiert für 22 tRNAs, zwei rRNAs und 13 Proteine. Bei diesen handelt es sich um Untereinheiten für Enzyme der Atmungskette, wobei keines davon komplett mitochondrial codiert wird. Die Biosynthese der 13 Proteine findet in der mitochondrialen Matrix statt. Da **kein DNA-Reparatursystem** im Mitochondrium existiert, ist die Mutationsrate des mitochondrialen Genoms erhöht.

Da während der Befruchtung das Spermium seinen Schwanz mit den Mitochondrien verwirft, erhält die Zygote ihre Mitochondrien ausschließlich von der weiblichen Eizelle. Dies führt dazu, dass genetische Erkrankungen, welche auf Genmutationen mitochondrialer Gene beruhen, maternal vererbt werden.

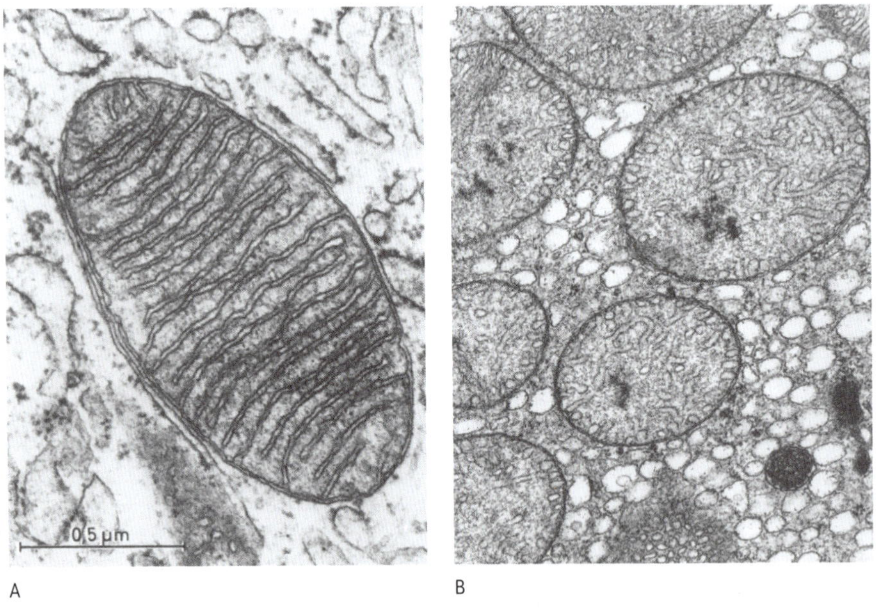


▮ Abb. 1: Mitochondrium vom Cristae-Typ (A) und vom Tubulus-Typ (B). [8]

## Transport über die Mitochondrienmembran

Mitochondriale Proteine, die kerncodiert sind, werden von speziellen Transportsystemen der Mitochondrienmembranen durch **N-terminale Signalsequenzen** erkannt. Die Sequenzen werden erst in der Matrix enzymatisch abgespalten. Die beiden Mitochondrienmembranen besitzen zwei Protein-Transportkomplexe zum Import nukleär codierter Proteine: **TOM** und **TIM**.
In der Außenmembran befindet sich TOM (*engl.* Translocase of the outer mitochondrial membrane). Der Kom-

plex besteht aus vielen Untereinheiten, wovon einige Proteine mit mitochondrialer Signalsequenz erkennen und binden, andere als Kanalproteine diese in den Intermembranraum translozieren. Der TIM-Komplex (*engl.* Translocase of the inner mitochondrial membrane) transportiert **Matrixproteine** in die mitochondriale Matrix und überführt **Membranproteine** der Innenmembran in diese. Kommt der N-Terminus eines Matrixproteins durch den TIM-Kanal in der Matrix an, wird er von **mtHsp70,** einem Chaperon, gebunden. Dieses dient ATP-abhängig als molekularer Motor des Proteinimports.

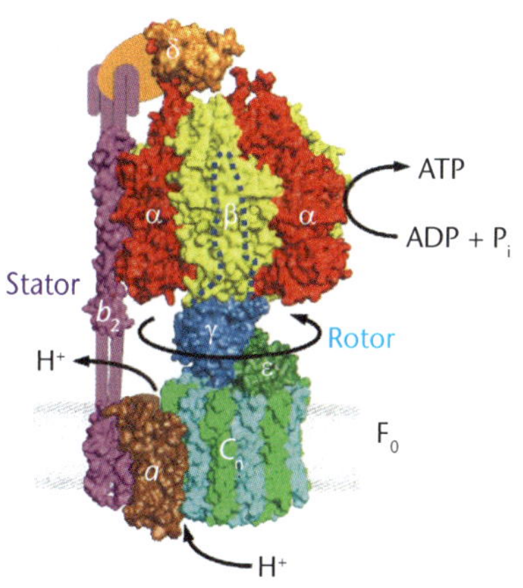


Abb. 2: Aufbau der ATP-Synthase. [15]

## Atmungskette

In der inneren Mitochondrienmembran existieren **vier Enzymkomplexe,** welche in einer Serie von **Redoxreaktionen** die Energie von Elektronen, welche aus dem Abbau von Nährstoffen stammen, schrittweise für die ATP-Synthese umwandeln. Sie bewerkstelligen dies, indem sie einen Protonengradienten über die innere Mitochondrienmembran erzeugen. Dabei werden während des Elektronentransports (in Form von Redoxreaktionen) Protonen selektiv in die Matrix aufgenommen und an den Intermembranraum abgegeben.
Der finale Elektronenakzeptor der Atmungskette ist molekularer Sauerstoff ($O_2$) mit seiner hohen Elektronegativität. Bestimmte Multienzymkomplexe in der inneren Mitochondrienmembran, die sog. ATP-Synthasen, ermöglichen im Anschluss den Fluss von Protonen entlang dem entstandenen Gradienten zurück in die Matrix. Dieser Protonenfluss treibt in den ATP-Synthase-Komplexen die Synthese von energiereichem ATP aus ADP und $P_i$ an.

Die Elektronen, welche während der Atmungskette transportiert werden, stammen von sog. **Reduktionsäquivalenten** (z. B. NADH + $H^+$). Diese wiederum entstehen zum Großteil bei der Oxidation von Nährstoffen im Citratzyklus, der in der Mitochondrienmatrix stattfindet. In diesen Stoffwechselweg münden die meisten katabolen Abbauprozesse.

### ATP-Synthase als makromolekularer Komplex

Die ATP-Synthase enthält zwei Bestandteile: $F_1$ und $F_O$. Beide Anteile bestehen aus Proteinkomplexen mit vielen Untereinheiten und ähneln insgesamt der Form eines Pilzes mit Kopf und Basis (Abb. 2). Um die ATP-Synthese zu ermöglichen, sind beide Anteile notwendig.
Der **$F_O$-Anteil** befindet sich in der inneren Mitochondrienmembran und bildet die Basis des Pilzes. Es handelt sich hierbei um einen **Protonenkanal.** Während der ATP-Synthese hat er die Funktion eines rotierenden Motors.

Der kugelörmige **$F_1$-Anteil** bildet den Pilzkopf. Er ragt in die mitochondriale Matrix hinein und stellt das eigentliche Reaktionszentrum zur **Synthese von ATP** dar. Er besteht u. a. aus drei β-Untereinheiten, die um eine γ-Untereinheit gruppiert sind, welche mit dem rotierenden $F_O$-Teil verbunden ist. Die β-Untereinheiten durchlaufen während der Rotationsbewegung der γ-Untereinheit einen Zyklus aus drei unterschiedlichen Zuständen: die O (*engl.* open), L (*engl.* loose) und T (*engl.* tight)-Konformation. Während der O-Konformation binden sie ADP und anorganisches Phosphat ($P_i$) und geben synthetisiertes ATP ab. In der L-Konformation bleibt ADP gebunden. Während der T-Konformation läuft die Reaktion zum ATP ab. Dieser Zyklus wird während einer Rotationsbewegung von einer β-Untereinheit mehrmals durchlaufen. Motor der Rotation ist der Protonenfluss durch den $F_O$-Anteil. Pro synthetisiertem ATP-Molekül ist der Fluss von ca. vier Protonen durch den $F_O$-Anteil notwendig.

**Zusammenfassung**

Mitochondrien sind die Kraftwerke der Zelle. In ihnen findet die ATP-Synthese statt. Sie besitzen neben dem Zellkern als einzige Organellen der menschlichen Zelle ein eigenes Genom und synthetisieren einen kleinen Teil ihrer Proteine selbst. Der Import von weiteren Proteinen in das Mitochondrium erfolgt über zwei Transportsysteme: TOM und TIM.

# Peroxisomen und Lysosomen

## Peroxisomen

### Aufbau

Peroxisomen sind runde Organellen, die von einer Membran umgrenzt sind. In der Membran finden sich **Peroxine,** die für den Import von peroxismalen Proteinen in die Matrix verantwortlich sind (▌Abb. 1). Diese Proteine geben sich durch eine spezielle Signalsequenz zu erkennen, das **peroxisomale Zielsignal, PTS** (*engl.* Peroxismal targeting signal). Alle Proteine des Peroxisoms sind **kerncodiert.** Es existieren momentan zwei Theorien zur Entstehung von Peroxisomen. Eine beschreibt eine Genese, ausgehend von Vesikeln des endoplasmatischen Retikulums. Nach der zweiten Theorie bilden sich diese Organellen durch eine direkte Teilung existierender Peroxisomen. Da beide Mechanismen bereits beobachtet wurden, geht man davon aus, dass beide zur Entstehung von Peroxisomen beitragen.

### Funktion

Peroxisomen sind am Fettstoffwechsel beteiligt. Durch ihre Oxidasen tragen sie zur **β-Oxidation,** dem Abbau von Fettsäuren, bei. Im Gegensatz zu Mitochondrien verkürzen sie während der β-Oxidation die Fettsäuren jedoch lediglich. Zudem entsteht in Peroxisomen Wasserstoffperoxid, das durch die peroxismale **Katalase** in Sauerstoff und Wasser entgiftet wird. Die Katalase ist außerdem in der Lage, Sauerstoffradikale zu inaktivieren und sie somit unschädlich für die Zelle zu machen. Neben dieser Schutzfunktion sind die Organellen auch für die Entgiftung der Zelle zuständig. Sie bauen beispielsweise Ethanol ab. Kommt es zur Akkumulation eines Giftstoffs im Organismus, so vermehren und vergrößern sich die Peroxisomen. Sie können sich also den Umweltbedingungen anpassen.

### Zellweger-Syndrom

Es gibt verschiedene Erkrankungen, denen eine gestörte Peroxisomenbildung zugrunde liegt. Eine davon ist das Zellweger-Syndrom, das einen besonders schweren Verlauf aufweist. Hier fehlen die Peroxisomen oder sind als „Geister-Peroxisomen" in der Zelle vorhanden. Diese Peroxisomen besitzen zwar eine intakte Membran, in ihrer Matrix befinden sich aber keine Proteine. Die Erkrankung tritt mit Fehlbildungen an Schädel, Gesicht, Gehirn und intrahepatischen Gallengängen nach der Geburt in Erscheinung. Die Kinder fallen mit einer ausgeprägten Muskelschwäche auf (▌Abb. 2) und versterben meist im Säuglingsalter. Ursächlich sind Mutationen in den **PEX-Genen,** die für Peroxine der Membran codieren. Sind diese Peroxine nicht funktionstüchtig, kann kein Import von peroxisomalen Proteinen in die Matrix stattfinden (▌Abb. 1, 2).

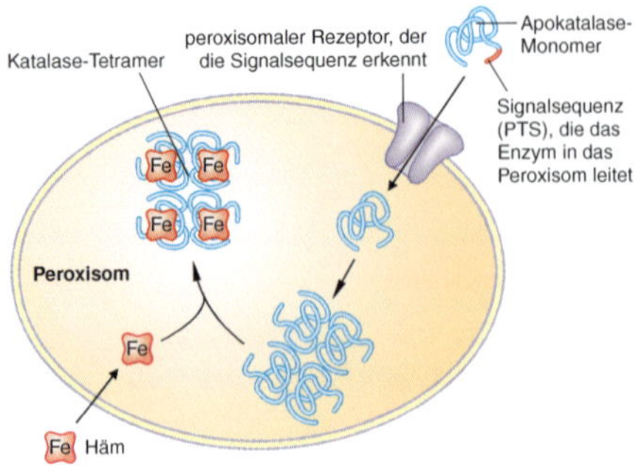


▌Abb. 1: Proteintransport in Peroxisomen am Beispiel der Katalase, eines wichtigen peroxisomalen Enzyms. [1]

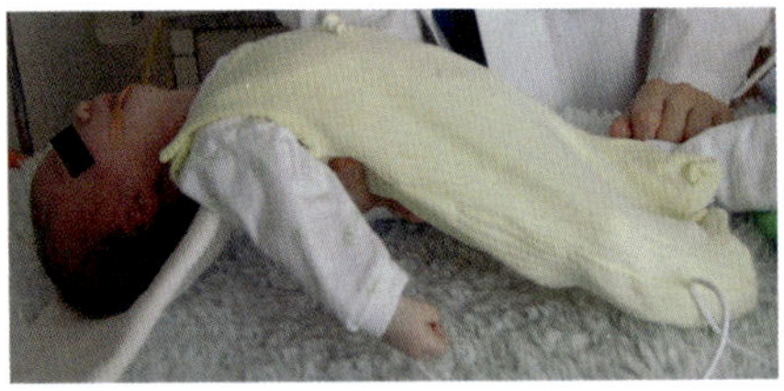

▌Abb. 2: Säugling mit Zellweger-Syndrom. Eine schwere muskuläre Hypotonie (*engl.* Floppy infant) ist erkennbar. [16]

## Lysosomen

### Aufbau und Funktion

Primäre Lysosomen knospen sich aus dem Trans-Golgi-Netzwerk ab und sind wie Peroxisomen von einer Membran umhüllt (▌Abb. 3). Lysosomen besitzen im Inneren ein stark saures Milieu. Membranständige **ATP-abhängige Protonenpumpen,** die vakuolären **V-ATPasen,** sorgen für den niedrigen pH-Wert im Lumen des Organells. Zu den **hydrolytischen lysosomalen Enzymen** zählen Nukleasen, Lipasen, Glykosidasen, Sulfatasen und auch Proteasen (z. B. **Kathepsin**). Sie alle benötigen einen niedrigen pH-Wert, um optimal arbeiten zu können. Kathepsin wird z. B. zum Abbau von Komponenten der extrazellulären Matrix wie Kollagen und Proteoglykanen benötigt. Lysosomen von phagozytierenden Zellen verschmelzen mit **Endosomen** (s. S. 70/71), um aufgenommene Fremdkörper zu verdauen. In allen Körperzellen dienen Endosomen dazu, Membranbestandteile (z. B. Rezeptoren) zu recyceln.

Um sich vor Eigenverdauung zu schützen, ist die innere Membranseite des Lysosoms von einem dicken Oligosaccharidmantel überzogen. Dieser wird aus Saccharidseitenketten von integralen Glykoproteinen der lysosomalen Membran, sog. **LAMP** (*engl.* Lysosome-associated membrane proteins), gebildet.
In der Zelle können lysosomale Residualkörperchen gefunden werden, die in ihrem Inneren unverdauliches Restmaterial gelagert haben. Sie werden auch als **Lipofuszingranula** bezeichnet.

### Der Weg lysosomaler Proteine

Auf alle Proteine, die in die Lysomen transportiert werden sollen, wird nach ihrer Synthese im endoplasmatischen Retikulum im Golgi-Apparat ein endständiger **Mannose-6-phosphat-Rest** als Erkennungssequenz übertragen

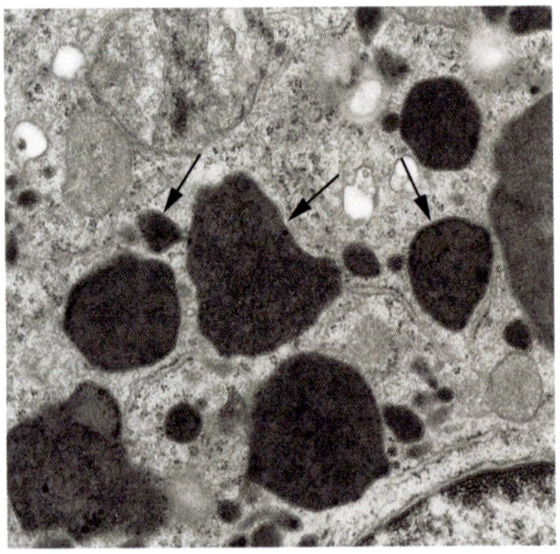

▌Abb. 3: Lysosomen mit heterogenem Inhalt in der elektronenmikroskopischen Darstellung. [14]

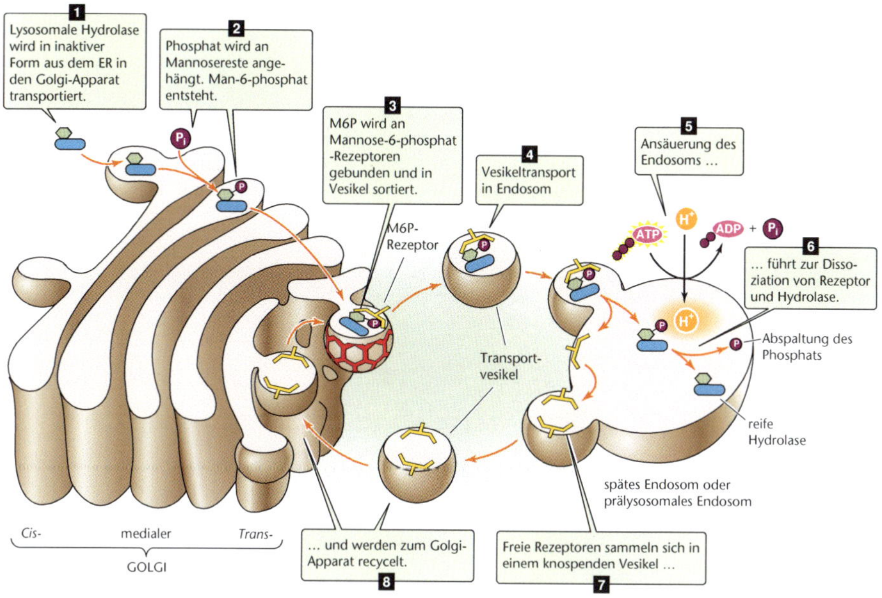


Abb. 4: Transport von Proteinen in Lysosomen. [17]

(Abb. 4). Dieser Rest wird von Mannose-6-phosphat-Rezeptoren im Trans-Golgi-Netzwerk erkannt und gebunden. Die zukünftigen lysosomalen Proteine werden in Vesikel (sog. primäre Lysosomen) „verpackt". Diese schnüren sich vom Golgi-Apparat ab und fusionieren mit **frühen Endosomen.** Hier herrscht ein geringfügig saurer pH-Wert, sodass der Rezeptor vom Mannose-6-phosphat abdiffundiert und zurück zum Golgi-Apparat transportiert wird, wo er wieder verwendet werden kann (Recycling). Im entstandenen **späten Endosom** beginnen die lysosomalen Enzyme mit ihrer Verdauungsaktivität. Hierdurch reift das späte Endosom zu einem **sekundären Lysosom** heran.

## Autophagie

Die Autophagie beschreibt die **Degradation** von intrazellulären Organellen, Membranen und Proteinen. Es handelt sich um einen regulierten Prozess, der alte Zellstrukturen entsorgen kann und während eines Nährstoffmangels für das Überleben einer Zelle wichtig ist. Zunächst wird eine abzubauende intrazelluläre Struktur von einer Membran umschlossen. Dabei entsteht ein Vesikel, welches mit einem Lysosom zu einem **Autophagolysosom** verschmilzt. In diesem wird das abzubauende Produkt durch hydrolytische lysosomale Enzyme abgebaut.
Bei Entzug von Wachstumsfaktoren kann ein Autophagiemechanismus zur Apoptose beitragen. Dieser Prozess könnte im Rahmen des **Alterns** eine wichtige Rolle spielen. **Fehlfunktionen** der Autophagie werden mit **neurodegenerativen** Erkrankungen durch Akkumulation von „Schrott" in der Zelle in Zusammenhang gebracht.

## Lysosomale Speichererkankungen

Sie zeichnen sich primär durch das Fehlen bestimmter lysosomaler Enzyme aus. Der Abbau von Substanzen kann dadurch gestört sein und zu ihrer Akkumulation führen. Die schwerste Form lysosomaler Speichererkrankungen ist die **I-Zell-Erkrankung.** Durch die gestörte Mannose-6-phosphat-Synthese finden lysosomale Hydrolasen nicht zu den Lysosomen. Die Organellen bleiben dadurch funktionsunfähig.
Bei der **Gaucher-Krankheit** fehlt ein bestimmtes Enzym, die β-Glucosidase. Durch den dadurch gestörten Abbau von Glykolipiden reichern sich Sphingolipid-Vorstufen in den Lysosomen an **(Sphingolipidose).**

### Zusammenfassung

Peroxisomen sind an Stoffwechselprozessen der Zelle beteiligt. Sie haben Schutz- und Entgiftungsfunktionen. Bei dem Zellweger-Syndrom kann eine Zelle keine Peroxisomen bilden. Lysosomen dienen der Verdauung von Nahrungsbestandteilen. Sie enthalten hydrolytische Enzyme, welche bei niedrigem pH-Wert aktiv sind. Sie werden über Mannose-6-phosphat in Lysosomen dirigiert.

## Zytoskelett und extrazelluläre Matrix



## Molekulargenetik



## Proteine und intrazellulärer Transport



## Zellzyklus und Zellteilung



## Interzelluläre Kommunikation

# B Spezieller Teil

# Bestandteile des Zytoskeletts

Zellen sind dreidimensionale Gebilde, die ihre Form und Struktur trotz äußerer Einflüsse aufrechterhalten müssen. Mobile Zellen verändern ihre Form für amöboide Bewegungen. Jede Zelle ist darüber hinaus auf die Bewegung der Organellen und Moleküle in ihrem Inneren angewiesen. So werden etwa Baustoffe für die einzelnen Zellorganellen nachgeliefert oder die Chromosomen während der Mitose auf beide Tochterzellen verteilt. In Nervenzellen müssen die bis zu 1 m vom Zellkörper entfernt liegenden Synapsen mit Energie versorgt werden. Alle diese Stütz- und Bewegungsfunktionen werden in eukaryoten Zellen durch die Proteine des Zytoskeletts bewerkstelligt.

## Aufbau

Drei Hauptkomponenten bilden in eukaryotischen Zellen das Zytoskelett (▮ Abb. 1):

- ▶ Mikrotubuli (ca. 25 nm Durchmesser)
- ▶ Intermediärfilamente (ca. 10 nm Durchmesser)
- ▶ Aktinfilamente (Mikrofilamente, 5–9 nm Durchmesser).

Alle drei Zytoskelettkomponenten sind aus Proteinuntereinheiten aufgebaut, die sich zu großen filamentären Makromolekülen zusammenlagern. Sie besitzen unterschiedliche mechanische Eigenschaften und biologische Funktionen. Diese gewinnen durch **akzessorische Proteine** zusätzlich an Vielfalt. Für Transport- und Motilitätsfunktionen ist z. B. die Gruppe der **Motorproteine** notwendig. Hierzu zählen akzessorische Zytoskelettproteine, welche durch die Hydrolyse von ATP chemische Energie in Bewegungsenergie umsetzen. Dies ermöglicht Bewegungen auf subzellulärer (z. B. Vesikeltransport), zellulärer (z. B. Phagozytose) und makroskopischer (z. B. Muskelbewegung) Ebene. Auch der Einfluss von zellulären Signalen (s. S. 82/83) auf das Zytoskelett wird durch akzessorische Proteine vermittelt. So kann es zu umfangreichen Umbauaktionen im Inneren der Zelle kommen.

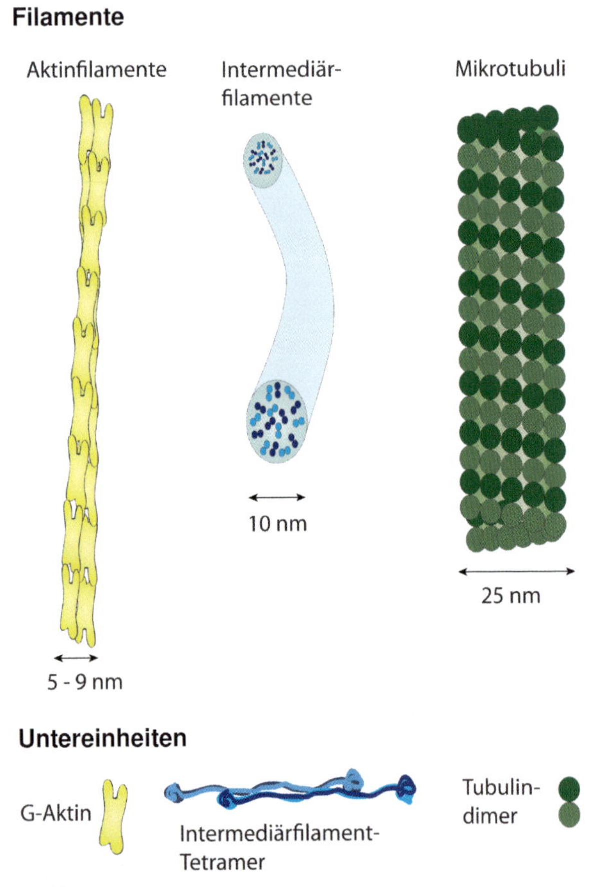


▮ Abb. 1: Hauptkomponenten des Zytoskeletts. [5]

## Funktion

Das Zytoskelett ist eine bemerkenswerte zytoplasmatische Struktur, die vielfältige Aufgaben besitzt. Hierzu gehören:

- ▶ Erhalt von Zellgestalt und -morphologie (alle)
- ▶ Aufbau vielfältiger Zellstrukturen und -formen (v. a. Aktinzytoskelett)
- ▶ Vermittlung von Resistenz gegenüber Scher- und Zugkräften (v. a. Intermediärfilamente)
- ▶ Stabilisierung der Zellmembran (v. a. Aktinfilamente)
- ▶ Vermittlung von zellulärer Adhärens und Zusammenhalt in einem Organverband (v. a. Aktin- und Intermediärfilamente)
- ▶ Zellbewegung (v. a. Aktin- und Myosinfilamente, Mikrotubuli)
- ▶ Kontrolle von intrazellulärem Protein- und Organellentransport (v. a. Mikrotubuli)
- ▶ Positionierung von Zellorganellen (z. B. Golgi-Apparat, v. a. Mikrotubuli)
- ▶ Aufbau der Mitosespindel (Mikrotubuli)
- ▶ Aufbau des kontraktilen Rings während der Zytokinese (Aktin- und Myosinfilamente)
- ▶ Kontrolle der Symmetrie von Zellteilungen (z. B. während der Furchungsteilungen des Embryos, Mikrotubuli)
- ▶ Muskelkontraktion (Aktin- und Myosinfilamente)
- ▶ Kontrolle der Aussprossung von Nervenzellfortsätzen (Mikrotubuli)
- ▶ Stabilisierung von primären Zilien und Kinozilien (Mikrotubuli)
- ▶ Stabilisierung von Mikrovilli, Stereozilien und Lamellipodien (Aktinfilamente).

Intermediärfilamente widerstehen mechanischen Kräften, welche auf die Zelle einwirken („molekulare Seile").

Aktinfilamente ermöglichen die Ausbildung von diffizilen Oberflächenstrukturen sowie Muskelkontraktion („molekulare Fäden").

Mikrotubuli kontrollieren die Position von Organellen und ermöglichen den Transport von intrazellulärem Material („molekulare Röhren, Transportstraßen").

## Besonderheiten

Die einzelnen Komponenten des Zytoskeletts unterscheiden sich in ihren Untereinheiten, ihrer Struktur und ihren Funktionen. Sie besitzen jedoch alle auch typische Gemeinsamkeiten. Es handelt sich um polymere Moleküle, die aus Monomeren aufgebaut sind. Diese monomeren Untereinheiten können sich selbstständig **nichtkovalent** zusammenlagern (*engl.* **Self-assembly**), wodurch lineare **Protofilamente** entstehen. Protofilamente wiederum lagern sich durch laterale Interaktion zu funktionellen Polymeren zusammen (▌Abb. 2). Die lateralen Interaktionen verleihen den Komponenten des Zytoskeletts Festigkeit und machen Brüche inmitten der Filamente thermodynamisch unwahrscheinlich. Stattdessen können einzelne Untereinheiten an ihren Enden leicht angehängt oder abgespalten werden. Aus diesem Grund sind neu entstehende kurze Polymere instabiler als lange ältere Filamente. Insgesamt ist der Prozess der **Nukleation** (Assoziation erster Untereinheiten) geschwindigkeitsbestimmend bei der Synthese von Zytoskelettpolymeren.
Zytoskelettfilamente zeigen ein **dynamisches Verhalten,** d. h., es findet ein ständiger Austausch von Untereinheiten an beiden Enden eines Zytoskelettfilaments statt. Überwiegt die Assoziation von Untereinheiten, wächst das entsprechende Ende, überwiegt die Dissoziation, so verkürzt sich das Ende. Die Wachstums- bzw. Dissoziationsrate des Filaments wird durch die Konzentration freier Untereinheiten und akzessorische Proteine gesteuert. Diese Dynamik erlaubt einen raschen Auf- und Abbau von Zytoskelettstrukturen.
Die zahlreichen Funktionen des Zytoskeletts werden erst möglich durch die Verbindung filamentärer Molekülketten zu **höheren Strukturen.** Hierunter fallen z. B. Filamentbündel, -netze oder -stränge. Für die Quervernetzung der einzelnen Komponenten untereinander sind i. d. R. assoziierte Proteine notwendig. Über die Steuerung der Aktivität dieser Prozesse kann eine Zelle schnell auf äußere Einflüsse reagieren und z. B. ihre Gestalt ändern.

## Zytoskelettgifte

Da Mikrotubuli und Aktinfilamente eine hochkonservierte Rolle spielen und ihr Aufbau auf der dynamischen Assoziation bzw. Dissoziation ihrer Untereinheiten basiert, hat die Natur zahlreiche Toxine hervorgebracht, welche die Zytoskelettfunktion beeinträchtigen (▌Tab. 1).

Viele dieser Toxine haben eine große Bedeutung in der molekularbiologischen Forschung und bei der **zytostatischen Therapie** von Tumoren. Die Interferenz sowohl mit dem Auf- als auch mit dem Abbau von Zytoskelettkomponenten beeinträchtigt lebende Zellen enorm, da sie auf ein dynamisch veränderbares Zytoskelett (z. B. während der Mitose) angewiesen sind.

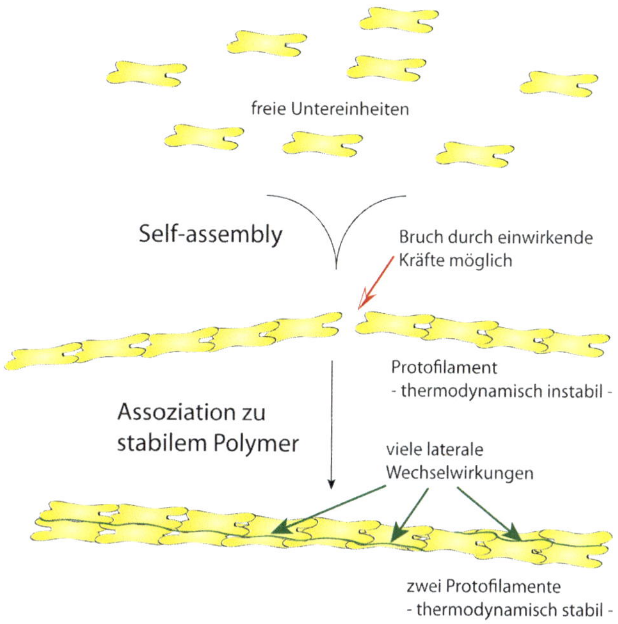


▌Abb. 2: Self-assembly von Zytoskelettfilamenten und ihre thermodynamische Stabilität. [5]

| Toxin | Herkunft | Wirkung |
|---|---|---|
| Latrunculin | Feuerschwamm (Latrunculia magnifica) | Bindet Aktinmonomere und verhindert Polymerisation |
| Phalloidin | Knollenblätterpilze z. B. Amanita phalloides | Stabilisiert Aktinpolymere und behindert deren Umsatz |
| Colchicin | Herbstzeitlose | Bindet freie Tubulinuntereinheiten und verhindert Polymerisation |
| Vinkaalkaloide (z. B. Vinblastin) | Catharanthe (Madagaskar-Immergrün) | Bindet freie Tubulinuntereinheiten und verhindert Polymerisation |
| Nocodazol | Synthetisch | Bindet freie Tubulinuntereinheiten und verhindert Polymerisation |
| Paclitaxel | Pazifische Eibe | Bindet an Mikrotubuli (β-Tubulin-UE) und verhindert deren Abbau |

▌Tab. 1: Toxine, welche die Zytoskelettfunktion beeinträchtigen.

### Zusammenfassung

Das Zytoskelett verschafft unseren Zellen eine äußere Form und ermöglicht sämtliche Arten von Zellbewegung. Es besteht aus den dünnen Aktinfilamenten, den Intermediärfilamenten und dicken Hohlzylindern, den Mikrotubuli.

# Mikrotubuli

Mikrotubuli sind hohle molekulare Röhren, deren Wände aus Tubulinuntereinheiten aufgebaut sind. Ihre Struktur unterliegt einer dramatischen Dynamik, sodass sie innerhalb der Zelle sehr schnell neu orientiert werden können. Die Umgestaltung des Mikrotubulus-Zytoskeletts findet z. B. beim Aufbau der Mitosespindel oder der Ausbildung von Zellfortsätzen statt. Mikrotubuli übernehmen eine Reihe an Aufgaben in unseren Zellen, wobei insbesondere der Transport von Organellen einen beeindruckenden molekularen Vorgang darstellt.

## Aufbau

Mikrotubuli sind starre Hohlzylinder, deren Wand aus 13 versetzt angeordneten **Protofilamenten** aufgebaut ist (▮ Abb. 1A). Der Hohlzylinder besitzt einen Durchmesser von ca. **25 nm.** Die Untereinheiten der Protofilamente sind Tubulin-Heterodimere, bestehend aus den globulären Proteinen **α-** und **β-Tubulin.** Da sich die Untereinheiten eines Protofilaments stets in der gleichen Orientierung aneinanderreihen, entsteht eine **polare Struktur** mit einem **Plus-** und einem **Minus-Ende.** α-Tubulin zeigt dabei zum Minus-Ende, β-Tubulin zum Plus-Ende.
Das Minus-Ende ist meist mit dem **Mikrotubulus-organisierenden Zentrum (MTOC)** der Zelle, dem **Zentrosom,** verbunden. Vom MTOC aus werden die meisten Mikrotubuli der Zelle aufgebaut (Nukleation). In der perizentriolären Matrix des Zentrosoms befinden sich **γ-Tubulin-Ringkomplexe,** die als Nukleationsstationen für die Assoziation erster Tubulinuntereinheiten zu einem funktionsfähigen Mikrotubulus fungieren (s. S. 38/39). Auch andere Strukturen können Mikrotubuli nukleieren, z. B. das Chromatin der kondensierten Chromosomen während der Mitose oder bestehende Mikrotubuli der Mitosespindel.

Mikrotubuli werden vom MTOC aufgebaut und bleiben meist mit ihrem Minus-Ende an diesem befestigt. Das Plus-Ende zeigt in Richtung Zellperipherie.

## Mikrotubulus-Assembly und -Dynamik

Beide Tubulinuntereinheiten eines Mikrotubulus können Guaninnukleotide (GDP oder GTP) binden (zählen aber nicht zu den typischen G-Proteinen, s. S. 86/87). Während α-Tubulin das GTP fest gebunden hat, wechselt β-Tubulin durch eine intrinsische **GTPase-Aktivität** zwischen GTP- und GDP-gebundener Form. Freies β-Tubulin hat dabei meist GTP gebunden. Bindet es an ein Mikrotubulus-Ende, wird GTP zu GDP und $P_i$ hydrolysiert. Dies führt dazu, dass das wachsende Ende eines Mikrotubulus eine **GTP-Kappe** trägt, da seine Untereinheiten „neuer" sind als diejenigen in der Mitte des Mikrotubulus (▮ Abb. 1B). GDP-haltige Tubulinuntereinheiten dissoziieren schneller vom Mikrotubulus ab als solche mit gebundenem GTP.
Bei der Untereinheiten-Assoziation und -Dissoziation an einem Mikrotubulus-Ende handelt es sich also um einen dynamischen Vorgang, bei dem ein Ende wächst, wenn freie Tubulinuntereinheiten oberhalb einer kritischen Konzentration vorhanden sind. Nimmt die Konzentration freier Heterodimere ab, erhöht sich der Anteil an GDP-gebundenen Untereinheiten am Mikrotubulus-Ende, sodass dieses eher Untereinheiten verliert als dazugewinnt.
Aufgrund der Konformationsunterschiede beider Mikrotubulus-Enden ist die Assoziationsrate von Tubulinheterodimeren am Plus-Ende größer als am Minus-Ende. Stellt sich die Konzentration freier Untereinheiten so ein, dass das Plus-Ende noch wächst, das Minus-Ende aber bereits Tubulindimere verliert, so befindet sich der gesamte Mikrotubulus in einem Stadium, das **Treadmilling** (*engl.* „Treadmill" bedeutet „Tretmühle" oder „Laufband") genannt wird: Er bewegt sich durch gerichtetes Wachstum in Richtung des Plus-Endes voran.

Das Plus-Ende eines Mikrotubulus wächst schneller als sein Minus-Ende. Tubulindimere, in denen das β-Tubulin-Monomer GDP gebunden hat, dissoziieren leichter vom Mikrotubulus ab als Dimere mit gebundenem GTP.

Die intrinsische Hydrolyseaktivität des β-Tubulins kann bei bestimmten Konzentrationen freier Tubulindimere dazu führen, dass an einem wachsenden Mikrotubulus-Ende plötzlich alle GTP-Untereinheiten in die GDP-gebundene Form überführt werden. Dieses Ende verliert dann sehr schnell viele Untereinheiten (*engl.* **Catastrophe** für „Katastrophe"). Durch zufällige Addition von GTP-gebundenen Untereinheiten kann

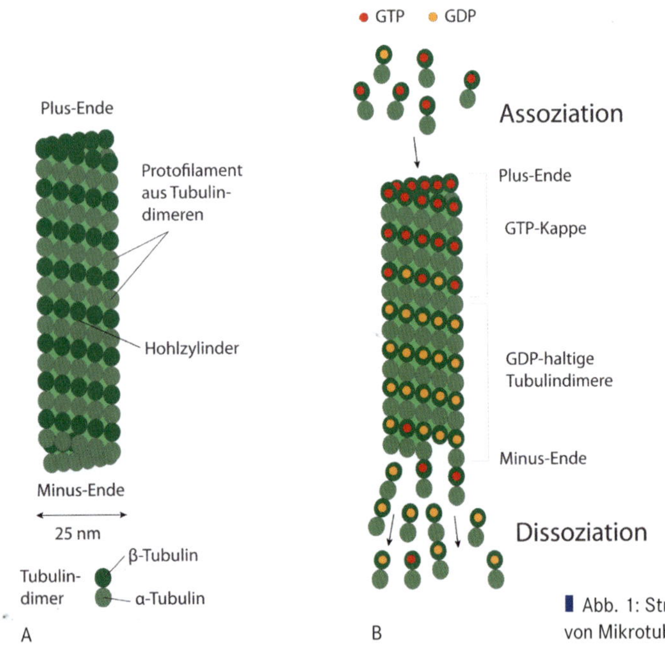


▮ Abb. 1: Struktur (A) und Dynamik (B) von Mikrotubuli. [5]

es vom Abbau gerettet werden (*engl.* **Rescue** für „Rettung“) und weiter wachsen. Die Wahrscheinlichkeit dieser Vorgänge hängt von der Konzentration freier Tubulindimere in der Umgebung der Mikrotubuli-Enden ab. Sie werden zusammen als **dynamische Instabilität** der Mikrotubuli bezeichnet (▌Abb. 2).

Typisch für Mikrotubuli ist ihre dynamische Instabilität (plötzliche rasche Depolymerisation und Rescue). Dies ermöglicht den schnellen Umbau des Mikrotubulus-Zytoskeletts, z. B. im Rahmen der Mitose.

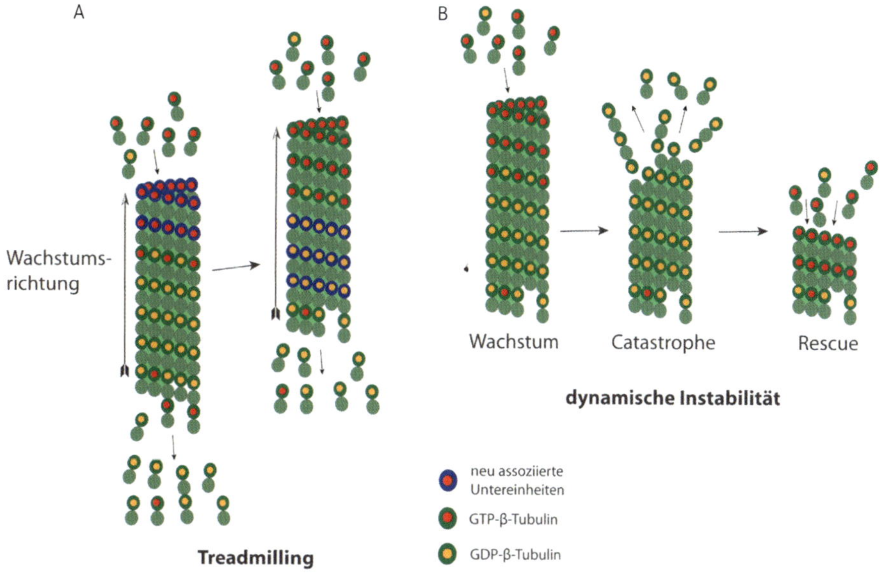


▌Abb. 2: Treadmilling und dynamische Instabilität als dynamische Veränderungen im Mikrotubulus-Zytoskelett. [5]

## Eigenschaften

Mikrotubuluszylinder sind relativ **starre Röhren.** Diese Starrheit beruht auf zahlreichen nichtkovalenten Interaktionen zwischen den Tubulinuntereinheiten. α- und β-Tubulin-Untereinheiten eines Protofilaments sind End-zu-End verknüpft. Zusätzlich interagieren α- und β-Untereinheiten von nebeneinanderliegenden Protofilamenten mit ihren seitlichen Oberflächen, was ihnen Stabilität verleiht. Der Bruch eines Mikrotubulus in dessen Mitte wird so zu einem unwahrscheinlichen Ereignis, da hierbei viele nichtkovalente Bindungen gleichzeitig gespalten werden müssten.

### Tubulinisoformen

Tubulin ist eine hochkonservierte Proteinstruktur. Beim Menschen kommt es in fünf verschiedenen Isoformen vor (▌Tab. 1).

### Tubulin-bindende Proteine

Der Auf- und Abbau sowie das Verhalten von Mikrotubuli wird durch die Bindung von regulatorischen Proteinen an Tubulinuntereinheiten oder Mikrotubulusröhren **(Mikrotubuli-assoziierte Proteine, MAP)** reguliert: So bündelt das Protein **Tau** mehrere parallele Mikrotubuli in Nervenzellfortsätzen. **Katanin** spaltet, in Abhängigkeit von ATP, bestehende Mikrotubuli. Auf diese Weise werden Mikrotubuli vom MTOC freigesetzt. **MT-stabilisierende Proteine** vermindern die Dissoziationsrate von Tubulindimeren an MT-Enden. **Catastrophe-Faktoren** erhöhen dagegen die Wahrscheinlichkeit des Abbaus von Mikrotubuli, indem sie die Protofilamente eines MT-Endes auseinanderdrücken und somit deren gegenseitige Wechselwirkungen vermindern.

## Funktion

Mikrotubuli etablieren durch ihren polaren Aufbau (Plus-Ende zeigt zur Zellperipherie) und ihre sternartige Struktur mit dem MTOC als Zentrum eine Struktur innerhalb der Zelle. In diesem „Koordinatensystem“ wird z. B. der Golgi-Apparat durch Motorproteine, die sich in Richtung des Minus-Endes bewegen, nahe am Zentrosom gehalten. **Transportvesikel** und Zellorganellen können entlang den Mikrotubuli als Leitschienen mithilfe von Motorproteinen (Kinesinen und Dyneinen) transportiert werden.
Mikrotubuli sind zudem an der Ausbildung von spezialisierten Zellstrukturen (z. B. Zentriolen des Zentrosoms, Zilien, Flagellen der Spermien) beteiligt. In den Flagellen ermöglichen sie beispielsweise den Schwimmvorgang der Spermien. Während der Zellteilung wird die **Mitosespindel** aus Mikrotubuli aufgebaut.

| Isoform | Vorkommen | Funktion |
|---|---|---|
| α-Tubulin, β-Tubulin | Mikrotubuli | Aufbau von Mikrotubuli |
| γ-Tubulin | Zentrosom, Mitosespindel | Mikrotubulusnukleation |
| δ-Tubulin | Zentrosom | Organisation der Zentriolen in Triplett-Mikrotubuli |
| ε-Tubulin | Zentrosom | Zentrioläre Anhängsel |

▌Tab. 1: Tubulinisoformen.

**Zusammenfassung**

Mikrotubuli sind als Hohlzylinder die dicksten und starrsten Bestandteile des Zytoskeletts. Sie bestehen aus Tubulindimeren, wobei deren Polymerisation zu vollständigen Mikrotubuli einer bemerkenswerten Dynamik unterliegt.

# Intermediärfilamente

Der Durchmesser **(10 nm)** von Intermediärfilamenten liegt zwischen dem von Aktinfilamenten und dem von Mikrotubuli, daher ihre Bezeichnung. Intermediärfilamente dienen in tierischen Zellen dem Schutz vor mechanischen Belastungen. Ihre evolutionär nahe verwandten Vorläufer, die nukleären Lamine, erhalten an der Innenseite der Kernhülle die Kugelgestalt des Zellkerns aufrecht (s. S. 44/45). Während Mikrotubuli und Aktinfilamente in allen Eukaryonten hoch konserviert sind, kommen Intermediärfilamente in phylogenetisch älteren Lebensformen überhaupt nicht vor (z. B. Pflanzen, Pilze). Auch im Menschen gibt es Zelltypen, welche keine Intermediärfilamente exprimieren (z. B. Oligodendroglia).

## Struktur

Die Untereinheiten der Intermediärfilamente sind aus länglichen, knapp 50 nm langen Polypeptiden aufgebaut. Diese Polypeptide besitzen eine zentrale α-helikale Region und je einen globulären C- und N-Terminus. Die langen zentralen α-Helices zweier Peptide lagern sich zu einer parallel angeordneten **Coiled-coiled-Struktur** zusammen (▮ Abb. 1). Zwei Coiled-coiled-Dimere assoziieren daraufhin etwas versetzt zu einem antiparallelen **Tetramer.** Diese Tetramere sind die eigentlichen, löslich im Zytosol vorliegenden Untereinheiten der Intermediärfilamente. Sowohl Dimere als auch Tetramere können aus gleichen oder verschiedenen Intermediärfilament-Subtypen zusammengesetzt sein. Acht Tetramere assoziieren schließlich zu einem vollständigen Intermediärfilament mit 10 nm Durchmesser. In diesem zeigen also acht Dimere in eine, die anderen acht Dimere in die entgegengesetzte Richtung. Im Gegensatz zu Mikrotubuli oder Aktinfilamenten besitzen Intermediärfilamente keine Polarität, da innerhalb eines Tetramers beide Dimere antiparallel angeordnet sind.

> Im Gegensatz zu Aktinfilamenten und Mikrotubuli besitzen Intermediärfilamente keine Polarität und binden keine energiereichen Triphosphate.

### Intermediärfilament-assoziierte Proteine

Spezifische intrazelluläre Proteine können an Intermediärfilamente binden und deren Eigenschaften verändern (**IFAP,** *engl.* Intermediate filament-associated proteins). So bündelt das Protein **Filaggrin** Intermediärfilamente der Epidermis (sog. Keratine) während des Verhornungsprozesses. **Plectin** verbindet Intermediärfilamente mit der Plasmamembran, Mikrotubuli und Aktinfilamenten. Häufig sorgen IFAP für die Verknüpfung von Intermediärfilamenten zu Bündeln oder Netzwerken. Insbesondere die Verbindung von Intermediärfilamenten mit Desmosomen und Hemidesmosomen an der Plasmambran wird über IFAP ermöglicht.

## Funktion

Die Expression von Intermediärfilamenten verschafft einem Gewebe mechanische Widerstandskraft. Dies ist insbesondere in Epithelgeweben notwendig, da bei Bewegungen von Organen im Körper Zugkräfte auf ihre Oberflächen wirken. Intermediärfilamente kompensieren diese Zugkräfte, da sie wie molekulare Seile in den Zellen aufgespannt sind. Zwischen nebeneinanderliegenden Zellen gibt es spezialisierte Zell-Zell-Kontakte, die **Desmosomen** (s. S. 40/41). Über sie stehen die Intermediärfilamente dieser Zellen miteinander in Verbindung. Das Ablösen von Epithelzellen vom darunterliegenden Bindegewebe (Lamina propria) wird durch Zell-Matrix-Kontakte verhindert, sog. **Hemidesmosomen.** Auch diese stehen in Verbindung mit dem Intermediärfilament-Zytoskelett der Epithelzellen. In kernhaltigen Zellen stabilisieren die nukleären **Lamine,** eine phylogenetisch alte Klasse von Intermediärfilamenten, die Kernhülle als Kernlamina von innen (s. S. 44/45).

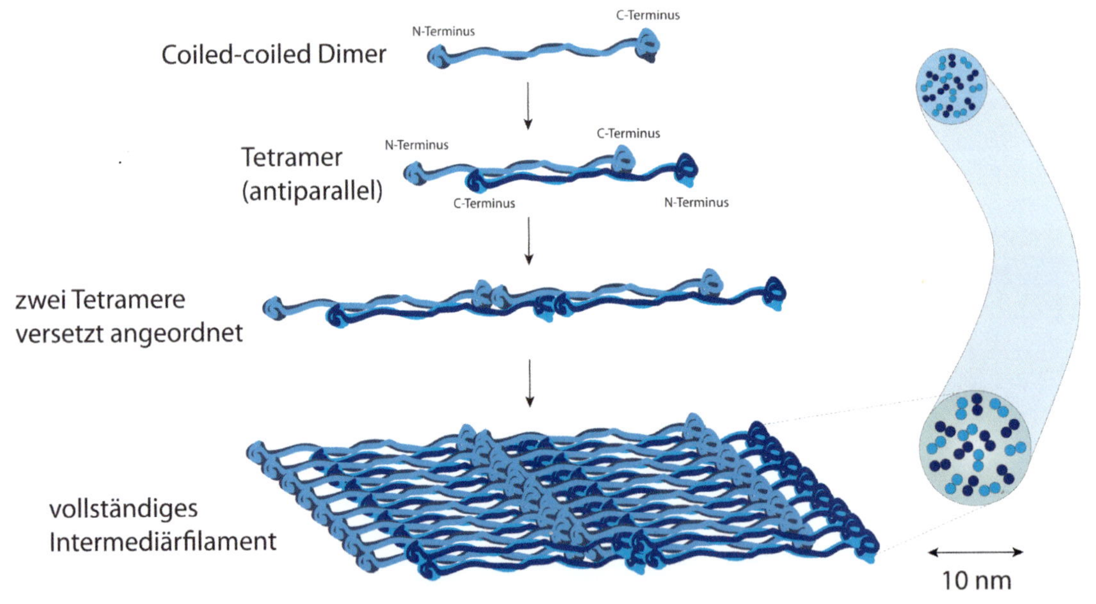


▮ Abb. 1: Aufbau von Intermediärfilamenten. [5]

## Aufbau und Umsatz

Über die Assoziation der Untereinheiten zu kompletten Intermediärfilamenten ist weit weniger bekannt als bei Mikrotubuli oder Aktinfilamenten. Dimere der Keratine (Intermediärfilamente der Epidermis, s. u.) werden durch die Assoziation von **sauren** Typ-I- und **basischen** Typ-II-Keratinen aufgebaut (Heterodimere). Benachbarte Keratinfilamente werden zudem über Disulfidbrücken quervernetzt. So entstehen sehr zugfeste Strukturen, die sogar nach dem Tod der Zelle bestehen bleiben können (z. B. Stratum corneum der Haut, Haare, Nägel).
Der Umsatz einzelner Filamente, z. B. von Vimentin in Fibroblasten, unterliegt – wie im Falle von Aktinfilamenten und Mikrotubuli – einer großen **Dynamik.** Der Abbau von Intermediärfilamenten wird durch Phosphorylierung beschleunigt. So phosphoryliert die mitotische Kinase Cdk1 (s. S. 74/75) die N-terminale Region nukleärer Lamine, bevor die Kernhülle beim Eintritt in die Mitose zerfällt. Ähnliche reversible Phosphorylierungen spielen wahrscheinlich auch bei der Regulation der Dynamik anderer Intermediärfilamente in der Zelle eine Rolle.

## Einteilung

Obwohl sich die zentralen Strukturen der Intermediärfilament-Monomere, welche sich in einer Coiled-coiled-Struktur zusammenlagern, sehr ähneln, weisen die C- und N-Termini einzelner Isoformen große Unterschiede auf. Verschiedene Intermediärfilament-Familien werden gewebsspezifisch exprimiert (▌Tab. 1). Die genaue Kenntnis dieser Familien ist für die onkologische Diagnostik von besonderer Wichtigkeit (s. u.).

| Intermediärfilament | Zell- bzw. Gewebetyp |
|---|---|
| Vimentin | Fibroblasten |
| Desmin | Herz-, Skelett- und glatte Muskulatur |
| Keratine | Haut, Hautanhangsgebilde |
| Neurofilamente | Neurone |
| Gliales fibrilläres saures Protein (GFAP) | Astrozyten |
| Lamine | Kernlamina aller kernhaltigen Zellen |

▌Tab. 1: Gewebsspezifische Expression von Intermediärfilamenten.

## Klinische Relevanz von Intermediärfilamenten

Die gewebsspezifische Expression von Intermediärfilamenten macht man sich in der **Histopathologie** zunutze. Die Herkunft eines Tumors in einem bestimmten Organ kann mithilfe von Antikörpern gegen die verschiedenen Intermediärfilamente nachgewiesen werden. So lassen sich z. B. im Rahmen der immunhistochemischen Diagnostik epitheliale Tumoren (Karzinome) von mesenchymalen Tumoren (Sarkome) unterscheiden, was für die Therapie von enormer Wichtigkeit ist. Sogar die genaue Herkunft eines epithelialen Tumors kann durch die Analyse von Keratinsubtypen ermittelt werden. Dies gelingt allerdings nur bei denjenigen Tumoren, deren Zellen nicht bereits zu stark entdifferenziert sind (s. S. 96/97).
Einige **blasenbildende Erkrankungen**, z. B. die Epidermolysis bullosa simplex (EBS), werden durch Mutationen innerhalb des Intermediärfilament-Zytoskeletts verursacht. Bei einigen Formen der EBS sind die Zytokeratine CK5 und CK14 betroffen, welche in der Epidermis exprimiert werden. Hierdurch kommt es durch Abhebung der oberen Hautschichten zu einer intraepidermalen Blasenbildung, da die einzelnen Epithelzellen nicht mehr effektiv über Intermediärfilamente und Desmosomenkontakte miteinander verbunden sind. Es gibt derzeit keine kausale Therapie für EBS-Patienten.

### Zusammenfassung

Intermediärfilamente besitzen einen Durchmesser von 10 nm und liegen damit größenmäßig zwischen Mikrofilamenten und Mikrotubuli. Sie verschaffen einem Gewebe v. a. Widerstandskraft gegen Zugkräfte. Intermediärfilamente besitzen keine Polarität. Ihre Untereinheiten assoziieren ohne die Hilfe von Nukleotidtriphosphaten spontan miteinander. Einzelne Intermediärfilament-Familien werden gewebsspezifisch exprimiert, was man sich in der histopathologischen Diagnostik zunutze macht.

# Aktinfilamente

Aktinfilamente **(Mikrofilamente)** sind die dünnste und dynamischste Komponente des Zytoskeletts unserer Zellen. Sie besitzen einen Durchmesser von **5–9 nm.** Die große Dynamik bei der Assoziation ihrer Untereinheiten zu länglichen Filamenten macht sie zu idealen Hilfsstrukturen bei der Ausbildung von Ausstülpungen der Plasmamembran (z. B. Mikrovilli, Lamellipodien). Sie bestimmen die Oberflächenstruktur vieler Körperzellen, da sie als **Terminal web** (kortikales Netzwerk) unter der Zelloberfläche dicht angeordnet sind. Aktinfilamente ermöglichen in Zusammenarbeit mit assoziierten molekularen Motoren (Myosin), (s. S. 34/35), essentielle biologische Vorgänge: Zytokinese, Zellkontraktion, Phagozytose und intrazelluläre Transportvorgänge.

## Aufbau

Aktinfilamente werden aus globulären Aktinmonomeren **(G-Aktin)** aufgebaut. Diese Aktinmonomere binden in freier Form ATP, was ihre Assoziationswahrscheinlichkeit zu **filamentärem Aktin (F-Aktin)** deutlich erhöht. Einzelne G-Aktinmoleküle assoziieren in immer gleicher Ausrichtung miteinander, sodass F-Aktinstränge, ähnlich wie Mikrotubuli, eine Polarität besitzen. Im F-Aktin weisen die ATP-Bindungsstellen des G-Aktins stets zum sog. **Minus-Ende.** Wie bei Mikrotubuli ist die Assemblierungsrate am Plus-Ende größer als am Minus-Ende, d. h., hier befindet sich in Aktinfilamenten eine **ATP-Kappe** (s. S. 28/29). Die lineare Aneinanderreihung von G-Aktin-Untereinheiten wird als **Protofilament** bezeichnet. Zwei Protofilamente winden sich umeinander in einer **rechtsgängigen Helix** zum vollständigen F-Aktin (▮ Abb. 1). Eine Drehung der Helix um ihre eigene Achse findet auf einer Strecke von 37 nm statt.

> **G-Aktin** = globuläres Aktinmonomer.
> **F-Aktin** = rechtsgängige Helix aus zwei linearen Protofilamenten.

Aktinfilamente werden v. a. im **Zellkortex,** also nahe der Plasmamembran, nukleiert. Dort können sie die Gestalt der Plasmamembran zu spezialisierten Strukturen (z. B. Mikrovilli, Filopodien oder Lamellipodien) verändern. Die Aktinnukleation wird durch Aktin-bindende Proteine, den **Arp-Komplex** und die **Formine** ermöglicht. Der Arp-Komplex nukleiert Aktinfilamente besonders effektiv, wenn er an präformierten F-Aktin-Molekülen gebunden hat, was zur Ausbildung eines **Aktinnetzes** führt. Formine binden über Adapterproteine an die Zellmembran und sorgen für die Aktinnukleation direkt von der Oberfläche der Zelle aus.

> Die Aktinpolymerisation findet v. a. im Zellkortex und direkt an der Zellmembran statt.

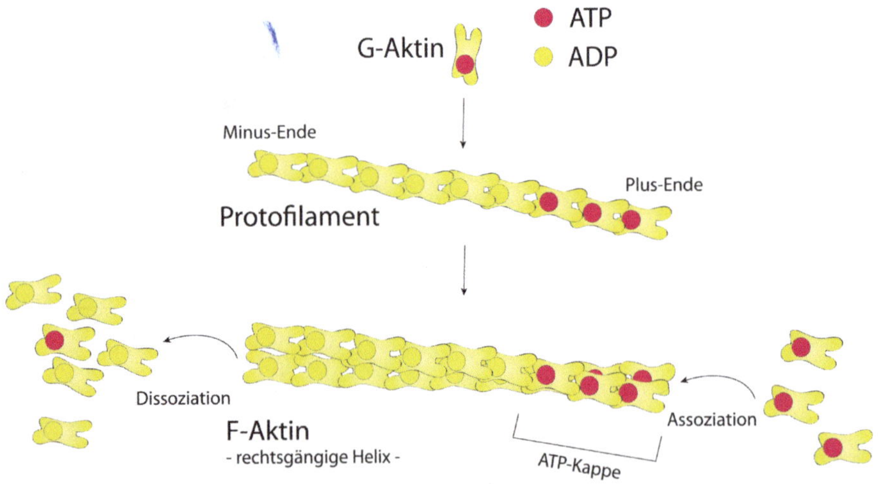


▮ Abb. 1: Aufbau von Aktinfilamenten. [5]

## Dynamik

Wie bei Mikrotubuli überwiegt in Aktinfilamenten am Plus-Ende die Assoziation freier G-Aktin-Untereinheiten und am Minus-Ende deren Verlust. Aktinmonomere hydrolysieren innerhalb des F-Aktins gebundenes ATP zu ADP und $P_i$. ADP-gebundene Aktinmonomere dissoziieren leichter vom F-Aktin ab als ATP-gebundene Monomere.
Im Gegensatz zu Mikrotubuli ist die Wechselrate der Monomere im Aktin jedoch weitaus größer. Zudem ist die Wahrscheinlichkeit des plötzlichen Verlusts von vielen Untereinheiten viel geringer, da deren Wechselwirkungen schwächer als die bei einem röhrenförmigen Mikrotubulus sind. Daher unterliegt F-Aktin eher dem **Treadmilling** als der dynamischen Instabilität (s. S. 28/29). Treadmilling erlaubt einem linearen Filament eine schnelle Bewegung als Ganzes durch die Zelle. So können einzelne Vesikel, an Aktinfilamente gebunden, wie kleine Raketen durch die Zelle „geschossen" werden.

> **Dynamische Instabilität:** v. a. Mikrotubuli.
> **Treadmilling:** v. a. Aktinfilamente.

## Aktin: Gene und Isoformen

Aktin ist eines der stärksten konstitutiv exprimierten zellulären Proteine. Seine zytosolische Konzentration ist mit ca. 100 µM sehr groß und wird auf der Genexpressionsebene kaum verändert. Daher zählen die Aktin-Gene (wie auch die Tubulin-Gene) zu den **Housekeeping-Genen.**
Aktin kommt in sechs verschiedenen Isoformen vor, welche von verwandten Genen exprimiert werden. Im Muskel werden die kontraktilen Filamente aus α-Aktin aufgebaut, wohingegen in sämtlichen anderen Körperzellen β- und γ-Aktinmonomere das Zytoskelett bilden.

Tab. 1: Aktin-bindende Proteine (Auswahl).

| Aktin-bindendes Protein | Funktion |
|---|---|
| Thymosin | Hält G-Aktin in Ruhestadium (keine Polymerisation, kein Nukleotidaustausch) |
| Profilin | Rekrutierung von G-Aktin an wachsende F-Aktin-Plus-Enden |
| CapZ | Capping-Protein: verhindert Turnover von Aktin-Untereinheiten an Plus-Enden in Z-Streifen der Muskulatur |
| α-Aktinin | Bündelung von Aktinfilamenten in Stressfasern bzw. dem muskulären kontraktilen Apparat |
| Tropomodulin | F-Aktin-Capping-Protein an Minus-Enden |
| Gelsolin | $Ca^{2+}$-abhängige Spaltung von F-Aktin |
| Cofilin | Fördert F-Aktin-Abbau zu G-Aktin |
| Tropomyosin | Regulation der Muskelkontraktion durch enge Bindung mit F-Aktin |

## Aktin-bindende Proteine

Obwohl die Aktinkonzentration in einer Zelle weit über der kritischen Konzentration der Polymerisation liegt (s. S. 28/29), wird diese dynamisch reguliert: Aktin-bindende Proteine (Tab. 1) beeinflussen die G-Aktin-Rekrutierung an wachsende Filamente sehr stark. Die Aktivität dieser Proteine wird wiederum von zellulären Signaltransduktionskaskaden gesteuert.

## Funktion

Je nach Struktur können Aktinfilamente verschiedene zelluläre Funktionen erfüllen. Als Bündel können sie mithilfe von Myosinmotoren aneinander vorbeigleiten und Zellkontraktionen ermöglichen. Solche Bündel, in denen Aktinfilamente mit Myosin quervernetzt sind, kommen in **Stressfasern** und dem **kontraktilen Apparat** von Muskelzellen vor. Stressfasern sind weniger strikt geordnete Aktinfilamentbündel, die in vielen Körperzellen Zugspannungen entgegenwirken können. Dicht gepackte Aktinfilamentbündel ohne Myosinmotoren existieren z. B. in Mikrovilli. Dort sorgt das Protein **Villin** für eine sehr dichte parallele Aktinfilament-Packung und stabilisiert diese Zellfortsätze. **Spektrin** ist ein Protein, welches Aktinfilamente zu netzartigen Strukturen an der Innenseite der Zellmembran verbindet. Es ist in Erythrozyten für die Aufrechterhaltung ihrer diskoiden Gestalt notwendig. Myosinmotoren ermöglichen unterschiedliche Bewegungen des Aktinzytoskeletts. Neben Kontraktionsmechanismen sind Myosine auch für den **Transport** von Vesikeln entlang von Aktinfilamenten und der Ausbildung des kontraktilen Rings während der Zytokinese (s. S. 76/77) verantwortlich. **Lamellipodien** sind breite, flache Zellausläufer, deren stark polymerisierende Aktinnetze durch das Protein **Filamin** quervernetzt werden. Sie ermöglichen das Kriechen von mobilen Zellen durch Bindegewebe. Im gleichen Moment depolymerisiert das Aktinzytoskelett auf der gegenüberliegenden Zellseite. An Wanderungen von Zellen durch die extrazelluläre Matrix ist auch die Ausbildung von **fokalen Kontakten** beteiligt, wobei es sich um reversible Zell-Matrix-Kontakte handelt (s. S. 40/41). Auch stabilere Zell-Zell-Kontakte in Epithelgeweben, die **Zonulae adhaerentes,** assoziieren im Inneren der Epithelzellen mit dem Aktinzytoskelett.

**Zusammenfassung**

Globuläre Aktinmonomere bauen das Aktinzytoskelett unserer Zellen auf, das für zahlreiche Funktionen des Körpers essentiell ist, darunter Muskelkontraktion und Zellteilung. Sowohl die Struktur des Aktinzytoskeletts als auch dessen Dynamik wird von einer ganzen Bandbreite Aktin-bindender Proteine reguliert. Diese wiederum können durch zelluläre Signale in ihrer Aktivität modifiziert werden.

# Motorproteine und Zellbewegung

Motorproteine sind spezialisierte Proteine, welche die chemische Energie aus der wiederholten Hydrolyse von ATP-Molekülen nutzen, um sich an Zytoskelettkomponenten entlang zu bewegen. Sie bewerkstelligen verschiedene Arten von mikroskopischen und makroskopischen Bewegungen des Körpers. Alle Motorproteine binden über eine spezifische **Motordomäne** an „ihr" Zytoskelettfilament. An derselben Domäne findet auch die **ATP-Hydrolyse** statt. Während der Hydrolyse durchlaufen sie einen typischen Zyklus von **Konformationsänderungen,** der sie entlang dem Filament bewegt. Der detaillierte **Zyklus** ist für alle drei Motorproteine unterschiedlich, der generelle Mechanismus der Bewegung durch ATP-Hydrolyse bleibt aber gleich. Am Ende einer langen **Schwanzdomäne** des Motorproteins kann entweder ein anderes Zytoskelettprotein oder eine spezielle Fracht gebunden sein.

## Typen

Es werden drei Gruppen von zellulären Motorproteinen unterschieden (▮ Abb. 1).

### Myosine

Myosine sind Motorproteine, welche an Aktinfilamenten entlang wandern können. Über 30 verschiedene Myosingene sind bekannt, wobei sich die meisten nur in Richtung des Plus-Endes von Aktinfilamenten bewegen können. Um viele verschiedene Frachten transportieren zu können, unterscheiden sich die einzelnen Myosine insbesondere in ihrer Schwanzdomäne.

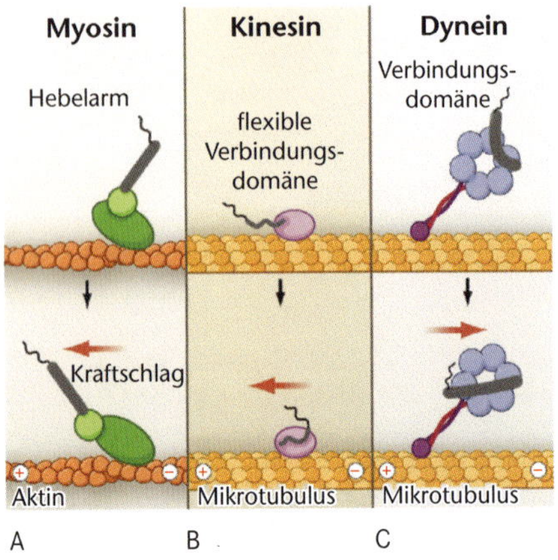


▮ Abb. 1: Motorproteine und ihre typische Wanderungsrichtung entlang assoziierter Zytoskelettfilamente. [18]

> Die meisten Myosine wandern in Richtung des Plus-Endes von Aktinfilamenten.

**Myosin I** spielt v. a. eine Rolle bei der Befestigung des Aktinzytoskeletts an der Zellmembran und der Ausbildung von F-Aktin-reichen Zellfortsätzen. **Myosin II** ist zuständig für die Kontraktion der Muskulatur, der Stressfasern sowie für die Zytokinese und Zellbewegung. Es ist aus zwei **schweren** und je zwei Kopien zweier unterschiedlicher **leichter Ketten** aufgebaut. Die schweren Ketten beherbergen an ihren Köpfen je eine Motordomäne und dimerisieren über ihre beiden langen C-terminalen Coiled-coiled-Domänen (▮ Abb. 1A). Diese Domänen vermitteln auch die Verpackung von über 100 Myosinmolekülen in sog. **dicke Filamente** des kontraktilen Apparats der Muskulatur. Dabei sind in einem dicken Filament die Schwanzregionen der Myosine antiparallel ineinandergesteckt, sodass die Myosinköpfchen auf beiden Seiten des Filaments in entgegengesetzte Richtungen zeigen (s. S. 36/37).

### Kinesine

Kinesine sind Motorproteine, welche sich i. d. R. in Richtung des Plus-Endes von Mikrotubuli bewegen. Beim Menschen sind über 40 verschiedene Kinesingene bekannt. **Kinesin I** ist ähnlich dem Myosin II aus zwei Motordomänen und einer langen Coiled-coiled-Struktur aufgebaut, welche die Dimerisierung seiner beiden Untereinheiten vermittelt (▮ Abb. 1B). Der Schwanz mit zwei leichten Ketten erlaubt das Binden einer „Fracht" (*engl.* Cargo). Einige Kinesine sind an der Organisation des mitotischen Spindelapparats und der Verteilung der Chromosomen während der Mitose beteiligt.

### Dyneine

Die Dyneinfamilie besteht ausschließlich aus Motorproteinen, welche sich in Richtung des Minus-Endes von Mikrotubuli bewegen. Dyneine sind große Proteine aus mehreren schweren, mittelschweren und leichten Ketten, wobei die schweren Ketten ihre Motordomänen beinhalten (▮ Abb. 1C). Man unterscheidet **zytoplasmatische Dyneine** und **axonemale Dyneine.** Erstere vermitteln den Frachttransport entlang von Mikrotubuli und die Positionierung des Golgi-Apparats nahe dem Zellzentrum. Letztere sind notwendig für die Verbiegung von Kinozilien und für Bewegungen von Flagellen, indem sie Scherbewegungen der axonemalen Mikrotubuli generieren (s. S. 38/39).

> Die meisten Kinesine bewegen sich in Richtung des Plus-Endes von Mikrotubuli. Alle bekannten Dyneine bewegen sich in Richtung des Minus-Endes von Mikrotubuli.

## Funktion

Sowohl große Zellorganellen als auch Vesikel des exo- und endozytotischen Pathways (s. S. 70/71) werden mithilfe von Motorproteinen in Zellen transportiert. Die Assoziation von Dyneinen mit membranumhüllten Vesikeln findet über einen makromolekularen Komplex **(Dynaktin)** statt. Proteine, welche transportiert werden sollen, können direkt an Motorproteine binden oder werden dafür in in Membranvesikel verpackt. Auch Myosine heften sich an membranumhüllte Transportvesikel, um diese entlang von Aktinfilamenten in der Zelle zu transportieren. In Drosophila- und Hefezellen konnte gezeigt werden, dass auch der Transport von mRNA-Molekülen durch Dyneine, Kinesine und Myosine bewerkstelligt wird.

## Generierung von molekularen Bewegungen

Der Umsetzung von chemischer Energie in Bewegungsenergie ist in ▮ Abbildung 2 anhand eines Myosin-II-Motors gezeigt, der an einem Aktinfilament wandert. In der Muskulatur wird die Kontraktion (Verkürzung) länglicher Myozyten durch den koordinierten Ablauf vieler Millionen dieser molekularen Bewegungen gesteuert:

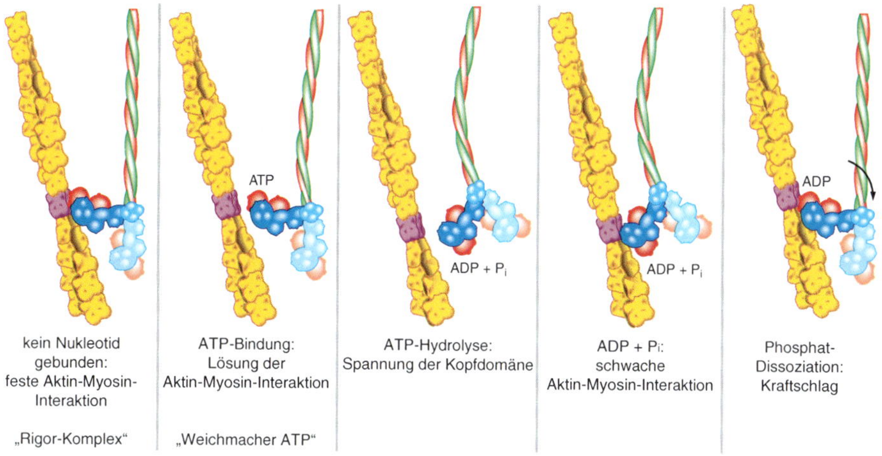


Abb. 2: Zyklus der Aktin-Myosin-Interaktion beim Entlangwandern eines Myosin-II-Motors auf einem Aktinfilament. [1]

1. **Rigor-Komplex:** Am Anfang des Zyklus ist das Myosinköpfchen fest mit dem Aktinfilament verbunden (Rigor-Komplex), da es kein ATP bzw. ADP gebunden hat. In lebenden Muskelzellen ist dieses Stadium sehr kurz, weil die zytoplasmatische ATP-Konzentration hoch ist.
2. **ATP-Bindung:** Die Bindung von ATP an das Myosinköpfchen führt zu dessen Konformationsänderung, sodass es sich vom Aktinfilament löst.
3. **Fortbewegung:** Die Hydrolyse von ATP zu ADP und $P_i$ führt über eine molekular-mechanische Kopplung verschiedener Proteindomänen zu einem großen „Schritt“ (= Spannung, Fortbewegung) des Myosinköpfchens auf dem Aktinfilament (5 nm).
4. **Schwache Bindung des Myosinköpfchens:** Das ADP/$P_i$ enthaltende Myosinköpfchen bindet daraufhin schwach am Aktinfilament.
5. **Kraftschlag:** Durch die Freisetzung des anorganischen Phosphats bindet das Myosinköpfchen stark am Aktinfilament und führt den Kraftschlag aus. Hierbei wird die Hydrolyseenergie direkt in eine molekulare Bewegung des Myosinköpfchens umgesetzt. Sie zieht das Aktinfilament in Richtung der Schwanzdomäne des Myosins bzw. des Aktinfilament-Minus-Endes.

Ohne gebundenes ATP/ADP bindet Myosin II extrem fest an Aktinfilamente. Dies zeigt sich bei Verstorbenen in der Ausbildung der **Totenstarre** (Rigor mortis).

> Ohne gebundenes ATP/ADP bindet Myosin II fest an Aktinfilamente (Rigor-Komplex). Die Fortbewegung des Myosinköpfchens entlang einem Aktinfilament wird durch die ATP-Hydrolyse verursacht.
> Die eigentliche Kraftgenerierung („Kraftschlag“) ist hingegen durch die Freisetzung von $P_i$ bedingt.

Ähnlich laufen auch die Bewegungen von Kinesinen und Dyneinen entlang der Außenwand von Mikrotubuli ab.

## Regulation der Motoraktivität

Die ATPase-Aktivität von Motorproteinen kann durch zelluläre Signale reguliert werden. Ein wichtiges Beispiel ist die Steuerung des Kontraktionszustands der glatten Muskulatur. **Glatte Muskelfasern** bilden die Wand von Hohlorganen des menschlichen Körpers, sodass deren luminaler Durchmesser aktiv verändert werden kann. In der muskulären Wand von Blutgefäßen sorgt beispielsweise der während Stresssituationen ausgeschüttete Neurotransmitter Noradrenalin dafür, dass über eine Signaltransduktionskaskade die Myosin-leichte-Ketten-Kinase (*engl.* **Myosin light chain kinase, MLCK,** s. S. 88/89) aktiviert wird, welche die leichte Kette des Myosins II phosphoryliert. Dadurch kommt das gesamte Myosinmolekül in eine aktive Konformation und kann sich zu dicken Filamenten zusammenlagern. Der Kontraktionszustand der Gefäßwand nimmt zu, was einen Blutdruckanstieg zur Folge hat.

### Zusammenfassung

Motorproteine bilden die Grundlage von Bewegungen einzelner Zellen und des gesamten menschlichen Körpers. Myosine und Kinesine wandern in Richtung des Plus-Endes von Aktinfilamenten bzw. Mikrotubuli. Dyneine bewegen sich in Richtung des Minus-Endes von Mikrotubuli.

# Muskulatur

Die Muskulatur ist ein hochspezialisiertes Gewebe, das unserem Körper sämtliche Arten von makroskopischen Bewegungen ermöglicht. Diese Bewegungen basieren auf einem hochorganisierten Aktin- und Myosinzytoskelett. Man unterscheidet drei Muskeltypen:

- ▶ Skelettmuskulatur: ermöglicht willkürliche Bewegungen, z. B. der Extremitäten, der Augen oder des Munds
- ▶ Herzmuskel: zuständig für die Aufrechterhaltung der Blutzirkulation
- ▶ glatte Muskulatur: kommt in den Wänden von Hohlorganen vor. Ihr Kontraktionszustand wird durch das autonome Nervensystem unbewusst gesteuert.

Skelett- und Herzmuskulatur besitzen eine mikroskopisch sichtbare Querstreifung und werden daher mit dem Begriff „quergestreifte Muskulatur“ zusammengefasst.

## Struktur der Muskeltypen

Die quergestreifte Muskulatur besteht aus länglichen Muskelzellen (Myozyten), deren Aktin- und Myosinfilamente in einer regelmäßigen Ordnung dicht gepackt in **Myofibrillen** als **Sarkomere** vorliegen. Ein Sarkomer ist die kontraktile Einheit der quergestreiften Muskelzelle. Myofibrillen sind mit der Zellmembran der Muskelzelle verbunden, sodass sich beim Ineinanderschieben ihrer Filamente die gesamte Zelle verkürzt **(Gleitfilamentmechanismus).** Die Anordnung der Sarkomere erscheint bei der mikroskopischen Betrachtung von Muskelfasern als typische **Querstreifung** (▮ Abb. 1A). Ultrastrukturell sind den einzelnen Banden eines Sarkomers unterschiedliche Komponenten des Zytoskeletts zuzuordnen (▮ Abb. 1B):

- ▶ **Dünne Filamente** (I- und A-Bande): Aktinfilamente + Tropomyosin und Troponin
- ▶ **Dicke Filamente** (A-Bande, H-Zone): ca. 350 antiparallel angeordnete Myosinfilamente aus Myosin II; Schwanzregionen zentral, Myosinköpfe weisen in Richtung der Z-Streifen
- ▶ **H-Zone:** nur Myosinfilamente und assoziierte Proteine (z. B. C-Protein)
- ▶ **M-Linie:** Myosin-vernetzende Proteine (z. B. M-Protein, Myomesin)
- ▶ **Z-Scheibe:** aktinverankernde Proteine (z. B. α-Aktinin), welche die Plus-Enden der Aktinfilamente verbinden.

**Titin** ist mit ~ 700 kDa das größte Protein des menschlichen Körpers. Es durchquert einen kompletten Sarkomer und ist für die elastischen Rückstellkräfte von Muskelfasern nach einer Kontraktion mit verantwortlich. In glatten Muskelzellen sind die kontraktilen Filamente nicht zu hochgeordneten Sarkomeren gepackt, sondern liegen eher in einem netzartigen Verband vor. Zudem haben ihre Aktinfilamente keine Troponine gebunden. Ihre Kontraktion basiert aber ebenfalls auf einer ATP-abhängigen Interaktion von Myosin- und Aktinfilamenten.

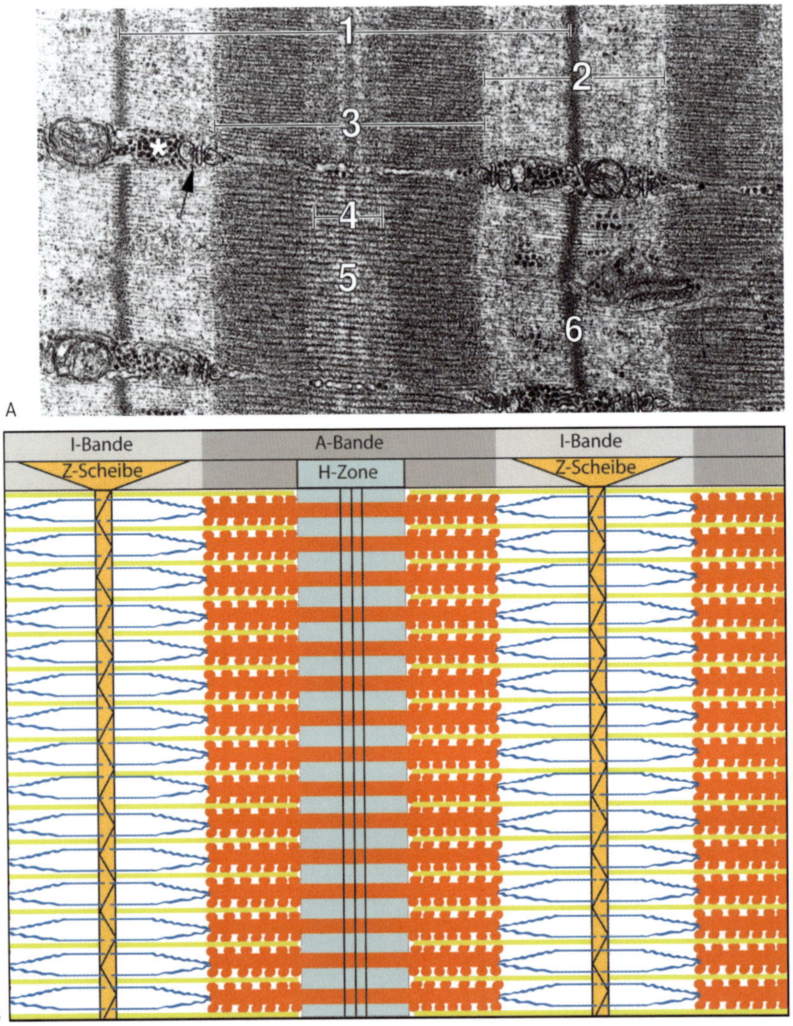


▮ Abb. 1: Organisation der Myofilamente in der quergestreiften Muskulatur im elektronenmikroskopischen Bild (A): 1 Sarkomer zwischen zwei Z-Scheiben, 2 I-Bande, 3 A-Bande, 4 H-Zone, 5 M-Linie, 6 Z-Scheibe. Darstellung im Schema (B): gelb = Aktinfilamente, orange = Myosinfilamente, dunkelblau = Titin. [14/5]

## Gleitfilamentmechanismus

Bei einer Muskelkontraktion gleiten die parallel angeordneten Aktin- und Myosinfilamente durch die motorische Aktivität des Myosins aneinander vorbei (s. S. 34/35). Dabei verkürzen sich die Sarkomere der quergestreiften Muskulatur um ca. 30 %.

> Muskelkontraktion beruht auf dem Ineinanderschieben der kontraktilen Filamente eines Sarkomers, nicht auf deren Verkürzung.

Aus diesem Grund nähern sich während einer Kontraktion die beiden Z-Scheiben eines Sarkomers einander an, die I- und H-Banden werden kürzer, die A-Banden bleiben in ihrem Ausmaß stabil.

## Erregungs-Kontraktions-Kopplung

Da in Muskelzellen stets ausreichend ATP für das Ablaufen des Querbrückenzyklus vorhanden ist, würden Muskeln ohne ein regulatorisches Eingreifen ständig kontrahieren. Die Interaktion von Myosinköpfen mit den dünnen Filamenten wird jedoch durch das Protein **Tropomyosin** verhindert, das in der Furche zwischen den beiden F-Aktin-Polymeren liegt. In der quergestreiften Muskulatur kann es durch die Bindung von Calciumionen an **Troponin C** und die folgende Konformationsänderung des Troponinkomplexes (Troponin-I, -C und -T) aus der Furche verschoben werden. Hierdurch werden die Myosinbindungsstellen am F-Aktin frei und der Querbrückenzyklus kann ablaufen. In der glatten Muskulatur werden keine Troponine exprimiert. Die Kontraktion wird hier durch die Phosphorylierung der leichten Myosinketten durch die MLCK (s. S. 34/35 und S. 88/89) reguliert. Sie wird durch den **$Ca^{2+}$-Calmodulin-Komplex** aktiviert.

> Die glatte Muskulatur besitzt kein Troponin. Sie koppelt das intrazelluläre Calciumlevel über das $Ca^{2+}$-bindende Protein Calmodulin an ihren Kontraktionszustand.

## Muskuläre Erregung

Die drei Muskeltypen werden auf unterschiedliche Weise zur Kontraktion stimuliert. In der Skelettmuskulatur wird durch Ausschüttung des Neurotransmitters Acetylcholin an der neuromuskulären Endplatte auf dem Sarkolemm ein Aktionspotential generiert. Dieses breitet sich über Einstülpungen der Zellmembran **(transversales Tubulussystem)** bis tief in die Zelle aus und führt zu Konformationsänderungen von spannungsgesteuerten $Ca^{2+}$-Kanälen des **Dihydropyridintyps (DHPR,** ▮ Abb. 2). Sie sind an sog. **Triaden** (engen Verbindungen aus transversalem Tubulussystem und sarkoplasmatischem Retikulum) mechanisch an **Ryanoidin-Rezeptoren (RyR1)** auf dem sarkoplasmatischen Retikulum der Muskelzellen gekoppelt. Stimulation der DHPR führt zu einer $Ca^{2+}$-Freisetzung aus dem SR über RyR1-Kanäle. Die $Ca^{2+}$-Ionen können dann an den Myofilamenten an Troponin C binden und den Querbrückenzyklus in Gang setzen.
In Herzmuskelzellen läuft die Erregung ähnlich ab, nur dass sich Aktionspotentiale in der Herzmuskulatur über **Gap junctions** (Connexine) von Myozyt zu Myozyt ausbreiten und dadurch einen gleichmäßigen Ausstoß des Bluts während der Systole gewährleisten. Die Kontraktionen der einzelnen Kardiomyozyten werden so synchronisiert. Funktioniert diese Synchronisation nicht, kann es zu Herzrhythmusstörungen mit möglicher Todesfolge kommen. In der glatten Muskulatur wird der intrazelluläre $Ca^{2+}$-Spiegel komplex über verschiedene **Signalkaskaden** reguliert (s. S. 88/89).

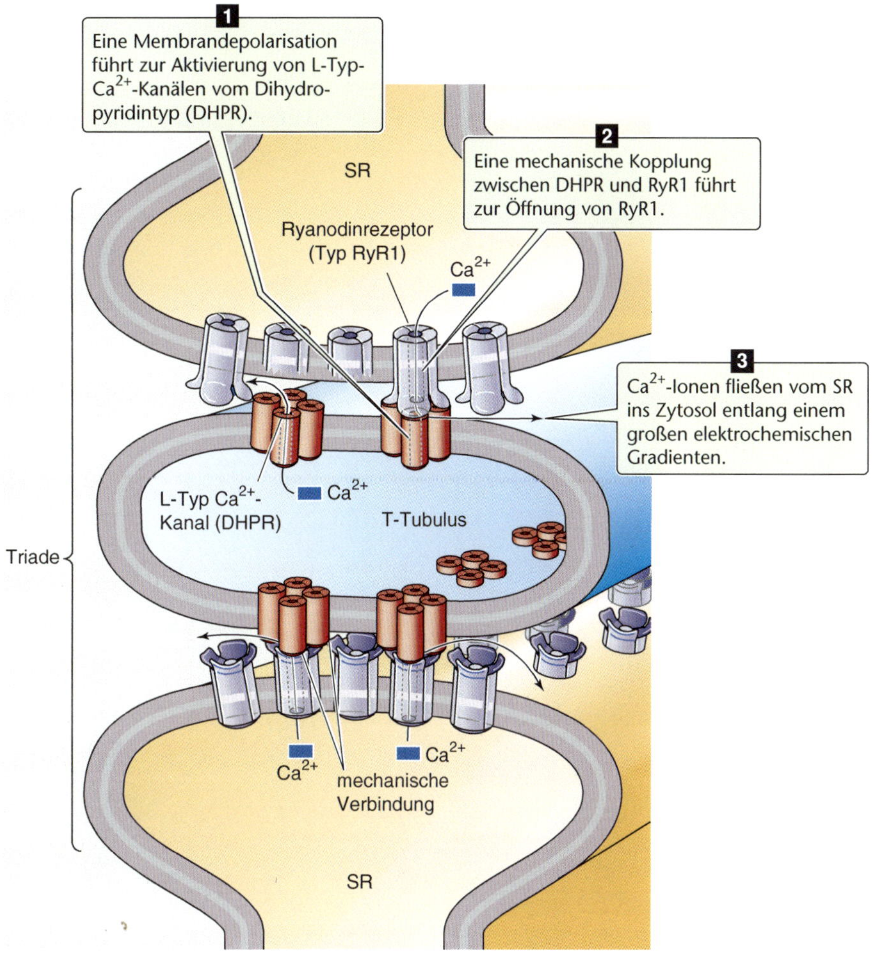


▮ Abb. 2: Erregungs-Kontraktions-Kopplung in der Skelettmuskulatur. [17]

## Dystrophin und mechanische Widerstandskraft

Skelettmuskelzellen sind mechanisch stark belastet. Das Protein Dystrophin verknüpft den **Dystrophin-Sarkoglykan-Komplex** an Aktinfilamente des Zytoskeletts und koppelt so den kontraktilen Apparat an Plasmamembran und extrazelluläre Matrix (▮ Abb. 3). Auf diese Weise wird der Belastung standgehalten.
Das Dystrophingen ist das größte Gen des menschlichen Körpers und ist auf dem X-Chromosom lokalisiert. **Muskeldystrophien** sind genetische Erkrankungen, denen entweder eine Frameshift-Mutation (schwerer Verlauf, **Typ Duchenne**) oder eine In-Frame-Mutation bzw. Expressionsverminderung (leichterer Verlauf, **Typ Becker**) des Dystrophin-Gens zugrunde liegt (zu Mutationen s. S. 56/57). Muskeldystrophien führen zu progredientem Muskelschwund und bei schwereren Formen zum vorzeitigem Tod im frühen Erwachsenenalter.

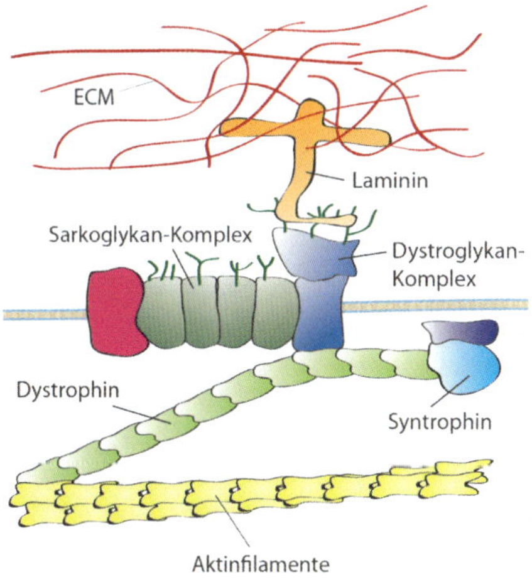


▮ Abb. 3: Funktionsweise von Dystrophin. Dystrophin verbindet einen Glykloproteinkomplex der Zellmembran mit dem Aktinzytoskelett. [5]

**Zusammenfassung**

Die Muskulatur ermöglicht über ein hochspezialisiertes Zytoskelett aktive Bewegungen des Körpers. Der Gleitfilamentmechanismus basiert auf dem Entlangwandern von Myosin-II-Motorproteinen auf Aktinfilamenten innerhalb eines Sarkomers. Er wird gesteuert durch den intrazellulären $Ca^{2+}$-Gehalt.

# Zentrosomen und Zilien

Das Zentrosom ist ein Zellorganell, welches im Zytoplasma zumeist in der Nähe des Zellkerns lokalisiert ist und wichtige Funktionen bei der Organisation des Zytoskeletts wahrnimmt. Es ist das wichtigste Mikrotubulusorganisierende Zentrum **(MTOC)** höherer eukaryoter Zellen. Pflanzen und Pilze besitzen keine Zentrosomen. Zilien sind durch Mikrotubuli stabilisierte Fortsätze der Zellmembran, welche entweder Bewegungs- **(Kinozilien)** oder rezeptive Funktionen **(primäre Zilien)** übernehmen.

## Zentrosom

### Aufbau

Das Zentrosom besteht aus einem Paar kurzer zylindrischer, orthogonal zueinander angeordneter **Zentriolen,** welche aus modifizierten Mikrotubuli aufgebaut sind und von einem amorphen Material, der **perizentriolären Matrix (PCM),** umgeben werden (▌Abb. 1). Ihr Durchmesser beträgt etwa 1 µm.

Die PCM besteht aus über 100 unterschiedlichen Proteinen, die verschiedenste Funktionen erfüllen. Es werden intrinsische zentrosomale Proteine von transient Zentrosomen-assoziierten Proteinen unterschieden. Erstere sind an der Nukleation, Verankerung und Modifikation von Mikrotubuli beteiligt (z. B. γ-Tubulin, Pericentrin). Letztere stammen aus vielen anderen funktionellen Zellsystemen und binden häufig nur vorübergehend während des Zellzyklus (s. S. 74/75) an das Zentrosom, um dort bestimmte Aufgaben zu erfüllen.

Die **Zentriolen** bilden das zentrale Strukturelement des Zentrosoms. Sie bestehen aus neun parallel angeordneten **Mikrotubulustripletts.** In einem Zentrosom wird ein mütterliches Zentriol von der Tochterzentriole unterschieden. Das mütterliche Zentriol trägt an seinem Ende Anhängsel, sog. **Appendages.** Sie verankern Mikrotubuli an MTOC und Basalkörper von Zilien an der Zellmembran (s. u.). Die Mikrotubuli der Zentriolen bestehen aus posttranslational modifizierten Tubulinuntereinheiten.

> Zentrosom = zwei Zentriolen + PCM

### Funktion

Das Zentrosom übernimmt in menschlichen Zellen die Rolle als wichtigstes MTOC. Als dieses ist es an der **Nukleation** von Mikrotubuli beteiligt. Hierzu besitzt es γ-Tubulin-Ringkomplexe in der perizentriolären Matrix. Ihre Aktivität nimmt am Beginn der Zellteilung (Mitose) zum Aufbau des **Spindelapparats** stark zu. Nach der Nukleation bündeln und verankern zentrosomale Proteine (z. B. NuMa, Ninein) die Mikrotubuli am MTOC. Interessant sind zudem zahlreiche **regulatorische Proteine,** welche im Laufe des Zellzyklus zentrosomal lokalisieren. So verursacht etwa die Checkpoint-Kinase 1 (Chk1) nach DNA-Schädigung am Zentrosom einen verzögerten Eintritt in die Mitose, sodass die DNA der geschädigten Zelle vorher repariert werden kann. Der Ablauf der Mitose wird von zentrosomalen Kinasen (z. B. Aurora-A-Kinase, Polo-Kinase 1, Cdk1, s. S. 74/75) gesteuert.

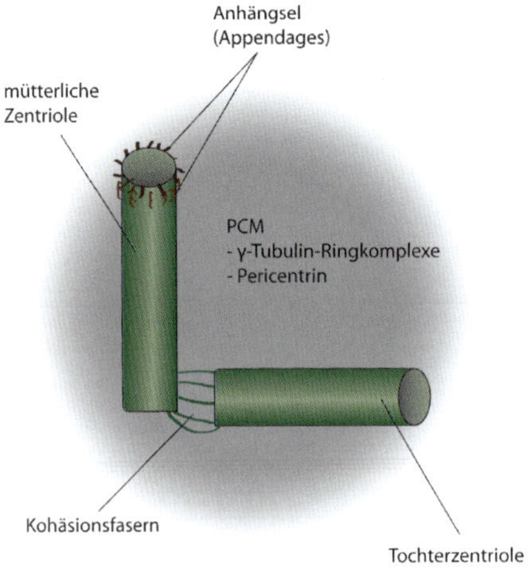


▌Abb. 1: Aufbau des Zentrosoms. [5]

> Das Zentrosom übernimmt wichtige Aufgaben beim Aufbau des Mikrotubulus-Zytoskeletts, des mitotischen Spindelapparats und beim Ablauf der Mitose.

## Zilien und Flagellen

### Aufbau

**Zilien** sind Fortsätze der Zellmembran, die einige Mikrometer lang sind und in ihrem Inneren aus **neun Mikrotubulus-Doubletten** bestehen **(Axonem).** An der Basis befindet sich der **Basalkörper,** der vom mütterlichen Zentriol gebildet wird.

▶ **Primäre Zilien** werden in der $G_0$-Phase des Zellzyklus von den Zentriolen des Zentrosoms ausgebildet, das hierzu an die Zelloberfläche wandert.

▶ **Kinozilien** besitzen im Gegensatz zu primären Zilien ein Paar zentraler Mikrotubuli (**9 × 2 + 2-Organisation,** ▌Abb. 2). **Dyneinarme** verbinden die neun äußeren Mikrotubulusdoubletten des Axonems untereinander und führen durch ihre Motoraktivität zu Verbiegungen der Kinozilien.

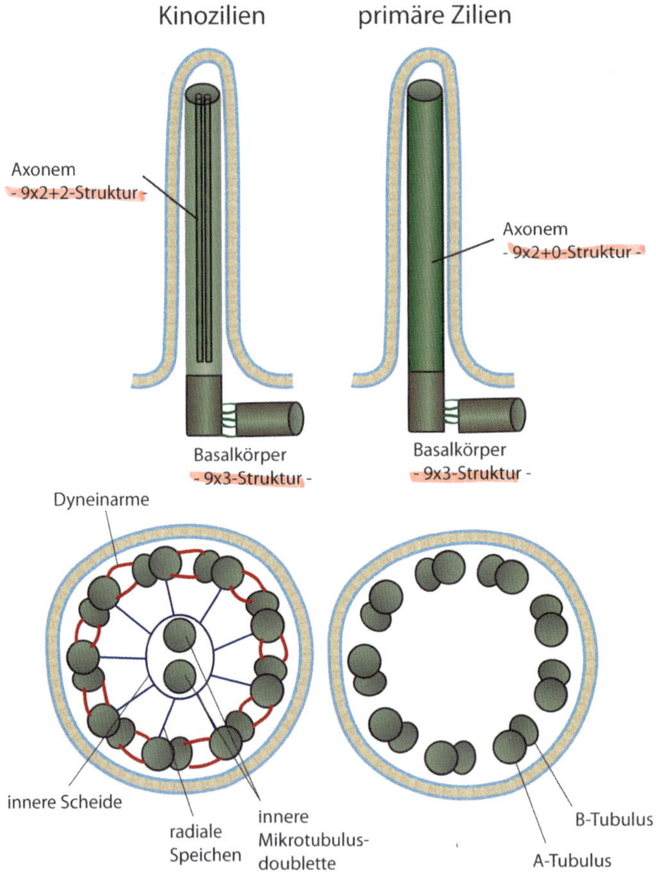


▌Abb. 2. Struktur von Kinozilien und primären Zilien im Vergleich. [5]

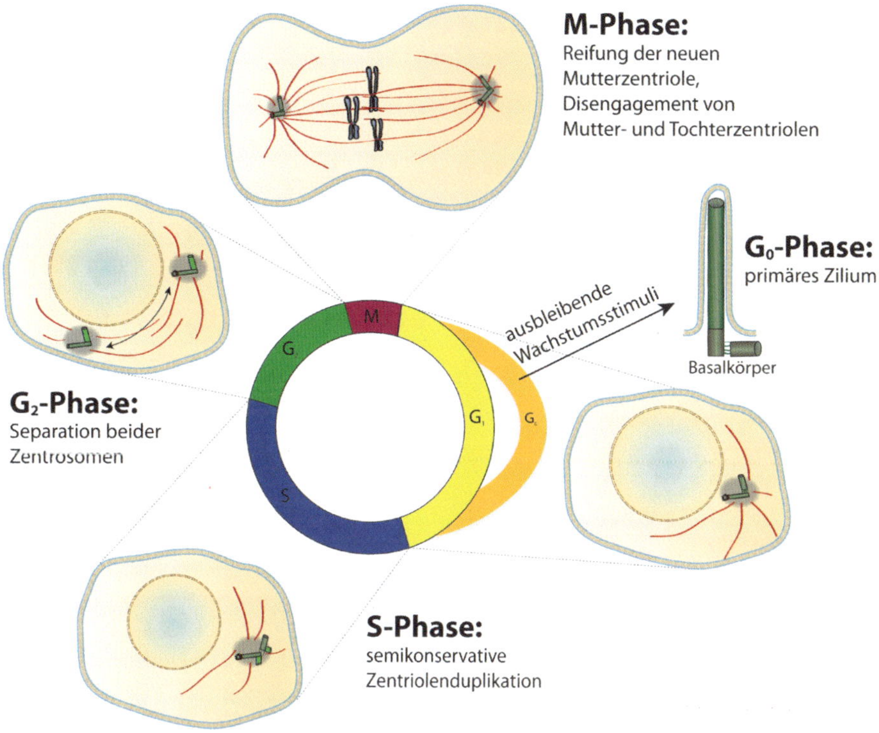


▌Abb. 3: Zentrosomenzyklus. Beachte die Ausbildung eines primären Ziliums in der $G_0$-Phase des Zellzyklus. [5]

▶ **Nodale Zilien** kommen im Primitivknoten des Embryos vor. Sie besitzen wie die primären Zilien eine 9 × 2 + 0-Organisation, weisen aber Dynein auf.

Eukaryote **Flagellen** (z. B. von Spermien) sind analog zu Kinozilien aufgebaut.

## Funktion

Primäre Zilien sind nicht beweglich und fungieren in den meisten Zellen des menschlichen Organismus als **„Sensorstationen"**, die Signale aus der Umwelt der Zelle wahrnehmen und daher besonders dicht mit Rezeptoren (s. S. 84/85) besetzt sind. Sie besitzen u. a. chemo- oder mechanorezeptive Funktionen und können z. B. in der Niere den Fluss des Ultrafiltrats im Tubulussystem messen. Kinozilien sind **beweglich** und dienen u. a. in den respiratorischen Epithelien der Atemwege (bis zu den terminalen Bronchiolen) dem Schleimtransport **(mukoziliäre Clearance)** bzw. im weiblichen Eileiter dem **Transport der Eizelle.** Die **nodalen Zilien** des embryonalen Primitivknotens können trotz des Fehlens von zentralen Mikrotubuli Schraubenbewegungen ausführen. Diese rufen durch die Bildung eines Gradienten bestimmter Signalmoleküle im extrazellulären Milieu des Embryos die asymmetrische Lage von Organen im Körper hervor. Beim **Kartagener-Syndrom** tritt aufgrund von Störungen der Zilienbewegung neben häufigen Atemwegsinfekten und Tubenschwangerschaften auch ein Situs inversus (seitenverkehrte Anlage von Organen) auf.
Flagellen ermöglichen durch ihre Wellenbewegungen die Fortbewegung ganzer Zellen (z. B. **Spermien**).

Kinozilien besitzen eine 9 × 2 + 2-Struktur und sind beweglich.

Primäre Zilien besitzen eine 9 × 2 + 0-Struktur und sind unbeweglich.

Nodale Zilien sind trotz ihrer 9 × 2 + 0-Struktur beweglich. Ihr Ausfall verursacht den Situs inversus beim Kartagener-Syndrom.

## Zentrosomenzyklus

Das Zentrosom ist das einzige Zellorganell, welches sich analog zur DNA **nur einmal pro Zellzyklus** verdoppelt. Die Zentriolenduplikation des Zentrosoms ist wie diejenige der DNA i. d. R. **semikonservativ** und findet in der S-Phase des Zellzyklus statt (▌Abb. 3). Hierbei dienen die proximalen Enden der beiden bestehenden Zentriolen des Zentrosoms als Ausgangspunkte, von denen die Synthese der Tochterzentriolen ausgeht. Die Zentriolensynthese wird durch Kinasen (Cdk2, Plk4) kontrolliert. Beide entstehenden Zentrosomen rekrutieren während der $G_2$-Phase zusätzliches PCM **(Zentrosomenreifung)** und wandern zu Beginn der Mitose zur Ausbildung der mitotischen Spindel entlang der Kernhülle an die beiden gegenüberliegenden Zellpole (*engl.* **Separation**). In den Zentrosomen wird die enge Assoziation der Zentriolen in der M-Phase des Zellzyklus gelöst (*engl.* **Disengagement**), sodass zwei neue Tochterzentriolen in der S-Phase ausgebildet werden können.

Die Zentriolenverdopplung ist in den meisten menschlichen Zellen semikonservativ und zeitlich an die DNA-Replikation gekoppelt.

Trotz der überwiegend semikonservativ stattfindenden Zentriolenduplikation besteht auch beim Menschen grundsätzlich die Fähigkeit einer Zelle zur **De-novo-Synthese von Zentriolen.** Bestimmte Epithelien mit Flimmerhaarbesatz (z. B. respiratorische Epithelien) weisen zahlreiche Kinozilien an ihrer Oberfläche auf. Jede einzelne dieser Kinozilien besitzt einen eigenen Basalkörper mit zwei Zentriolen. Alle diese Zentriolen entstehen nahezu simultan während eines Zellzyklus, sodass hier der Zentrosomenreplikationszyklus vom DNA-Replikationszyklus entkoppelt ist.

## Zusammenfassung

Während des Zellzyklus übernehmen die Zentriolen eine zentrale Rolle bei der Ausbildung von Zentrosomen und Zilien. Zentrosomen organisieren das Mikrotubulus-Zytoskelett der Zelle und den Spindelapparat während der Mitose. Zilien besitzen Bewegungsfunktion (Kinozilien, nodale Zilien) oder rezeptive Funktion (primäre Zilien). Flagellen ermöglichen ganzen Zellen eine gerichtete Fortbewegung (z. B. Spermien).

# Zelluläre Adhäsion

Zellen sind zur Aufrechterhaltung ihrer Funktion auf dauerhafte oder vorübergehende Interaktionen mit ihrer Umgebung angewiesen. Dies ist für den Zusammenhalt eines Gewebeverbands, v. a. von Epithelgeweben, unerlässlich. Doch auch mobile Zellen interagieren während amöboider Bewegungen mit der zu durchdringenden extrazellulären Matrix **(ECM).** Rezeptoren auf der Oberfläche der Zellen übermitteln Überlebens- und Differenzierungssignale in den Zellkern, wenn eine Adhäsion zu anderen Zellen oder der extrazellulären Matrix vorhanden ist. Zellkontakte unterstützen dadurch einerseits das Wachstum von Zellen, hemmen aber andererseits deren unkontrollierte Proliferation, wenn ein Gewebeverband vollständig aufgebaut ist **(Kontaktinhibition).** Unter den Zellkontakten werden Zell-Zell- und Zell-Matrix-Kontakte unterschieden.

## Zell-Zell-Kontakte

Zell-Zell-Kontakte entstehen durch die Assoziation extrazellulärer Abschnitte von **integralen Membranproteinen (Haftproteine),** welche auf der Innenseite der Zellmembran mit sog. **Plaqueproteinen** verbunden sind. In diese Plaques strahlen häufig bestimmte Zytoskelettkomponenten ein.

### Desmosomen (Macula adhaerens)

Desmosomen sind scheibenförmige Haftkomplexe zwischen zwei Zellen. Der Interzellularspalt ist an einem Desmosom (Durchmesser 100–500 nm) etwas weiter als an anderen Abschnitten der Zellmembran (▮ Abb. 1A). Vom Zellinneren sind Intermediärfilamente mit dem Plaqueprotein **Desmoplakin** verbunden. Plakoglobin und Plectin stabilisieren die Plaque. Sie ist mit den Haftproteinen **Desmoglein** und **Desmocollin** verbunden, welche zu den **Cadherinen** ($Ca^{2+}$-bindende Adhäsionsproteine) gehören und den Interzellularraum prall ausfüllen. Der parazelluläre Transport wird durch Desmosomen nicht behindert. Sie sind für den mechanischen Zusammenhalt von Zellen besonders wichtig und werden überwiegend in Epithelien exprimiert.

### Adhärenskontakte (Punctum, Zonula und Fascia adhaerens)

Adhärenskontakte werden nach ihrer Größe in punktförmige, gürtelförmige und flächige Interzellularkontakte eingeteilt. Sie kommen in nahezu allen Zellverbänden des Körpers vor und werden aus gewebespezifisch exprimierten **Cadherinen** aufgebaut. In ihre Plaqueproteine strahlen Aktinfilamente ein, die zusätzlich mit Myosin interagieren und dadurch kontraktile Eigenschaften erhalten können. So kann beispielsweise die Durchlässigkeit von Endothelien reguliert werden. Plakoglobin, $\alpha$-Aktinin, Vinculin, Talin und $\alpha$/$\beta$-Catenin verbinden als Plaqueproteine die Aktinfilamente mit den Cadherinen (▮ Abb. 1B). **β-Catenin** ist sowohl eine Untereinheit der Plaques von Adhärenskontakten als auch ein wichtiger zellulärer Messenger (s. S. 90/91). Es spielt bei der Karzinogenese (u. a. von Darmkrebs) eine wichtige Rolle.

### Tight junctions (Zonula occludens)

Tight junctions führen als „Verschlusskontakte" durch die integralen Membranproteine **Occludin** und **Claudin** zum Verschmelzen der beiden äußeren Blätter der Plasmamembranen zweier benachbarter Zellen. Sie lassen damit den Interzellularraum komplett verschwinden und unterbinden den parazellulären Transport weitgehend. Zu ihren Plaqueproteinen zählen **ZO-1, -2,** und **-3** sowie **Cingulin** (▮ Abb. 1C). Diese verbinden Tight junctions mit Aktin- und Myosinfilamenten. Die Kontraktion von Myosinfilamenten scheint bei der Regulation der Durchlässigkeit von Tight junctions eine Rolle zu spielen. Sie werden wie Desmosomen hauptsächlich in Epithelien gefunden.

Unter den Zell-Zell-Kontakten behindern nur Tight junctions den parazellulären Transport von Nährstoffen, Ionen und Wasser. Dies ermöglicht Epithelien den gerichteten Transport von Substanzen gegen ihren Konzentrationsgradienten von einer Epithelseite auf die gegenüberliegende.

### Schlussleisten

In kubischen bzw. prismatischen Epithelien wird die Zellmembran durch einen sog. **Schlussleistenkomplex** in eine apikale und basolaterale Seite getrennt (s. S. 14/15, ▮ Abb. 1D). Die Transmembranproteine dreier Zell-Zell-Kontakte sind für die Ausbildung von Schlussleisten verantwortlich. Dies sind von apikal nach basolateral:

- Tight junctions
- Zonulae adhaerentes
- Desmosomen.

Schlussleisten behindern mit ihren Tight-junction-Bestandteilen den Austausch von Membrankomponenten des äußeren Membranblatts einer Zelle (Lipide und Proteine) durch laterale Diffusion. Sie sind damit entscheidend am Aufbau der Polarität von Epithelien beteiligt.

Schlussleistenkomplexe behindern die laterale Diffusion von Bestandteilen des äußeren Membranblatts und untergliedern somit Epithelien in eine apikale und eine basolaterale Seite.

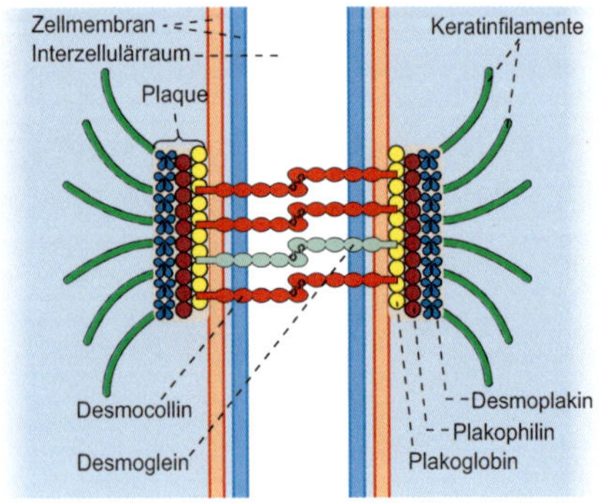

A

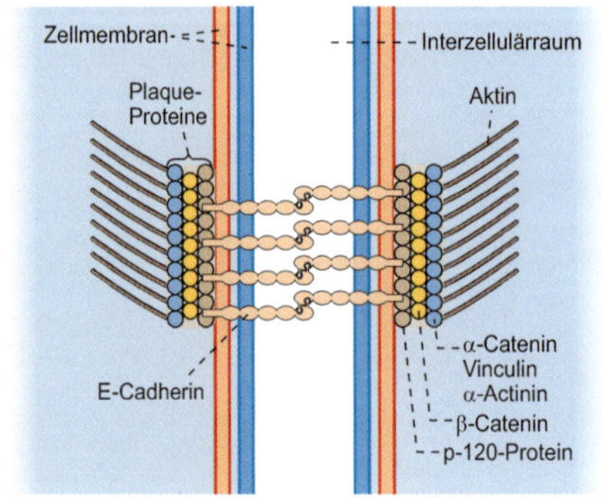

B

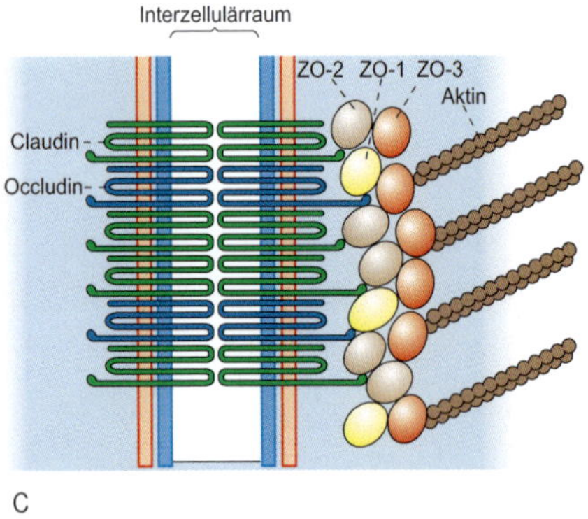

C

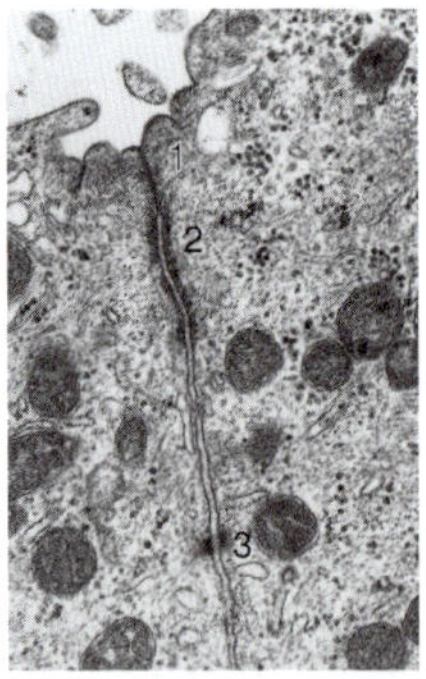

D

▮ Abb. 1: Molekularer Aufbau von Zell-Zell-Kontakten: Desmosom (A), Adhärenskontakt (B), Tight junction (C). Elektronenmikroskopisches Bild (D) eines Schlussleistenkomplexes aus Tight junction (1), Adhärenskontakt (2) und Desmosom (3). [A: 19; B, C, D: 13]

## Nexus (Gap junctions)

Nexus (Gap junctions) sind Plaques der Zellmembran, welche aus vielen spezialisierten ringförmigen Strukturen **(Connexone)** der Membranen zweier kommunizierender Zellen bestehen (▌Abb. 2). Sie verschmälern den Interzellularspalt auf 2–5 nm. Jedes Connexon ist aus sechs Connexinen aufgebaut, welche mit den sechs Connexinen eines Connexons der gegenüberliegenden Membran eine abgeschlossene Röhre ausbilden. Dies ermöglicht den **bidirektionalen** Durchtritt von Ionen und niedermolekularen Substanzen bis zu 1 kDa Größe. Connexone werden durch hohe zytoplasmatische Konzentrationen von $H^+$ und $Ca^{2+}$ im Rahmen eines **negativen Feedbacks** zum Schutz der Zelle geschlossen. Im Herzmuskel, in der glatten Muskulatur und bestimmten Neuronenverbänden (s. S. 92/93) erlauben Nexus die Weiterleitung von Aktionspotentialen und sorgen damit für den Aufbau eines funktionell einheitlichen Zellverbands. In vielen anderen Geweben dienen sie der **metabolischen Kopplung.** So tauschen Osteozyten des Knochens, welche durch die harte Knochensubstanz nicht per Diffusion von den Kapillaren aus versorgt werden können, über Gap junctions Nährstoffe und Sauerstoff untereinander aus.

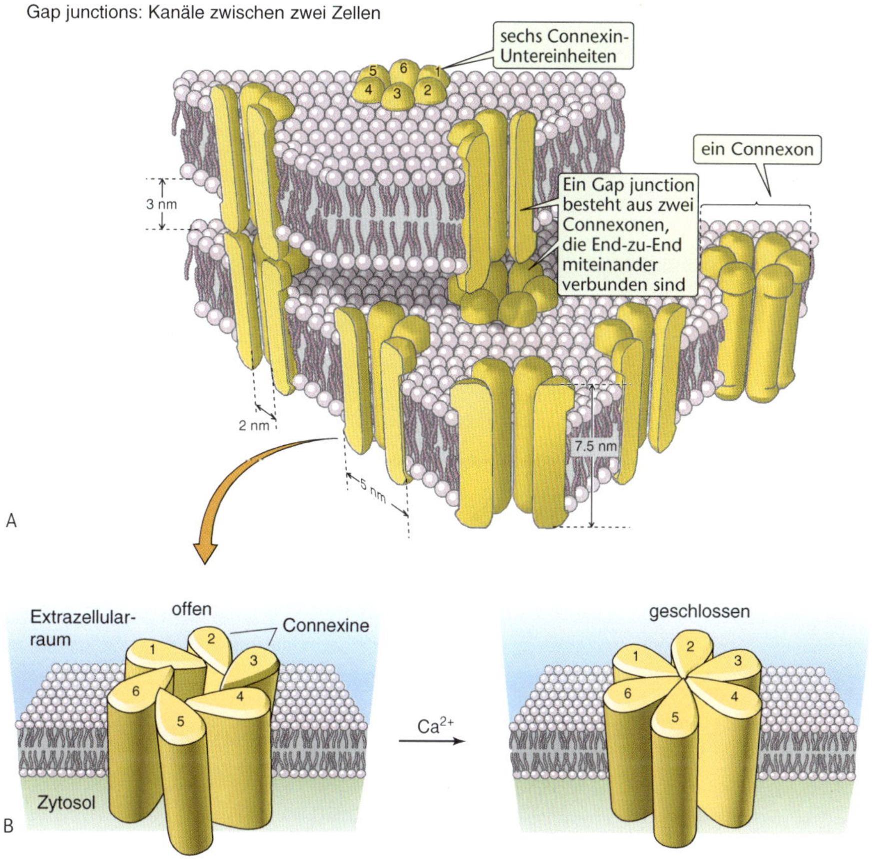


▌Abb. 2: Gap junctions. Molekularer Aufbau von Gap junctions aus Connexinen (A) sowie Veränderung der Konformation eines Connexons in Abhängigkeit vom zellulären $Ca^{2+}$-Spiegel (B). [17]

> Nexus koppeln Zellverbände zu funktionellen Einheiten, sog. Synzytien.

> Hohe intrazytoplasmatische $H^+$- und $Ca^{2+}$-Konzentrationen sorgen für den Verschluss von Connexonen.

# Zell-Matrix-Kontakte

## Hemidesmosomen

Hemidesmosomen verbinden an der basolateralen Seite Epithelzellen mit der Basalmembran. Dies sorgt für eine Befestigung von Epithelzellen auf ihrer bindegewebigen Unterlage (Lamina propria). Sie sind strukturell mit Desmosomen verwandt. Integrale Membranproteine von Hemidesmosomen sind Integrine bzw. Kollagen XVII (BP180). Sie werden über die Plaqueproteine BP230 und Plectin an Intermediärfilamente gebunden. Auf der extrazellulären Seite verbinden **Ankerfilamente** (bestehend aus **Laminin 5**) die Zelle mit sog. **Ankerfibrillen** aus **Kollagen VII** der extrazellulären Matrix.

## Fokaler Kontakt

Fokale Kontakte sind molekular eng mit den Adhärenskontakten verwandt, werden aber im Gegensatz zu diesen dynamisch geknüpft und aufgelöst. Hierfür ist die Assoziation mit bestimmten **Signalmolekülen,** z. B. der fokalen Adhäsionskinase (FAK), relevant. Adhäsionsproteine sind im Gegensatz zu Adhärenskontakten keine Cadherine, sondern **Integrine.** Fokale Kontakte werden von mobilen Zellen während ihrer Reise durch die ECM reversibel gebildet und wieder abgelöst.

## Zelladhäsion mobiler Zellen

**Zelluläre Adhäsionsmoleküle (CAM)** vermitteln auch transiente Kontakte von mobilen Zellen mit anderen Zellen im Körper. So wird z. B. das Auswandern von weißen Blutzellen (Leukozyten) aus dem Gefäßsystem in Gewebe zum Zweck der Immunabwehr **(Diapedese)** durch zelluläre Adhäsionsmoleküle gesteuert. Folgende Proteine sind für transiente Zell-Zell-Kontake verantwortlich:

- Cadherine ($Ca^{2+}$-bindende Proteine)
- Proteine der Immunglobulin-Superfamilie (Ig-Superfamilie)
- Selektine (aus der Gruppe der saccharidbindenden **Lektine**)
- Integrine.

> Lektine sind eine Familie von Proteinen, welche Zuckerstrukturen auf Zellen erkennen und binden.

### Zusammenfassung

Zelluläre Adhäsion spielt eine wichtige Rolle bei der Stabilisierung von Geweben sowie der Zellbewegung. Zell-Zell-Interaktionen werden von Zell-Matrix-Interaktionen unterschieden. Beide verwenden jeweils unterschiedliche Adhäsionsmoleküle (Haftproteine). Plaqueproteine verbinden diese auf der intrazellulären Seite mit dem Zytoskelett.

# Extrazelluläre Matrix

Epithelien werden über eine Basalmembran mit der extrazellulären Matrix **(ECM)** verbunden. Die ECM besteht aus einem dichten Netzwerk aus verschiedenen Makromolekülen (u. a. Kollagen, andere Glykoproteine und Proteoglykane), die verschiedene Aufgaben übernehmen, z. B.:

- ▶ Aufbau und Erhalt der Organstruktur und -form (u. a. durch hohe Wasserbindungskapazität)
- ▶ Stabilisierung des Gewebes (z. B. Zugfestigkeit)
- ▶ Bildung eines Diffusionsraums u. a. für Wasser, Ionen, Nährstoffe und Signalmoleküle
- ▶ Ermöglichung von Zellmobilität.

## Kollagen

Kollagen ist das **häufigste Protein im menschlichen Körper** und macht 25 % seiner Proteinmasse aus. Primär findet man Kollagen, das von Fibroblasten synthetisiert wird, in der extrazellulären Matrix des Bindegewebes. Hier erhöht Kollagen die Zugfestigkeit von Geweben. Es gibt viele verschiedene Typen des Kollagens.

> Typ-I-Kollagen kommt in Knochen und Sehnen vor, Typ II im Knorpel und Typ-IV-Kollagen ist Teil der Basallamina.

### Räumliche Struktur

Die Proteinkette des Kollagens besteht typischerweise aus der repetitiven Aminosäureabfolge **Glycin-X-Y.** X ist meist ein **Prolin** und Y meist ein **Hydroxyprolin.** Die Hydroxyaminosäuren sind für die Interaktion mit benachbarten Kollagenketten verantwortlich. Die Polypeptidkette des Kollagens bildet eine **α-Helix.** Aus drei solcher linksgängigen α-Helices entsteht eine rechtsgängige **Tripelhelix** (▮ Abb. 1A). Glycin besitzt die kleinste Seitenkette aller Aminosäuren und ist für die Bildung dieser Tripelhelixstruktur von entscheidender Bedeutung. Mehrere rechtsgängige Tripelhelices können sich in der nächsthöheren Strukturebene zu **Fibrillen** assemblieren (▮ Abb. 1B).

Grundsätzlich werden zwei verschiedene räumliche Organisationsformen des Kollagens unterschieden (**fibrillärer** und **nichtfibrillärer** Typ). Der fibrilläre Typ bildet widerstandsfähige parallel angeordnete Stränge im Bindegewebe der Haut, Sehnen und Bänder. Dabei lagern sich viele der oben beschriebenen Superhelices versetzt aneinander, sodass sich im elektronenmikroskopischen Bild eine typische Bänderung zeigt (▮ Abb. 1B).

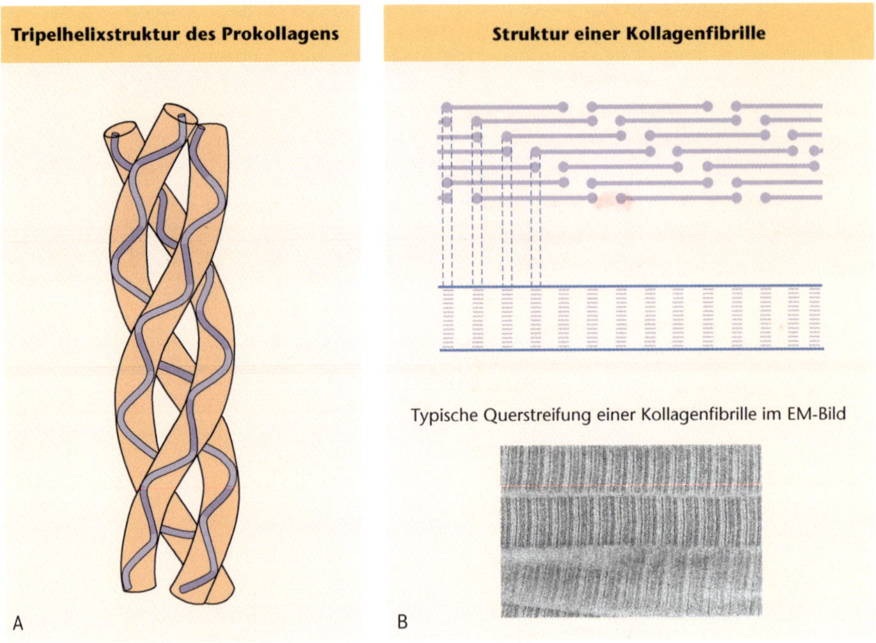


▮ Abb. 1: Aufbau des Kollagens.
A) Rechtsgängige Tripelhelixstruktur des Prokollagens. [20]
B) Struktur und elektronenmikroskopisches Bild des fibrillären Kollagens. [20/48]

### Biosynthese

Die Biosynthese des Kollagens findet im exozytotischen Pathway der Fibroblasten statt. Zuerst wird aus verschiedenen Kollagen-mRNAs (Isoformen) **Prä-Prokollagen** am rauen ER gebildet (▮ Abb. 2A). Es enthält eine **hydrophobe Signalsequenz,** die im ER abgespalten wird, sodass **Prokollagen** entsteht. Hydroxylasen fügen Hydroxylgruppen an Prolin- und Lysinreste der Kollagen-Polypeptidkette an. Die **Prolyl-Hydroxylase** benötigt Vitamin C als Cofaktor (Vitamin-C-Mangel führt zur Bindegewebsschwäche, sog. **Skorbut**). Glykosyltransferasen hängen im Anschluss bevorzugt an die globulären Enden **(Propeptide)** der Polypeptidketten **Galaktose-** und **Glucosereste** an. Zusätzlich werden zwischen und innerhalb der Propeptide Disulfidbrücken eingefügt, sodass sich die Tripelhelix später leichter bilden kann. Noch im ER kommt es zur Assemblierung dreier Prokollagen-Moleküle zur **Tripelhelix,** die dann über den Golgi-Apparat in die ECM exportiert wird. Dort werden die Propeptide durch Proteasen entfernt und die Helices lagern sich zu Kollagenfibrillen zusammen. Eine weitere Stabilisierung entsteht durch kovalente Bindungen zwischen Kollagen-Untereinheiten. Hierfür sind **Lysyl-Oxidasen** der ECM zuständig (▮ Abb. 2B).

## Elastische Fasern

Elastische Fasern sind verantwortlich für die Dehnbarkeit bestimmter Organsysteme, z. B. der Lunge. Sie bestehen aus Fibrillen des Glykoproteins **Fibrillin** und dem darin eingelagerten Protein **Elastin.** Elastin bildet innerhalb der Fasern stark gefaltete Proteindomänen aus, die sich bei einwirkenden Zugkräften entfalten können und somit eine Elastizität von Geweben ermöglichen. Beim **Marfan-Syndrom** liegt eine Mutation im Gen für Fibrillin vor. Deformitäten am Skelett, Augapfel und kardiovaskulären System (speziell an den großen Gefäßen) sind die Folge.

## Proteoglykane

Proteoglykane werden aus einem Proteinrückgrat gebildet, an das viele Glykosaminoglykane gebunden sind (s. S. 4/5). Sie werden überwiegend im rauen ER und Golgi-Apparat synthetisiert. Die Degradation der Proteoglykane findet in Lysosomen durch Proteasen (Proteinanteil) sowie Glykosidasen und Sulfatasen (Kohlenhydratanteil) statt. Kommt es zum Ausfall nur eines Enzyms, ist die Akkumulation eines schädigenden Stoffwechselzwischenprodukts die Folge **(Mukopolysaccharidosen).** Proteoglykane spielen eine wichtige Rolle als **Stützgerüst im Bindegewebe** (z. B. Chondroitinsulfat, Keratansulfat, Heparansulfat). Die zahlreichen Kohlenhydratuntereinheiten der **Glykosaminoglykane** machen diese zu polaren Molekülen, die effektiv Wasser binden können (gallertartige Gewebskonsistenz).

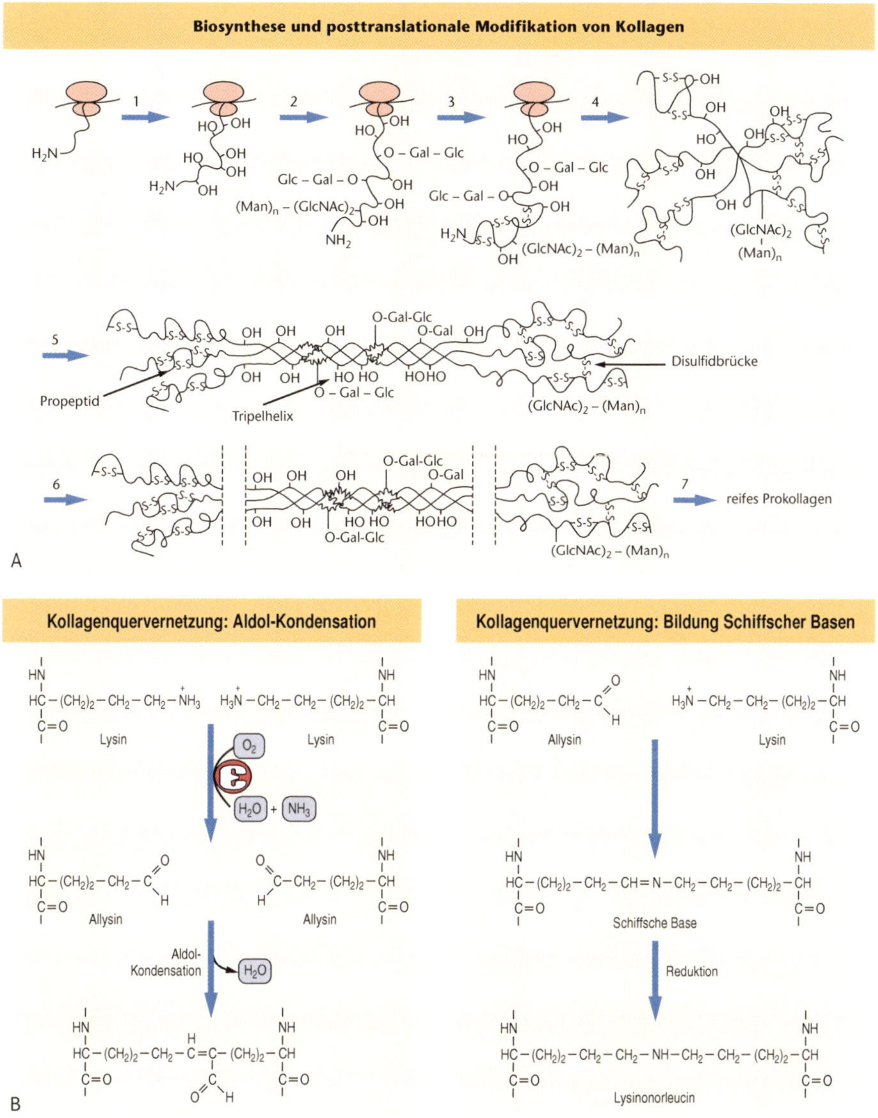


▌Abb. 2: Einzelschritte der Kollagensynthese: Kollagenbiosynthese (A) im ER mit Ausbildung der Tripelhelix und extrazelluläre Quervernetzung (B) einzelner Prokollagenmoleküle. [A: 20, B: 20/1]

## Glykoproteine

Glykoproteine sind wichtige Bestandteile der extrazellulären Matrix. Ein wichtiges Beispiel ist **Fibronektin,** das Brücken zwischen Kollagen und anderen Bestandteilen der extrazellulären Matrix bildet. Es ist als **Adhäsionsmolekül** an der Zellwanderung beteiligt. Neben seiner Lokalisation in der ECM ist es auch ein **Bestandteil des Blutplasmas.** Hier dient es der Blutgerinnung und Wundheilung.

## Aufbau der Basalmembran

Die **Basalmembran** dient der mechanischen Verankerung von Epithelien und der räumlichen Trennung zwischen Epithel und extrazellulärer Matrix. Sie nimmt Einfluss auf den Transport von Stoffen und die Migration von Zellen. Eine Basalmembran besteht aus der **Basallamina** und der darunterliegenden **Lamina fibroreticularis.** Die Basallamina untergliedert sich von der epithelialen Seite aus in **Lamina rara** und **Lamina densa.** In der Lamina rara sind die Zellen über Hemidesmosomen oder Integrine an der Basalmembran verankert. Die Lamina densa besteht v. a. aus Typ-IV-Kollagen. In der **Lamina fibroreticularis** findet sich überwiegend Typ-III-Kollagen (▌Abb. 3).

**Laminin** Dieses **Glykoprotein** interagiert mit Membranproteinen der basalen Seite von Epithelzellen (z. B. Integrine, Kollagen XVII) und verbindet diese mit dem Kollagen IV der Lamina fibroreticularis.

**Matrixmetalloproteinasen** Es handelt sich um zinkhaltige Enzyme, die den Abbau der extrazellulären Matrix durchführen.

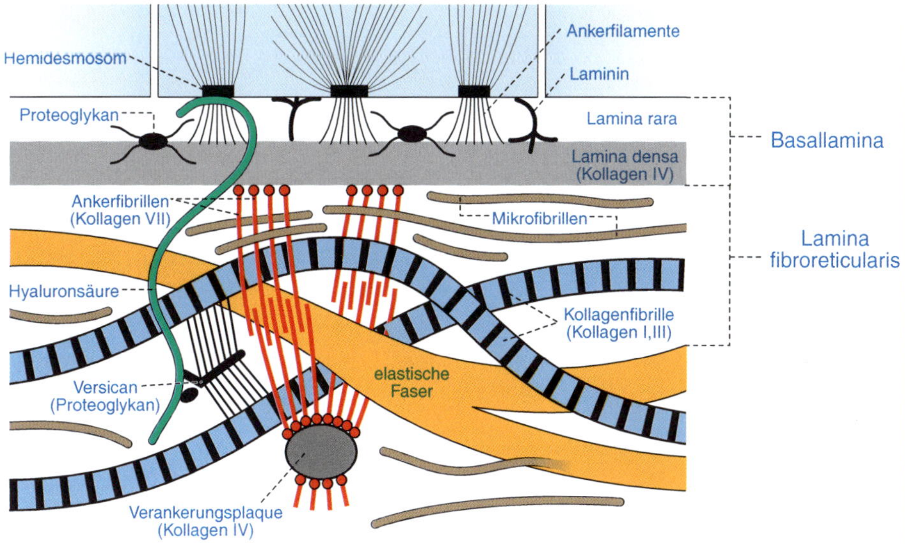


▌Abb. 3: Aufbau der Basalmembran und Verankerung mit dem Epithel. [21]

## Zusammenfassung

In der extrazellulären Matrix wird Kollagen von Fibroblasten synthetisiert und posttranslational modifiziert. Mithilfe von Glykosaminoglykanen, die Wasser binden, entsteht die gallertartige Konsistenz der extrazellulären Matrix. Mikrofibrillen sind elastische Fasern des Bindegewebes aus Fibrillin und Elastin. Die Basalmembran verankert Epithelien mit dem darunterliegenden Bindegewebe.

# Aufbau des Zellkerns

Das Erbgut der Zelle eines Menschen ist auf 46 **Chromosomen** verteilt, wovon 23 von der Mutter und 23 vom Vater stammen. Sie befinden sich geschützt von äußeren Einflüssen im wässrigen Milieu des Zellkerns (Nukleoplasma). Jedes Chromosom besteht aus einem linearen DNA-Molekül, das aufgrund seiner Länge mithilfe von Proteinen und RNA zum sog. **Chromatin** kompaktiert wird. Der Zellkern ist eine komplex aufgebaute Struktur mit zahlreichen **Subdomänen,** die von einer Doppelmembran **(Kernhülle)** umgeben ist. In den einzelnen Subdomänen befinden sich spezielle Moleküle, die v. a. an der Genexpression und DNA-Reparatur beteiligt sind.

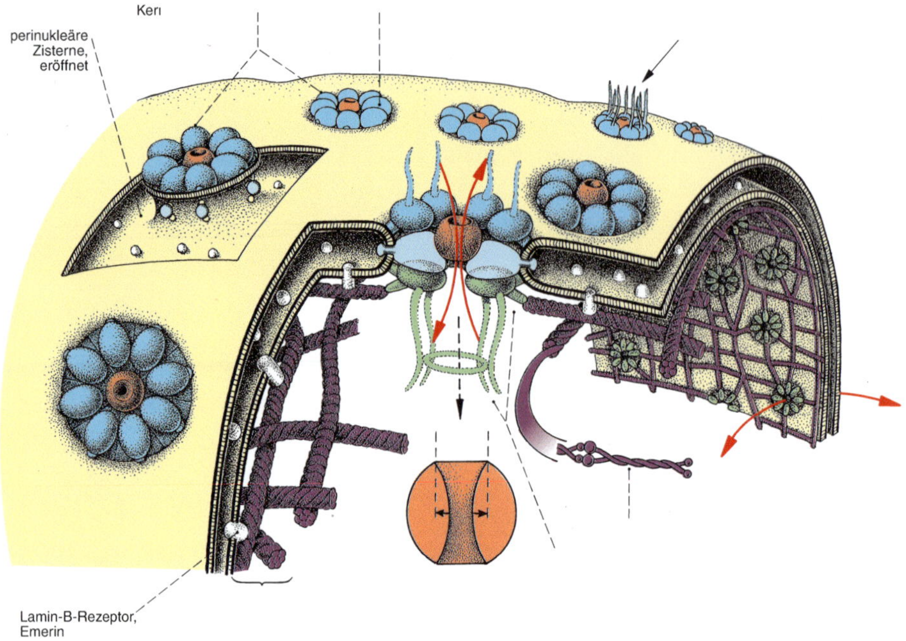


Abb. 1: Struktur von Kernhülle und -lamina. [22]

## Strukturen der Kernhülle

### Kernhülle und -lamina

Der Zellkern ist von einer **Doppelmembran (Kernhülle)** umgeben. Die äußere Kernmembran ist Bestandteil des endoplasmatischen Retikulums (ER). Der perinukleäre Raum zwischen den beiden Membranen kommuniziert daher mit dem Inneren des ER. Auf ihrer Innenseite wird die Kernhülle durch eine **Kernlamina** stabilisiert (Abb. 1). Sie wird aus einem phylogenetisch alten Typ von Intermediärfilamenten, den **Laminen,** aufgebaut (s. S. 30/31). Diese bilden ein zweidimensionales Netzwerk auf der Innenseite der Kernhülle und erhalten die Form des Zellkerns. Auch die Chromosomen stehen in Kontakt mit den Laminen, weshalb sie auch in Prozesse wie DNA-Replikation und -Transkription involviert sind. Die molekularen Details der Regulation sind Gegenstand der Forschung.

### Progeria infantum (Hutchinson-Gilford-Syndrom)

Kurz wird das Syndrom auch als **Progerie** (vorzeitiges Altern) bezeichnet. Bereits im Kindesalter setzt ein massiver **Alterungsprozess** ein (Abb. 2). Zeichen dieses Alterungsprozesses sind massive Arteriosklerose, Herzinsuffizienz und Osteoporose. Die meisten Patienten sterben vor dem 15. Lebensjahr. Weltweit gibt es nur wenige Fälle dieser erblichen Erkrankung. Ursache ist ein Defekt im **LMNA-Gen,** welches für Lamin A, einen Bestandteil der Kernlamina, codiert.

### Kernporenkomplexe

Hochmolekulare Kernporenkomplexe bilden ca. 4000 Kanalstrukturen durch die Kernhülle einer Zelle. Sie bestehen aus einer oktameren Ringstruktur aus **Nukleoporinen,** welche die beiden Kernmembranen überbrückt. Auf der nukleären Seite besitzt der Kernporenkomplex einen sog. nukleären Korb. Auf der zytoplasmatischen Seite befinden sich acht dünne Filamente. Diese Strukturen dienen der Assoziation von Proteinen der nukleären **Transportmaschinerie** (s. S. 66/67). Die Kernporen erlauben einen bidirektionalen nukleozytoplasmatischen Transport von Proteinen, RNA und anderen Stoffen. Moleküle bis 60 kDa Größe können durch die Kernporen diffundieren, größere Proteine müssen aktiv transportiert werden.

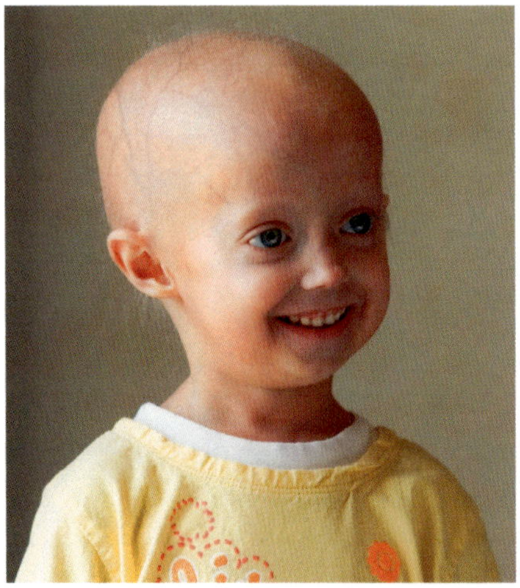

Abb. 2: Fünfjährige Patientin mit Progerie. Mit freundlicher Genehmigung der Progeria Research Foundation. [23]

## Strukturen im Inneren des Zellkerns

### Nukleoplasma

Das Nukleoplasma ist die Grundsubstanz des Zellkerns. Hier befinden sich neben dem Chromatin noch weitere kleine Strukturen (Abb. 3). Das Chromatin liegt entweder transkriptionell inaktiv **(Heterochromatin)** oder transkriptionell aktiv **(Euchromatin)** vor. Es ist mit Proteinen verbunden, die in einem dynamischen Prozess ständig mit der DNA assoziieren bzw. von dieser dissoziieren. Sie regulieren Prozesse wie Replikation und Transkription der DNA sowie die posttranskiptionelle Modifikationen der RNA (u. a. das Spleißen, s. S. 50/51). Der Zellkern besitzt zudem eine Reihe an strukturell und funktionell abgrenzbaren **Subdomänen.**

## Nukleolus

Der Zellkern der meisten Körperzellen besitzt ein oder mehrere Kernkörperchen **(Nukleoli).** Diese enthalten Gene für die Vorstufen der ribosomalen RNA (rRNA). Nach Synthese der rRNA durch die RNA-Polymerase I wird sie an kleine nukleoläre RNA **(snoRNA)** gebunden. Hierdurch kommt es zu Modifikationen der rRNA-Moleküle und Assoziation mit ribosomalen Proteinen. So entstehen kleine und große Untereinheit der Ribosomen, welche getrennt über die Kernmembran in das Zytoplasma transportiert werden. Im Rahmen der Proteinbiosynthese setzen sich diese dann zum funktionellen Ribosom zusammen. Im Nukleolus werden auch andere Ribonukleoproteine zusammengesetzt, z. B. der Signal recognition particle (SRP, s. S. 68/69).

## Weitere nukleäre Subdomänen

**Cajal-Körperchen** Diese befinden sich im Nukleoplasma und enthalten die RNA-Polymerasen I–III und Ribonukleoproteine (snRNP und snoRNP). Man nimmt an, dass sie wie die Interchromatingranula (Speckles), welche ebenfalls aus Proteinen und RNA aufgebaut sind, für den Spleißvorgang verantwortlich sind. Hierbei werden aus primären RNA-Transkripten (hnRNA) die nichtcodierenden Sequenzen (Introns) herausgeschnitten und die codierenden Sequenzen (Exons) aneinandergefügt. Der fertige mRNA-Strang kann anschließend ins Zytoplasma transportiert, am Ribosom kontinuierlich abgelesen und in ein Protein übersetzt werden.

**PML-Körper** Sie sind ebenfalls im Zellkern und enthalten das PML-Protein sowie die Tumorsuppressorproteine Retinoblastom-Protein (Rb) und p53. Das PML-Protein spielt bei der Entstehung der Promyelozytenleukämie (PML, s. S. 98/99) eine wichtige Rolle. p53 ist in mehr als der Hälfte aller Tumoren des Menschen mutiert. Es ist – wie auch pRb – eines der wichtigsten Tumorsuppressorproteine (s. S. 74/75 und 96/97).

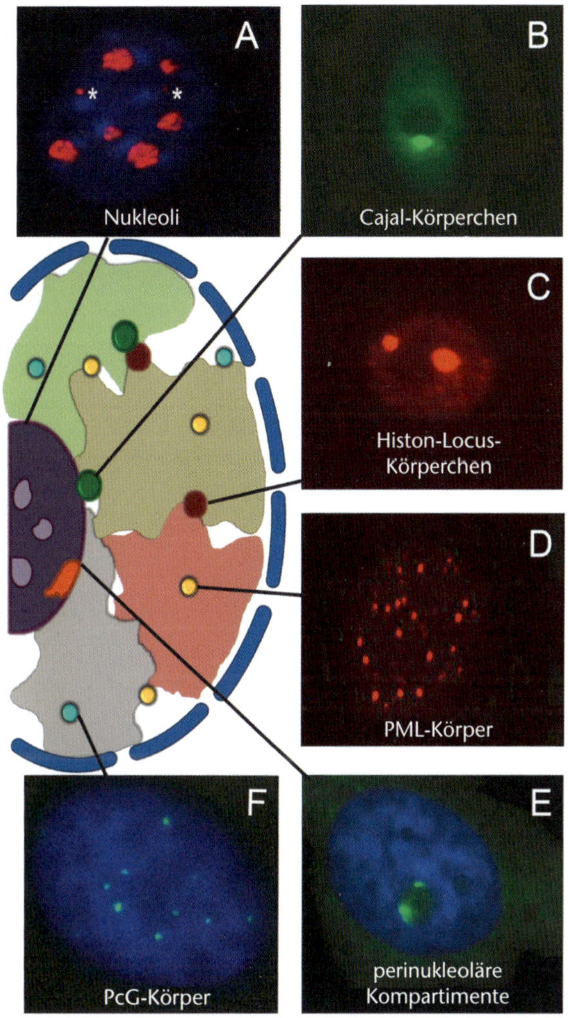


Abb. 3: Aufbau des Nukleoplasmas mit Subdomänen. [24]

**PcG-Körperchen** PcG-Körperchen sind Ansammlungen von Transkriptionsfaktoren der sog. Polycomb-Klasse. Diese führen zu einer verminderten Expression der von ihnen regulierten Gene.

**Perinukleoläre Kompartimente** Dies sind in der Peripherie des Nukleolus gelegene, abgrenzbare Anreicherungen von Ribonukleoproteinen, die mit der Entstehung von malignen Tumoren assoziiert sind.

**Histon-Locus-Körperchen** Diese Subdomänen entsprechen Ansammlungen von Proteinen, welche für die Prozessierung (s. S. 50/51) von Histon-mRNAs verantwortlich sind.

### Zusammenfassung

Der Zellkern ist ein komplex aufgebautes Zellorganell, dessen Bestandteile die als Chromatin verpackte DNA schützen und die Genexpression steuern. Seine Hülle besteht aus einer Doppelmembran, die von Kernporenkomplexen durchzogen wird. Sie dienen dem nukleozytoplasmatischen Transport von Molekülen und Ionen. Im Nukleoplasma finden sich zahlreiche Subdomänen, u. a. Nukleoli, Cajal-Körperchen, Speckles und PML-Körperchen.

# DNA und Chromosomen

Die Funktion der DNA im Zellkern ist die Speicherung und Weitergabe der genetischen Information. Ein **Gen** ist ein linearer DNA-Abschnitt, bestehend aus einer bestimmten Nukleotidsequenz, die im Rahmen der Transkription (s. S. 50/51) in eine RNA „übersetzt" wird. Das humane Genom enthält ca. 20 000 – 25 000 Gene.
Chemisch gesehen ist die DNA eine Nukleinsäure (s. S. 8/9). Sie liegt im Zellkern verpackt mit Histon- und Nicht-Histon-Proteinen als Chromatin vor. Chromatin wiederum bildet weiter kondensiert die Chromosomen. Die 46 Chromosomen des Menschen werden im Rahmen der Mitose kompaktiert und können so auch im Lichtmikroskop erkannt werden. Neben der linearen DNA im Zellkern gibt es in den Mitochondrien auch zirkuläre DNA-Moleküle.

## Aufbau der DNA

### Räumliche Struktur

Die DNA besteht aus zwei komplementären, antiparallelen Nukleotidsträngen. Sie winden sich in einer rechtsgängigen **Doppelhelix** umeinander (▮ Abb. 1). Die einzelnen Nukleotide sind über Phosphodiesterbindungen miteinander verbunden (Zucker-Phosphat-Rückgrat), die Basen der Nukleotide zeigen ins Innere der Doppelhelix. Diese besitzt einen Durchmesser von 2 nm. Die Außenseite der Doppelhelix bildet kleine und große Furchen, an die regulatorische Proteine und Enzyme binden können. Die beiden Stränge werden in ihrem Zentrum durch **Wasserstoffbrückenbindungen** zwischen den Basenpaaren zusammengehalten. Diese bedingen die hohe Stabilität der DNA. Aufgrund ihrer Größe paaren sich im Inneren der Doppelhelix stets Purin- mit Pyrimidinbasen.

> Guanin paart sich mit Cytosin unter Ausbildung von drei Wasserstoffbrücken.

> Adenin paart sich mit Thymin unter Ausbildung von zwei Wasserstoffbrücken.

Neben den spezifischen Wasserstoffbrücken verleihen weitere chemische Wechselwirkungen der DNA zusätzliche Stabilität. So werden hydrophobe Wechselwirkungen und Van-der-Waals-Kräfte zwischen Basen, die in der Doppelhelix übereinander gelagert sind, ausgebildet: Durch Rotation um die eigene Achse nimmt die DNA-Doppelhelix in stark gepacktem Zustand eine **Superhelix-Form** an. Diese entsteht z. B. während Trennung der beiden Einzelstränge voneinander und wird durch spezielle Enzyme, die **Topoisomerasen,** wieder aufgelöst.

### DNA-Denaturierung

In vitro erfolgt die Trennung der beiden DNA-Einzelstränge durch Erhitzen auf 90 °C oder Inkubation mit Basen. Diesen Vorgang bezeichnet man als **Denaturierung.** Er ist grundsätzlich reversibel. Der gegenläufige Vorgang wird als **Renaturierung** bezeichnet. Intrazellulär erfolgt die Auftrennung der Wasserstoffbrückenbindungen zwischen den DNA-Basen enzymatisch in einem ATP-abhängigen Prozess durch **Helikasen.** Dieser Vorgang findet vor der DNA-Replikation und -Transkription statt, um die Einzelstränge für die entsprechenden Polymerasen zugänglich zu machen.

### DNA-Formen

Die DNA besitzt typischerweise große und kleine Furchen. Man spricht von der **B-Form** der DNA. Wenn die Nukleotide um 20° relativ zur Achse der Doppelhelix geneigt sind, handelt es sich um die sog. **A-Form.** Hier ist die kleine Furche minimiert oder ganz verschwunden. Kommen in der DNA-Kette alternierend Purin- und Pyrimidinbasen vor, so führt dies zu einer linksgängigen Helix. Die Basenpaare drehen sich um 180° um das Ribosephosphatrückgrat, sodass eine Zickzack-Konformation des Rückgrats entsteht **(Z-Form).** A- und Z-Formen spielen physiologischerweise nur eine untergeordnete Rolle, machen aber die Variationsbreite von räumlichen DNA-Strukturen deutlich.

### Gene und nichtcodierende Sequenzen

In der DNA sind die meisten Gene zweimal vorhanden (je ein Allel auf den beiden homologen Chromosomen). Insgesamt bilden nur 1 – 2 % der DNA proteincodierende Sequenzen. Die große Mehrheit der DNA besteht aus **nichtcodierenden Abschnitten.** Diese besitzen teilweise regulatorische Funktionen (z. B. zur Bindung von Transkriptionsfaktoren), der Großteil der DNA-Sequenzen des Genoms ist aber offensichtlich „evolutionärer Abfall". Viele der nichtcodierenden Bereiche zeichnen

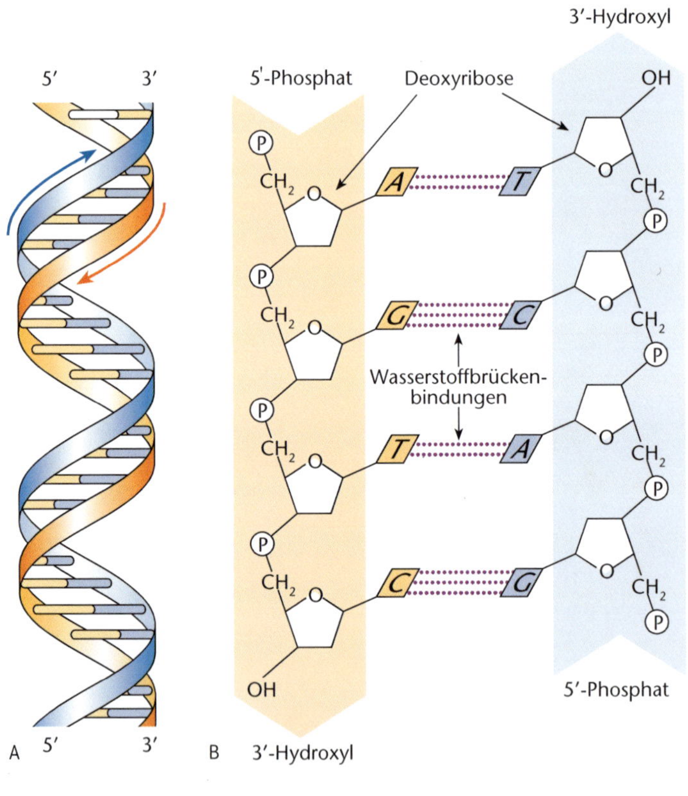


▮ Abb. 1: Struktur der DNA-Doppelhelix (A) und Basenpaarung zwischen den Nukleotiden durch Wasserstoffbrückenbindungen (B). [25/26]

sich durch wiederholte Abschnitte, sog. **repetitive Sequenzen** aus. Sie finden sich besonders ausgedehnt in Nähe der Zentromere von Chromosomen (s. u.). Man bezeichnet diese Sequenzen auch als **Satelliten-DNA.**

## Aufbau der Chromosomen

In Eukaryoten ist die DNA in Chromosomen organisiert. Jedes Chromosom enthält zwischen 48 und 480 Millionen Basenpaare. Als lang gestreckter Faden würde die DNA im Zellkern keinen Platz finden. Die Kondensation der Basenpaare und die Bildung eines DNA-RNA-Protein-Komplexes kompaktiert die DNA um den Faktor 8000. Man bezeichnet diese komplexierte Struktur als **Chromatin.** Das Chromatin kommt abhängig von der Zellzyklusphase (s. S. 74/75) in unterschiedlicher Form vor:

- **Interphase:** Das Chromatin ist in der Zelle lichtmikroskopisch unsichtbar.
- vor Beginn der **Mitose:** Es findet eine Kompaktierung statt, die Chromatinstruktur beginnt lichtmikroskopisch sichtbar zu werden.
- **Metaphase:** Die 46 Chromosomen können lichtmikroskopisch klar voneinander abgegrenzt werden (stärkster Kondensationsgrad).

An einem Metaphasechromosom lassen zwei sog. **Chromatiden** von einer zentralen Region, dem **Zentromer,** unterscheiden. Beide Chromatiden sind gleich lang und bestehen aus derselben DNA-Sequenz. Sie werden als Schwesterchromatiden bezeichnet, da sie im Rahmen der DNA-Replikation aus einem gemeinsamen Vorläufer-DNA-Strang hergestellt wurden (s. S. 48/49).

### Verpackungsformen des Chromatins

Das Chromatin kann in zwei unterschiedlichen Verpackungsformen vorliegen. **Euchromatin** ist aufgelockertes Chromatin, an dem Gene während der Transkription abgelesen werden. **Heterochromatin** ist verdichtetes Chromatin. Hier ist der Nukleinsäurestrang an Proteine so dicht gebunden, dass die Transkription reprimiert wird. Man unterscheidet drei Formen von Heterochromatin:

- fakultatives Heterochromatin: in erster Linie im weiblichen Organismus **(Barr-Körperchen),** entspricht dem inaktivierten zweiten X-Chromosom
- funktionelles Heterochromatin: Abschnitte der DNA, die nur in bestimmten Zellen benötigt werden; entsteht z. B. im Zuge der Zelldifferenzierung
- konstitutives Heterochromatin: befindet sich im Bereich eines Zentromers (v. a. Satelliten-DNA). Hier werden z. B. Proteine der beiden **Kinetochore** gebunden. Dies sind DNA-Proteinkomplexe, welche ein Chromosom während der Zellteilung mit dem Spindelapparat verbinden (s. S. 74–77).

### Histone

Histone sind mit DNA komplexierte, evolutionär hochkonservierte Proteine, die an der Verpackung und Faltung der DNA beteiligt sind. Sie besitzen viele positiv geladene, basische Aminosäuren (Arginin und Lysin). Die basischen Eigenschaften der Histone neutralisieren die negativen Ladungen (aus dem Phosphatrückgrat) der DNA und ermöglichen so erst die Kondensation. Es existieren fünf verschiedene Klassen von Histonen: H1, H2A, H2B, H3 und H4. Die vier Histonklassen H2A, H2B, H3 und H4 gehören zu den **Kernhistonen.** Sie bestehen aus einer globulären Domäne und einem N-terminalen Arm. Die Kernhistone bilden als Oktamer das **Nukleosom,** um das sich die DNA wickelt. Zwischen zwei Nukleosomen windet sich die DNA um das **Linker-Histon H1.** Viele Nukleosomen bilden eine lineare Kette, die in höheren Ordnungen in sog. **Chromatinfibrillen** organisiert ist. Die Fibrillen ordnen sich in mindestens drei höheren Packungsebenen an (▮ Abb. 2).

### Epigenetische Modifikationen

Spezifische Enzyme führen reversible kovalente Modifikationen an den N-terminalen Armen der Histone durch und machen die DNA so mehr oder weniger zugänglich für Proteine des Transkriptions- und Replikationsapparats (s. S. 50/51). Zu den Modifikationen gehören:

- **Acetylierung** und **Deacetylierung** von Lysinresten
- **Methylierung** und **Demethylierung** von Lysin- bzw. Argininresten
- **Phosphorylierung** und **Dephosphorylierung** von Serin- und Threoninresten
- **ADP-Ribosylierung** und **Ubiquitinierung** von Lysinresten.

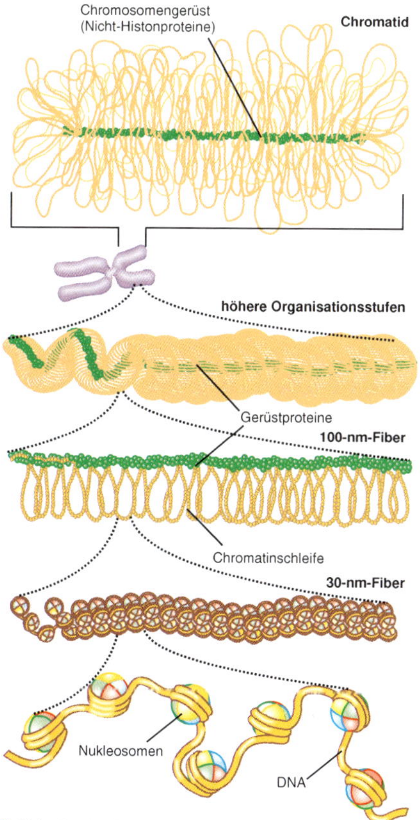


▮ Abb. 2: Kondensationsstufen der DNA in Chromosomen. [1]

### Zusammenfassung

Die DNA einer Zelle ist mit Proteinen und RNA im Chromatin des Zellkerns verpackt. Das Chromatin organisiert sich in mehreren Verpackungsebenen zu hochkondensierten Chromosomen. Histone sind basische Moleküle, deren posttranslationale Modifikationen eine wichtige Rolle bei der DNA-Kondensation und der Regulation der Genexpression spielen.

# DNA-Replikation

Im Rahmen des Zellzyklus (s. S. 74/75) wird die DNA vor der mitotischen Zellteilung exakt verdoppelt. So können gleiche Mengen des Erbguts auf beide Tochterzellen übertragen werden. Den Vorgang der DNA-Verdopplung bezeichnet man als **Replikation.** Die DNA-Replikation findet in der S-Phase des Zellzyklus statt. Sie ist ein exakt regulierter Vorgang, der durch eine Reihe von Enzymen katalysiert wird.

## Semikonservative Replikation

In Experimenten mit radioaktiv markierten DNA-Strängen zeigte sich, dass die beiden aus einer Replikationsrunde hervorgehenden DNA-Doppelstränge jeweils aus einem neu synthetisierten Tochterstrang und einem alten Mutterstrang bestanden. Daraus konnte man ableiten, dass bei der Synthese eines neuen DNA-Einzelstrangs ein mütterlicher DNA-Strang als Vorlage **(Matrize)** dient. Diese beiden Stränge vereinigen sich dann durch spezifische Basenpaarungen zu einem neuen DNA-Doppelstrang. Man bezeichnet diesen Mechanismus als **semikonservative DNA-Replikation**.

## Ablauf

### Beginn

Die Replikation beginnt an konservierten Erkennungssequenzen **(Konsensussequenzen)** der DNA und ist abhängig von der lokalen Chromatinstruktur. Diese sog. **Replikationsursprünge** bestehen in Hefezellen typischerweise aus einer adenin- und thyminreichen Sequenz. Die Replikation beginnt an vielen Replikationsursprüngen (ca. 60 000) gleichzeitig und geht so in einem begrenzten Zeitrahmen vonstatten. Der DNA-Abschnitt, welcher von einem Replikationsursprung ausgehend verdoppelt wird, heißt **Replikon.**
Am Replikationsursprung wird die DNA zunächst lokal entwunden. Zwei Enzyme spielen dabei eine besonders wichtige Rolle: Die **Helikase** führt ATP-abhängig zu einer lokalen Entwindung des Doppelstrangs (▮ Abb. 1). Durch diesen Vorgang entstehen in benachbarten DNA-Bereichen Superhelices. Diese bedingen Spannungen in der DNA, welche durch **Topoisomerasen vom Typ I** reduziert werden. Sie fügen durch Aufbrechen der Phosphodiesterbindungen Einzelstrangbrüche ins DNA-Rückgrat ein, sodass sich superspiralisierte DNA-Bereiche entwinden können. Nach der Replikation werden diese Brüche repariert und die Integrität des Zucker-Phosphat-Rückgrats der DNA wiederhergestellt. Ist die Trennung der beiden Einzelstränge gelungen, entsteht eine **Replikationsgabel.** Sie ist eine Zone aktiver Replikation, welche von hier aus in beide Richtungen **(bidirektional)** erfolgt. Die Replikationsgabeln dehnen sich während der Replikation über die DNA hinweg aus, bis der gesamte Doppelstrang repliziert wurde.

### Unterscheidung von kontinuierlichem und diskontinuierlichem Strang

Das maßgebliche Enzym der DNA-Replikation ist die **DNA-Polymerase.** Sie fügt bei der Duplikation eines DNA-Strangs Nukleotide vom 5'- zum 3'-Ende des neu entstehenden Strangs ein. Dies führt dazu, dass die Synthese eines der beiden Tochterstränge problemlos verläuft, da dieser entsprechend der natürlichen Arbeitsrichtung der DNA-Polymerase gebildet werden kann. Man nennt diesen Strang auch **Führungsstrang** (*engl.* Leading strand). Bei der Synthese des zweiten Strangs (**Folgestrang,** *engl.* Lagging strand) kann die DNA-Polymerase nicht kontinuierlich arbeiten, da sie nicht in der Lage ist, von 3' nach 5' zu synthetisieren. Stattdessen synthetisiert sie Nukleotide entgegen der Laufrichtung der Replikationsgabel. Hierzu windet sich der Matrizenstrang des Folgestrangs schleifenförmig auf. Da die Replikationsgabel in die Richtung der Synthese des Leitstrangs weiterläuft und beide DNA-Polymerasen einer Gabel eng assoziiert bleiben, entstehen bei der Synthese des Folgestrangs kurze DNA-Stücke, sog. **Okazaki-Fragmente.** Sie sind ca. 100–200 Nukleotide lang (▮ Abb. 1).

### Funktionsweise der DNA-Polymerase und Synthese der DNA-Stränge

Die DNA-Polymerase, welche für die Bildung neuer DNA-Einzelstränge im Rahmen der Replikation verantwortlich ist, wird als **DNA-Polymerase δ** bezeichnet. Für die Synthese benötigt diese **Desoxynukleotidtriphosphate,** die sie an das vorherige Nukleotid der entstehenden Nukleotidkette anhängt. Sie orientiert sich am Elternstrang als Matrize und baut die neuen Nukleotide entsprechend der Basenpaarungsregeln ein. Zur Bildung der Phosphodiesterbindungen des DNA-Rückgrats nutzt eine **DNA-Ligase** die frei werdende Energie aus der Spaltung einer Phosphosäureanhydridbindung der Desoxynukleotidtriphosphate. Bei dieser Reaktion wird Pyrophosphat freigesetzt.
Um ein neues Nukleotid an eine bestehende Kette anzuhängen, benötigt die DNA-Polymerase δ eine freie Hydroxylgruppe des vorherigen Nukleotids am 3'-Ende. In der wachsenden DNA-Kette ist diese stets vorhanden. Als Startpunkt der Synthese braucht die DNA-Polymerase α, welche die ersten 30 Nukleotide eines Replikons, die sog. Initiator-DNA, synthetisiert, einen kurzen **RNA-Primer** (bestehend aus ca. zehn Nukleotiden). Dieser wird durch ein spezielles Enzym, die **Primase** synthetisiert. Bei Bildung der Okazaki-Fragmente am Verzögerungsstrang ist für jedes Okazaki-Fragment ein Primer erforderlich.
Am Ende der Replikation werden alle RNA-Primer durch die **RNAse H bzw. die Nuklease Fen1** entfernt und die Lücken von der DNA-Polymerase δ aufgefüllt. Die letzte Phosphodiesterbindung zwischen den einzelnen Fragmenten wird ebenfalls durch die DNA-Ligase eingefügt. Während Einzelstränge synthetisiert werden, binden bestimmte Proteine, die **SSB-Proteine** (*engl.* Single-stranded DNA-binding protein), um diese zu stabilisieren.

### Fehlerkontrolle

Immer wieder können sich während der DNA-Replikation falsche Nukleotide in den zu verlängernden Strang einschleichen und Punktmutationen verursachen (s. S. 56/57). Diese könnten durch ein

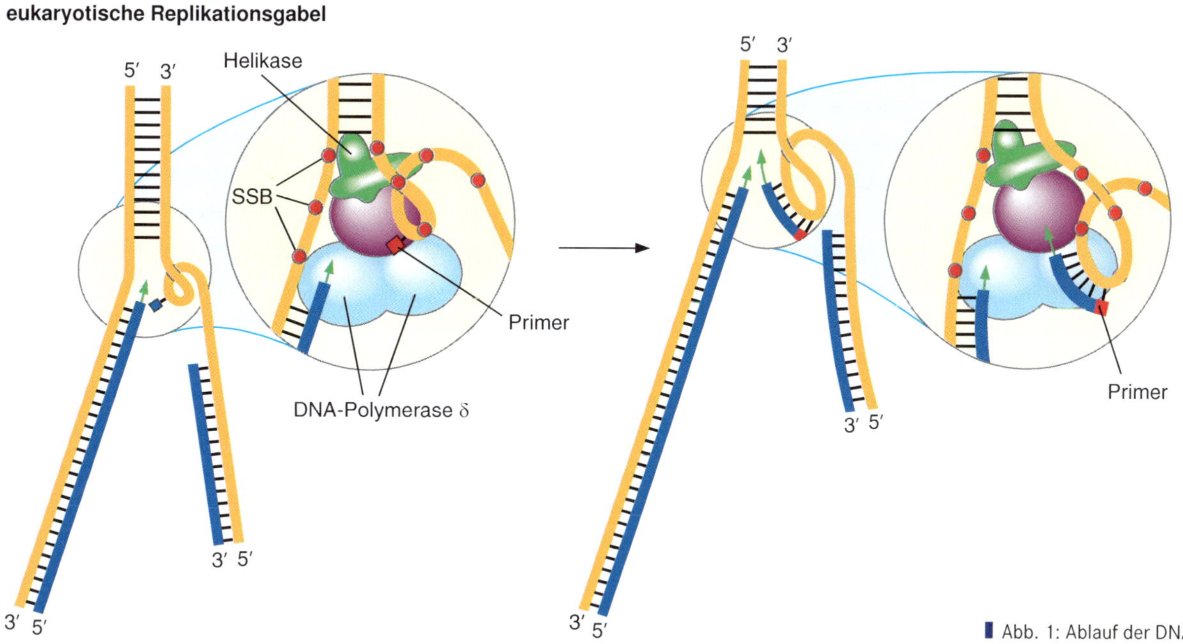


Abb. 1: Ablauf der DNA-Replikation. [1]

**Korrekturlesen** der DNA-Polymerasen entfernt werden. Erkennen sie ein fehlerhaft eingebautes Nukleotid, können sie dieses durch ihre **3'-5'-Exonuklease-Aktivität** ausschneiden und mit dem korrekten Nukleotid ersetzen.

## DNA-Replikationsmaschinerie bei Eukaryoten

Die DNA-Polymerasen untergliedern sich bei Eukaryoten in die Typen α bis ε, welche unterschiedliche Funktionen übernehmen können (Tab. 1).

## Hemmstoffe

Bestimmte chemische Stoffe können die Replikation der DNA beeinträchtigen:

- **Gyrasehemmer** werden als Antibiotika eingesetzt. Sie hemmen die bakterielle Topoisomerase I (DNA-Gyrase), welche zur Entwindung der Elternstränge bei der DNA-Replikation notwendig ist.
- **Cyclophosphamid** ist ein Chemotherapeutikum, das die DNA alkyliert. Es kommt dadurch zu Einzel- und Doppelstrangbrüchen sowie zu unphysiologischen Interaktionen zwischen DNA und Proteinen. Eine korrekte DNA-Replikation wird so unmöglich gemacht.

| DNA-Polymerase | Funktion |
|---|---|
| α | Synthese von Initiator-DNA an RNA-Primern |
| β | DNA-Reparatur |
| γ | Replikation im Mitochondrium |
| δ | DNA-Replikation und Korrekturlesen (Proofreading) |
| ε | Gleiche Funktion wie DNA-Polymerase δ |

Tab. 1: Eukaryotische DNA-Polymerasen.

- **Mitomycin C** interkaliert in die DNA-Doppelhelix, sodass die DNA-Replikation gestört wird. Es wird im Rahmen der Tumortherapie eingesetzt.

- **Cytosinarabinosid** ist ein Nukleosidanalogon, welches von der DNA-Polymerase in die wachsende Kette eingebaut wird und so die Fortführung der DNA-Replikation verhindert. Es wird u. a. in der Therapie von Leukämien eingesetzt. Ähnliche Nukleosidanaloga sind Bestandteile der Therapie von viralen Infektionen (z. B. Aciclovir bei Herpes simplex).


### Zusammenfassung

Bei der DNA-Replikation wird das Erbgut dupliziert. Dabei ist eine Maschinerie von Enzymen beteiligt, wovon die DNA-Polymerase eine wichtige Rolle bei der Neusynthese der beiden Tochterstränge spielt. Das Enzym arbeitet in 5'-3'-Richtung, sodass bei diesem Vorgang ein Führungsstrang mit kontinuierlicher Synthese von einem Verzögerungsstrang mit diskontinuierlicher Synthese unterschieden werden kann. Hemmstoffe der DNA-Replikation werden in erster Linie als Antibiotika, Chemotherapeutika und Virostatika eingesetzt.

# Transkription und mRNA-Prozessierung

Die Proteinbiosynthese findet im Zytoplasma an Ribosomen statt. Die genetische Information liegt als DNA im Zellkern vor. Sie wird in Form der **mRNA** aus dem Nukleus ins Zytoplasma transportiert (s. S. 12/13). Die von der RNA-Polymerase durchgeführte Umschreibung von DNA in RNA wird als **Transkription** bezeichnet. Die entstehende unreife RNA (prä-mRNA, hnRNA) wird durch **posttranskriptionelle Prozessierungen** im Zellkern in fertige mRNA umgewandelt. Ribosomen nutzen die Nukleotidsequenz der mRNA, um daraus eine lineare Aminosäuresequenz zu synthetisieren, aus der schließlich durch Faltungsvorgänge ein funktionsfähiges Protein entsteht (s. S. 6/7 und 62/63).

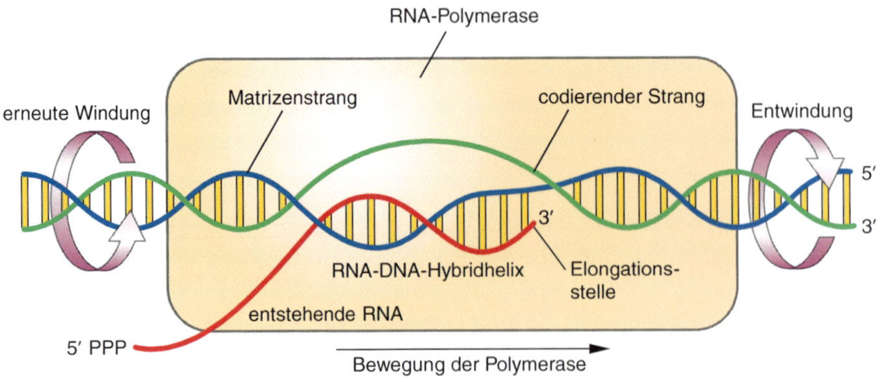


Abb. 1: Ablauf der Transkription. [1]

## RNA-Polymerasen

RNA-Polymerasen unterscheiden sich strukturell und funktionell von DNA-Polymerasen: Sie benötigen keinen Primer, um die RNA-Synthese zu starten. Vielmehr können sie einen RNA-Strang de novo ohne eine besondere Starthilfe aufbauen. RNA-Polymerasen besitzen keine 3'-5'-Exonuklease-Aktivität, sodass ein Korrekturlesen von neu synthetisierten Strängen nicht möglich ist. Auch eu- und prokaryotische RNA-Polymerasen unterscheiden sich: In Prokaryoten synthetisiert eine RNA-Polymerase alle RNA-Formen. In Eukaryoten existieren drei verschiedene RNA-Polymerasen:

- RNA-Polymerase I: synthetisiert rRNA im Nukleolus
- RNA-Polymerase II: synthetisiert hnRNA, aus der nach entsprechenden Modifikationen die mRNA entsteht
- RNA-Polymerase III: synthetisiert tRNA und snRNA (für Erläuterungen zu den einzelnen RNA-Spezies, s. S. 8/9).

Neben diesen RNA-Polymerasen des Zellkerns besitzen die Mitochondrien eine RNA-Polymerase für die Transkription des mitochondrialen Genoms. Sie ähnelt strukturell der prokaryotischen RNA-Polymerase. Aufgrund der unterschiedlichen Strukturen der RNA-Polymerasen von Eu- und Prokaryoten ergeben sich Angriffspunkte für Antiobiotika zur Bekämpfung von Infektionen.

## Ablauf der Transkription

**Initiation** Zur Initiation der Transkription bindet ein Komplex aus **allgemeinen Transkriptionsfaktoren** an einen **Promotor** der DNA und formt einen **Initiationskomplex.** Ein typischer eukaryoter Promotor der RNA-Polymerase II besteht aus einer thymin- und adeninreichen DNA-Sequenz, die ca. 30 bp upstream des korrespondierenden Genabschnitts beginnt. Sie wird auch als **TATA-Box** bezeichnet. Die RNA-Polymerasen binden an den Initiationskomplex und rekrutieren weitere regulatorische Faktoren, u. a. Helikasen zur Entwindung des DNA-Doppelstrangs. Ist ein Komplex vollständig assembliert, lässt er seine RNA-Polymerase frei. Sie wandert dann zur Transkription des Gens in die 5'-Richtung des Matrizenstrangs (Abb. 1).

**Elongation** Die RNA-Synthese erfolgt wie die DNA-Synthese von **5' nach 3'.** Die RNA-Polymerase II benötigt zur Synthese der hnRNA (= primäres Transkript) energiereiche **Trinukleotide.** Sie synthetisiert zunächst einen Bereich upstream des eigentlichen Gens (sog. 5'-untranslatierte Region, **5'-UTR**). Während der Transkription wächst das primäre Transkript aus einem Kanal des RNA-Polymerasemoleküls. Die für ein Gen codierende DNA-Sequenz kann dabei auf jedem der beiden DNA-Einzelstränge liegen. Dieser Strang wird als sog.

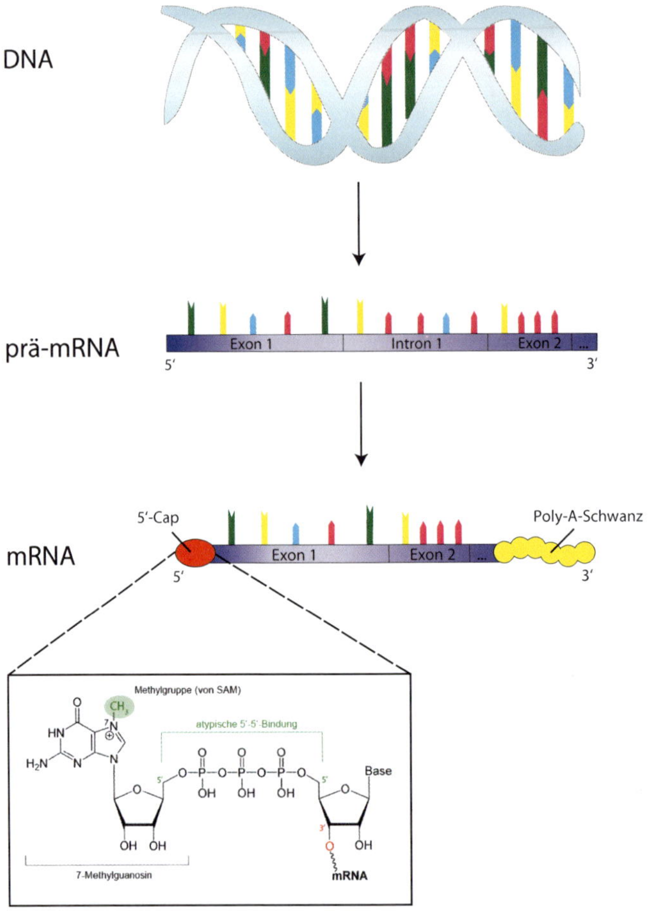


Abb. 2: Posttranskriptionelle Modifikationen am 5'- und 3'-Ende der hnRNA: Anhängen der 5'-Kappe und des 3'-Poly-A-Schwanzes. [5]

**codogener Strang (Minusstrang, Antisense-Strang)** bezeichnet. Die hnRNA-Sequenz ist komplementär zu diesem Strang.

**Termination** Am Ende der Transkription induzieren spezifische **Terminationsfaktoren** die Dissoziation der RNA-Polymerase von der DNA.

## Regulation der Transkription

Die Regulation der Transkription wird auf Seite 54/55 ausführlich besprochen. Grundsätzlich sollen jedoch **verstärkende** (*engl.* Enhancer) und **abschwächende** (*engl.* Silencer) DNA-Elemente bereits hier angesprochen werden. Es handelt sich um spezifische DNA-Sequenzen, an die **Transkriptionsfaktoren** binden können. Sie befinden sich meist viele Kilobasen von dem Gen, welches reguliert wird, entfernt. Binden Transkriptionsfaktoren an die verstärkenden Elemente, ist eine Erhöhung der Genexpression die Folge. Kommt es zur Bindung anderer Transkriptionsfaktoren an die abschwächenden Elemente, wird die Genexpression herunterreguliert.

## Posttranskriptionelle Prozessierung

Während des Vorgangs der RNA-Prozessierung (▮ Abb. 2) wird die hnRNA im Zellkern zur reifen mRNA modifiziert. An ihrem 5'-Ende wird eine Kappe aus **7-Methylguanosin** über eine atypische 5'-Triphosphat-5'-Bindung angefügt. Sie schützt die mRNA vor dem Abbau und dient der kleinen ribosomalen Untereinheit am Beginn der Translation als Erkennungsstelle (s. S. 52/53). Am 3'-Ende wird ein **Poly-A-Schwanz** angehängt. Er besteht aus ca. 200 **Adenin-Nukleotiden,** die durch die Polyadenylat-Polymerase an die hnRNA angefügt werden. Der Poly-A-Schwanz hilft beim Export aus dem Zellkern und schützt vor Abbau der mRNA. Die meisten mRNA-Moleküle der Zelle sind trotz dieser Modifikation instabile Moleküle mit relativ kurzer Halbwertszeit.

### Spleißvorgang

Die hnRNA besteht aus proteincodierenden Sequenzen, den **Exons,** und nicht codierenden Sequenzen, den **Introns.** Damit die Proteinsynthese am Ribosom kontinuierlich ablaufen kann, müssen die Introns aus der hnRNA herausgeschnitten und die Exons aneinander gefügt werden. Man bezeichnet diesen Vorgang als **Spleißen** (*engl.* **Splicing**). Er wird durch **Spleißosomen** katalysiert, Komplexe aus **snRNA und assoziierten Proteinen.** Durch doppelte Umesterung am Übergang eines Exons zu den benachbarten Introns entsteht eine typische **Lassostruktur** (*engl.* Lariat structure), aus der schließlich das Exon entfernt wird (▮ Abb. 3).

### Alternatives Spleißen

Durch den sehr bedeutenden Vorgang des **alternativen Spleißens** entstehen aus einem Gen mehrere Proteine **(Transkriptvarianten, Isoformen).** Erreicht wird dies durch das Einfügen bzw. Weglassen bestimmter Exons während des Spleißvorgangs. Die Auswahl der Exons wird durch gewebsspezifische Expression von Proteinen des Spleißapparats bewerkstelligt. Auf diese Weise erklärt sich, wie aus der Gesamtzahl der menschlichen Gene die 3- bis 4-fache Menge verschiedener Proteine entstehen kann.

## Hemmung der Transkription

**Mitomycin C** ist durch seinen Wirkmechanismus (s. S. 48/49) auch in der Lage, die Transkription zu unterbinden. **Actinomycin D** wirkt ähnlich wie Mitomycin C durch Interkalierung in die DNA. Hierdurch wird die eukaryote RNA-Polymerase in ihrer Arbeit gestört, die Transkription kann nicht stattfinden. Es wird u. a. in der Tumortherapie gegen Weichteiltumoren (Sarkome) eingesetzt. **Rifampicin** behindert die bakterielle RNA-Polymerase in ihrer Arbeit. Daher wird die Substanz als Antiobiotikum u. a. zur Therapie von Tuberkulose eingesetzt. Das Gift des Knollenblätterpilzes, **α-Amanitin,** inhibiert ebenfalls die Transkription.

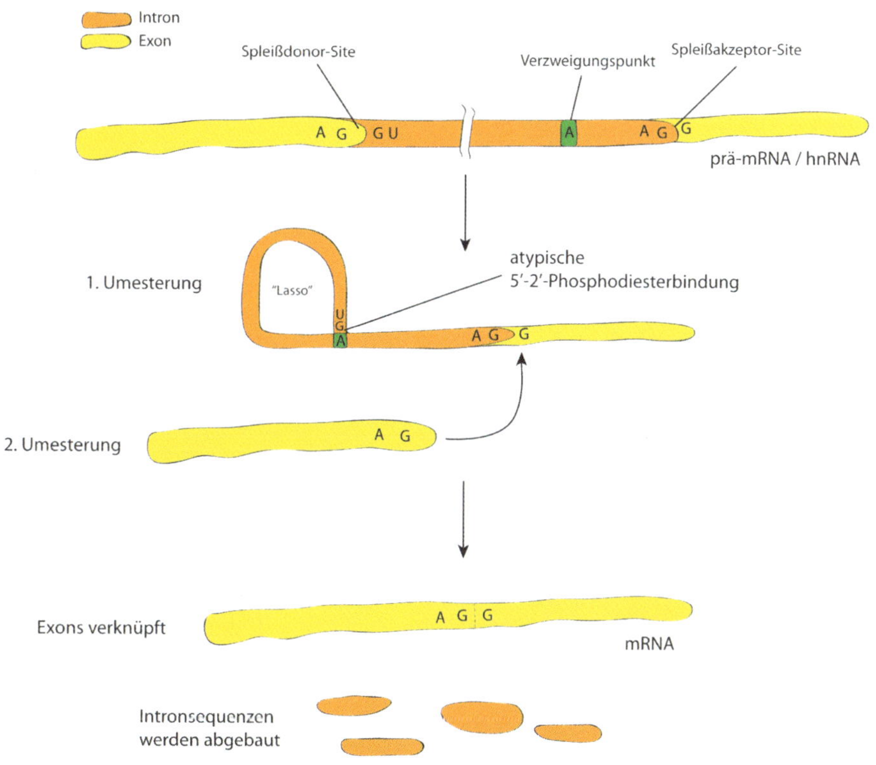


▮ Abb. 3: Schema des Spleißvorgangs mit Ausbildung der typischen Lassostruktur. Beachte die zwei Umesterungen des Zucker-Phosphat-Rückgrats, die notwendig sind, um ein Intron aus der prä-mRNA zu entfernen. [5]

**Zusammenfassung**

Bei der Transkription wird die DNA-Sequenz eines Gens in RNA umgeschrieben. Die dabei entstehende prä-mRNA wird durch posttranskriptionelle Prozessierungen zur reifen mRNA. Hierzu zählen das Anhängen einer 5'-Kappe und eines 3'-Poly-A-Schwanzes, sowie der Spleißvorgang. Beim alternativen Spleißen entstehen aus einer mRNA mehrere Transkriptvarianten.

# Translation

Beim Translationsvorgang wird die Information einer mRNA zur Synthese eines Proteins genutzt. Ein sog. Codon der mRNA besteht aus drei aufeinanderfolgenden Basen und bindet an das passende Anti-Codon der tRNA, welches ebenfalls aus drei Basen besteht. Jede tRNA hat eine bestimmte Aminosäure gebunden, sodass die mRNA-Sequenz in eine Aminosäuresequenz übersetzt wird. Dieser Vorgang wird zytosolisch durch die Ribosomen, welche aus rRNA und Proteinen bestehen, katalysiert. Die Ribosomen von Menschen und Bakterien unterscheiden sich in der Größe ihrer Untereinheiten.

## Genetischer Code

Ein Codon der mRNA besteht aus der Abfolge von drei Nukleotiden, die eine bestimmte Aminosäure in dem späteren Protein determinieren. Bei einer Abfolge von drei Basen für ein Codon gibt es rechnerisch $4^3$, also 64, mögliche Codons. Da jedoch nur 21 verschiedene Aminosäuren in unseren Proteinen vorkommen, ergeben sich für die meisten Aminosäuren mehrere mögliche Codons. Dies bezeichnet man als **Degeneration** des genetischen Codes. Umgekehrt steht jedoch ein bestimmtes Codon für nur eine ganz bestimmte Aminosäure. In dieser Hinsicht ist der genetische Code **eindeutig.** Da er für alle Organismen in seiner Form gültig ist, wird er zudem als **universell** bezeichnet. Weil sich ein Codon der mRNA an das nächste reiht, ist der Code zudem **nicht überlappend.**

Als Starter-Aminosäure in den Proteinen des Menschen dient die Aminosäure Methionin. Sie hat das Codon AUG. Als Stoppsignal dienen die drei Codons UAA, UAG und UGA. Sie werden von Terminationsfaktoren der Translation erkannt.

## Translationsvorgang

### Aufbau der tRNA

Die tRNA besteht aus 75–90 Nukleotiden und besitzt eine Kleeblatt-Struktur. Am 3'-Ende befindet sich die Basenabfolge CCA, an die die passende Aminosäure einer bestimmten tRNA **kovalent** gebunden ist. Jede Aminosäure besitzt ihre eigene **Aminoacyl-tRNA-Synthetase,** die ATP-abhängig die Aminosäure an eine Hydroxylgruppe der tRNA bindet. Zusätzlich kann die Synthetase auch ein Korrekturlesen durchführen. Gegenüber dem 3'-Ende befindet sich in der tRNA das Anti-Codon, welches komplementär zum mRNA-Codon ist. Durch dieses Anti-Codon ist die tRNA spezifisch für eine Aminosäure bestimmt. Die Basen der tRNA stammen zwar von den vier Basen der Nukleotide ab, sind jedoch teilweise speziell chemisch modifiziert.

### Aufbau des Ribosoms

Ein Ribosom besteht aus rRNA und Proteinen. Es wird aus einer kleinen und einer großen Untereinheit im Zytosol durch **Self-assembly** an einer mRNA aufgebaut (▮ Abb. 1). In pro- und eukaryotischen Zellen sind diese Untereinheiten unterschiedlich groß. Die Größe wird anhand von Svedberg-Einheiten (geben den Sedimentationskoeffizienten von Molekülkomplexen an, abgekürzt mit „S") gemessen (▮ Tab. 1). Aus der Tabelle ist ersichtlich, dass die Svedberg-Einheiten der beiden Untereinheiten nicht einfach aufaddiert werden, um die Gesamtgröße des Ribosoms zu errechnen. Prokaryotische Ribosomen unterscheiden sich im Aufbau ihrer Untereinheiten von denen eukaryotischer Zellen. Dieser Unterschied spielt in der Medizin eine wichtige Rolle, da hierdurch Antibiotika, welche die Translation hemmen, spezifisch Bakterienzellen angreifen und die Ribosomen menschlicher Zellen weitestgehend unbeeinträchtigt bleiben.

### Ablauf der Translation

Die Proteinbiosynthese erfolgt vom N- zum C-Terminus der entstehenden Peptidkette. Die mRNA wird dabei vom 5-' zum 3'-Ende abgelesen. Sie kann daher in folgende Abschnitte eingeteilt werden:

- 5'-untranslatierte Region (5'-UTR)
- Start-Codon
- **Open-reading-frame (ORF: offenes Leseraster),** bezeichnet die Gesamtheit aller translatierten mRNA-Codons
- Stopp-Codon
- 3'-UTR.

| | Große UE | Kleine UE | Gesamt |
|---|---|---|---|
| **Prokaryotische Zelle** | 30S | 50S | 70S |
| **Eukaryotische Zelle** | 40S | 60S | 80S |

▮ Tab. 1: Zusammensetzung von Ribosomen.

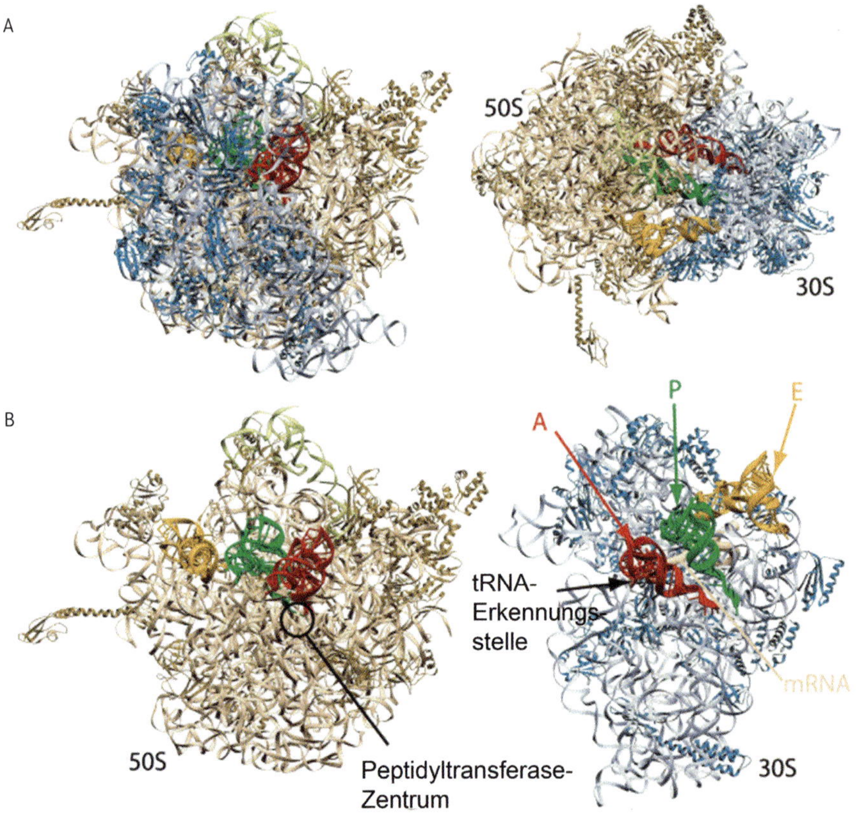


▮ Abb. 1: Aufbau eines 70S-Ribosoms aus kleiner und großer Untereinheit. [5]
A) Komplettes prokaryotisches Ribosom mit drei gebundenen tRNAs (farblich hervorgehoben).
B) Einzelsicht auf große (50S) und kleine (30S) ribosomale Untereinheit. Beachte die Lokalisation der Peptidyltransferaseaktivität in der großen Untereinheit.

Die Translation wird eingeteilt in Initiation, Elongation und Termination (▌Abb. 2).

**Initiation** Während der Initiation wird ein Initiationskomplex an der mRNA aufgebaut. Er setzt sich aus der kleinen Untereinheit des Ribosoms, einer tRNA, beladen mit der Starter-Aminosäure **Methionin** sowie **eukaryoten Initiationsfaktoren (eIF)** zusammen. Während des Aufbaus des Initiationskomplexes bindet die kleine Untereinheit an die 5'-Methylguanosinkappe der mRNA und bewegt sich in Richtung 3'-Ende, bis sie das Start-Codon AUG auffindet. Jetzt bindet die große Untereinheit, sodass die Proteinbiosynthese beginnen kann.

**Elongation** Während der Elongation liefern mehrere tRNA fortwährend die richtigen Aminosäuren für die Verlängerung der Peptidkette ans Ribosom. Dieses bewegt sich dabei auf der mRNA in Richtung des 3'-Endes weiter, um Codon für Codon zu translatieren. Wenn ein neues Codon erreicht ist, bindet eine beladene tRNA an die A-Stelle **(Akzeptorstelle)** des Ribosoms. Die tRNA mit der wachsenden Peptidkette befindet sich an der P-Stelle **(Peptidylstelle).** Die Peptidyltransferase-Aktivität der ribosomalen rRNA **(Ribozym)** katalysiert nun die Peptidbindung zwischen neuer Aminosäure und wachsender Peptidkette. Die Energie für diese Bindung erhält sie aus der Spaltung der energiereichen Esterbindung zwischen der tRNA und ihrer beladenen Aminosäure. Die wachsende Peptidkette wird dann auf die tRNA der A-Stelle übertragen, sodass die tRNA der P-Stelle zur **E-Stelle** (von *engl.* Exit-site) weiterwandern und schließlich abdissoziieren kann. Durch Weiterwanderung des Ribosoms gelangt die tRNA mit der wachsenden Peptidkette von der A- auf die P-Stelle. Für die Wanderung des Ribosoms ist Energie aus der Hydrolyse von **GTP** durch den **eukaryoten Elongationsfaktor 2 (eEF2)** notwendig.

**Termination** Erreicht das Ribosom ein Stopp-Codon, wird die Translation durch den eukaryoten Freisetzungsfaktor (*engl.* Eukaryote release factor) beendet. Die fertige Peptidkette wird durch einen Tunnel der großen Untereinheit vom Ribosomenkomplex entlassen und das Ribosom zerfällt wieder in die kleine und große Untereinheit.

## Hemmstoffe der Translation

Da sich pro- und eukaryote **Ribosomen** in der Struktur unterscheiden, spielen viele Hemmstoffe der Translation als Antibiotika eine wichtige Rolle. Zu ihnen zählt die Medikamentenklasse der **Tetrazykline.** Sie verhindern die Anlagerung der tRNA an das Ribosom. **Chloramphenicol** und **Cycloheximid** sind Antibiotika, welche die Peptidyltransferase-Aktivität des Ribosomenkomplexes hemmen. **Streptomycin** behindert das Ablesen der mRNA. Im Gegenzug haben Bakterien Strategien entwickelt, die auf der Hemmung der eukaryoten Proteinsynthese basieren und ihren eigenen Syntheseapparat unbeeinträchtigt lassen. **Diphtherietoxin** überträgt etwa einen ADP-Ribosylrest auf einen Aminosäurerest des eukaryoten Elongationsfaktors 2 (eEF2) und behindert damit die Wanderung des Ribosoms entlang der mRNA.

Der ADP-Ribosylrest, den Diphtherietoxin auf den eukaryoten Elongationsfaktor 2 überträgt, stammt von Nikotinamid-Adenin-Dinukleotid ($NAD^+$).

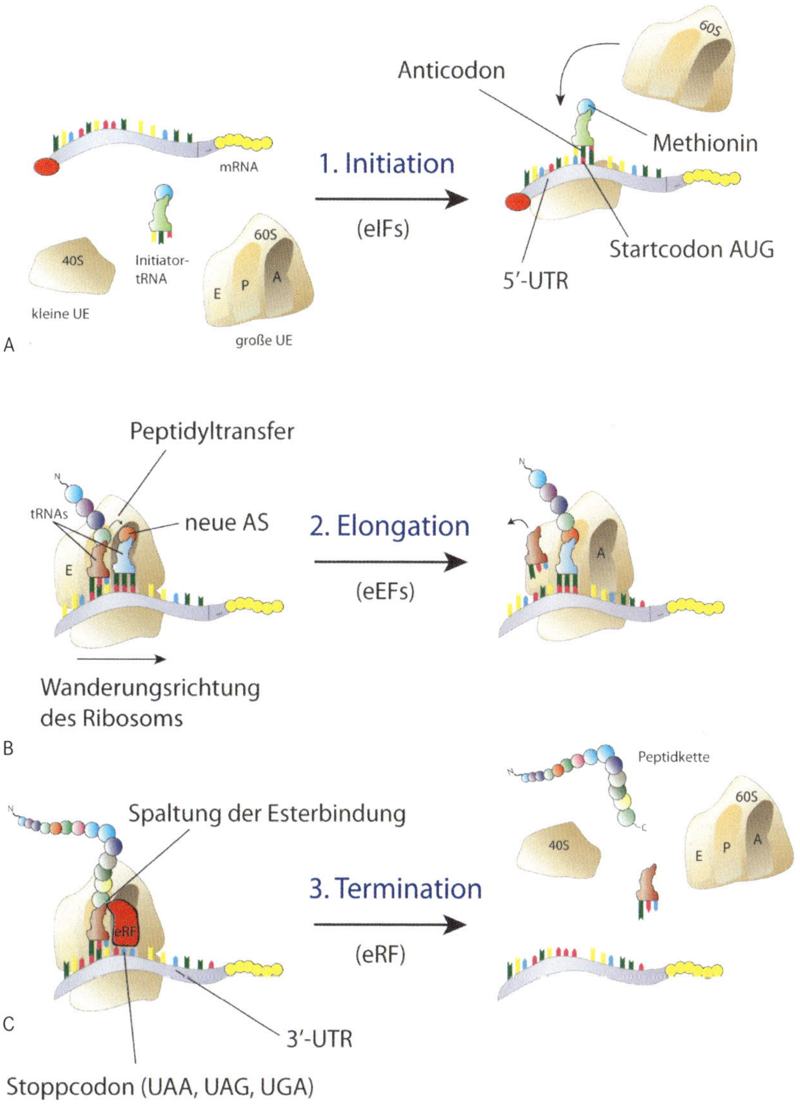


▌Abb. 2: Schematischer Ablauf der Translation in einzelnen Schritten mit Initiation (A), Elongation (B) und Termination (C). [5]

**Zusammenfassung**

Der genetische Code hat spezifische Eigenschaften und ist durch eine Abfolge von drei Nukleotiden auf der mRNA definiert. Bei der Translation wird die Information der mRNA in eine lineare Aminosäuresequenz an den Ribosomen umgewandelt. Die passenden Aminosäuren werden dabei mithilfe von tRNAs angeliefert.

# Regulation der Genexpression

Obwohl alle Zellen eines menschlichen Organismus prinzipiell dasselbe Genom besitzen, unterscheiden sie sich stark in Form, Struktur und Funktion. Diese Unterschiede werden unter dem Begriff der **Zelldifferenzierung** subsumiert. Sie ist eine Folge der unterschiedlichen Expression von Genen, sodass Zellen verschiedener Gewebe unterschiedliche Levels bestimmter RNAs und Proteine aufweisen. Die Regulation der Expression von Genen erfolgt auf dem gesamten Weg von der Transkription bis zur Translation. Es bestehen folgende Möglichkeiten der Expressionsregulation von Genen:

- Veränderung des Kondensationsgrads des Chromatins
- Modifikationen der DNA
- Aktivierung/Inhibition der Transkriptionsmaschinerie
- Kontrolle der mRNA-Prozessierung
- Steuerung des mRNA-Exports aus dem Zellkern
- Regulation der mRNA-Stabilität
- Kontrolle der Translation
- Regulation der Proteinstabilität (posttranslational).

## Epigenetische Regulationen

Mit dem Begriff **Epigenetik** fasst man im weitesten Sinne sämtliche erblichen Eigenschaften einer Zelle zusammen, welche nicht auf der Nukleotidsequenz der DNA beruhen. Hierzu gehören die Methylierung bestimmter DNA-Abschnitte und Veränderungen der Chromatindichte. Beides besitzt Einfluss auf die Zugänglichkeit von Genen durch die Transkriptionsmaschinerie.

### Veränderungen des Kondensationsgrads des Chromatins

Die N-terminalen Schwänze der Histone können chemisch reversibel modifiziert werden (s. S. 46/47). Durch diese Modifikationen wird die Interaktion von DNA und Proteinen reguliert. So führt die **Acetylierung** von Lysinresten der Histone zu einer verbesserten Zugänglichkeit der DNA (negativ geladene Acetylgruppen stoßen die Histone von den ebenfalls negativ geladenen Phosphatgruppen der DNA ab). Die **Methylierung** von Lysinresten der Histone führt dagegen über eine Bindung von Repressorproteinen zu einem Gen-Silencing. Aufgrund der immensen biologischen Bedeutung solcher epigenetischer Modifikationen spricht man mittlerweile (analog zum genetischen Code) von einem **Histon-Code.**

### Direkte DNA-Modifikationen

Die DNA kann chemisch durch kovalente Bindung von **Methylgruppen** an die Base **Cytosin** modifiziert werden. Diese Modifikation kommt v. a. in den Promotorregionen regulatorischer Gene vor und behindert die Bindung von Transkriptionsfaktoren an den Promotor, sodass die Expressionsstärke des entsprechenden Gens abnimmt. Die Methylierungsmuster der DNA werden in der Embryonalentwicklung festgelegt und dann weitgehend auf alle Zellen eines Organismus vererbt (z. B. X-Inaktivierung, s. S. 46/47). Sie stellen also eine besonders lang anhaltende Regulation der Genexpression dar.

## Regulation der Transkriptionsmaschinerie

Die Expression eines eukaryoten Gens wird v. a. über die Assoziation von sog. **Transkriptionsfaktoren** an **regulatorische Elemente** der DNA gesteuert. Ein basaler Transkriptionsapparat, der an den Genpromotor bindet, ist für die Transkription jedes Gens durch die RNA-Polymerase II notwendig (s. S. 52/53). Zusätzlich existieren im Genom aber zahlreiche kurze DNA-Sequenzen, die durch Proteinbindung als Expressionsverstärker (*engl.* **Enhancer**) oder -abschwächer (*engl.* **Silencer**) fungieren können (▮ Abb. 1). Sie liegen oft mehrere Kilobasenpaare vom Promotor entfernt, werden aber durch Schleifenbildungen des Chromatins räumlich in dessen unmittelbare Nachbarschaft gebracht. Die DNA-bindenden Proteine entfalten ihre Wirkung auf die Genexpression durch folgende Mechanismen:

- Modifikation der basalen Transkriptionsmaschinerie (z. B. Phosphorylierung)
- Rekrutierung von weiteren Coaktivatoren/Corepressoren
- Modifikation der Histone (z. B. Acetylierung, Methylierung, Phosphorylierung, Austausch ganzer Histonmonomere)
- Remodellierung der Chromatinstruktur (räumliche Konformation der DNA-Windung um die Nukleosomen wird verändert).

### Molekulare Bauweise von Transkriptionsfaktoren

Transkriptionsfaktoren regulieren die Transkription durch spezifische Interaktion mit der DNA und weiteren Proteinen. Hierfür besitzen **Transkriptionsfaktoren** eine spezielle räumliche Struktur. Entsprechend lassen sie sich in verschiedene Klassen einteilen, u. a.:

**Leucin-Zipper-Proteine** Transkriptionsfaktoren dieser Familie bestehen überwiegend aus **basischen** Aminosäuren. Sie dimerisieren über ihre **leucinreichen** Anteile unter Ausbildung einer Coiled-coiled-Struktur (▮ Abb. 2A). Die restlichen basischen Aminosäuren dienen der Interaktion mit der sauren DNA.

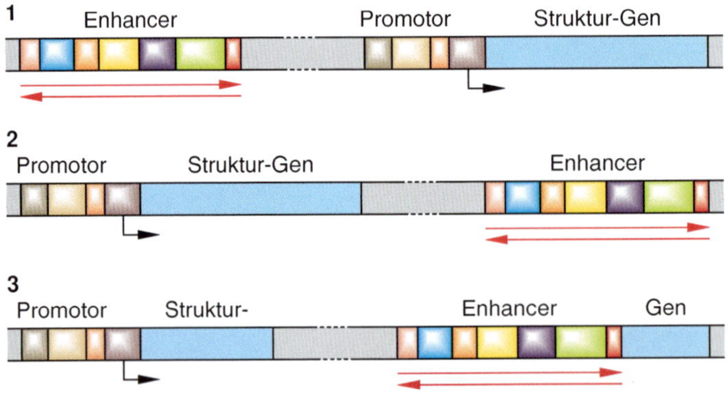


▮ Abb. 1: Wirkung von Transkriptionsfaktoren über Enhancer- und Silencer-Sequenzen auf den Promotor eines Gens. Diese Elemente können sowohl upstream (1), downstream (2) oder inmitten (3) des regulierten Genabschnitts liegen. [1]

**Helix-Loop-Helix-Proteine** Die Helix-Loop-Helix-Transkriptionsfaktoren besitzen ähnliche Eigenschaften wie diejenigen der Leucin-Zipper-Familie. Sie sind ebenfalls **basisch** und bilden **Dimere.** Ihre helikalen Dimerisierungsdomänen sind von einer Schleife (*engl.* Loop) getrennt (▌Abb. 2B).

**Zinkfinger-Proteine** Die namensgebenden **Zinkionen** sind bei dieser Proteinfamilie von **Cystein-** und **Histidinresten** einer jeden „Finger"-Domäne komplexiert (▌Abb. 2C). Jeder dieser Finger „fasst" mit seinem Ende in die große Furche der DNA. Ein verwandtes Motiv findet typischerweise Verwendung in **Steroidhormon-Rezeptoren.**

## Posttranskriptionelle Kontrolle der Genexpression

Auch nach der Transkription wird die Expression eines RNA-Moleküls auf zahlreiche Arten weiter reguliert. Während der mRNA-Prozessierung trägt beispielsweise das **alternative Spleißen** dazu bei, dass aus einem Gen unterschiedliche Proteine gebildet werden. Diese **Isoformen** werden häufig in verschiedenen Zelltypen unterschiedlich stark exprimiert. Über das sog. **RNA-Editing** werden einzelne Nukleotide der mRNA chemisch modifiziert, was zu einer Veränderung der Basenpaarungen zwischen mRNA und tRNA während der Translation führen kann (s. S. 12/13). Häufig sind hierbei Desaminierungen von Cytosin in Uracil bzw. Adenin in Inosin. Die Stabilität von mRNA wird über verschiedene Prozesse reguliert. Hierzu gehört ihre Degradation durch **5'-Exonukleasen,** das **Exosom** (mit 3'-Exonuklease-Aktivität) und **Endonukleasen.** Exonukleasen können nur dann Nukleotide von den Enden der mRNA abspalten, wenn ihr schützender Poly-A-Schwanz (durch **Deadenylasen**) bzw. die 5'-Methylguanosinkappe (durch einen **Decapping-Komplex**) entfernt wurden. Transkripte für regulatorische Proteine (z. B. des Zellzyklus) besitzen häufig eine sehr kurze **Halbwertszeit.** Sie werden an bestimmten Nukleotidsequenzen ihres 3'-Endes von Proteinen erkannt und abgebaut. **Mikro-RNA-Moleküle** sind nur ca. 22 Nukleotide lang und werden von der Zelle synthetisiert, um zytosolisch mRNA-Moleküle mit komplementärer Sequenz abzubauen bzw. deren Translation zu hemmen **(RNA-Interferenz, RNAi).** Hierfür werden doppelsträngige miRNA-Vorstufen durch einen sog. **RISC-Komplex** (*engl.* RNA-induced silencing complex) aktiviert. Im Zellkern dienen **shRNA-Moleküle** (*engl.* Small heterochromatic RNA, ebenfalls eine miRNA-Form) der Ausbildung von Heterochromatin durch die Rekrutierung von Histon- und/oder DNA-Methyltransferasen.

miRNA lässt sich auch exogen in Zellen einschleusen. Hierzu wird sog. siRNA (*engl.* Small interfering RNA) verwendet, die komplementär zu einem Abschnitt einer mRNA ist, deren Produkt ausgeschaltet werden soll (▌Abb. 2D).

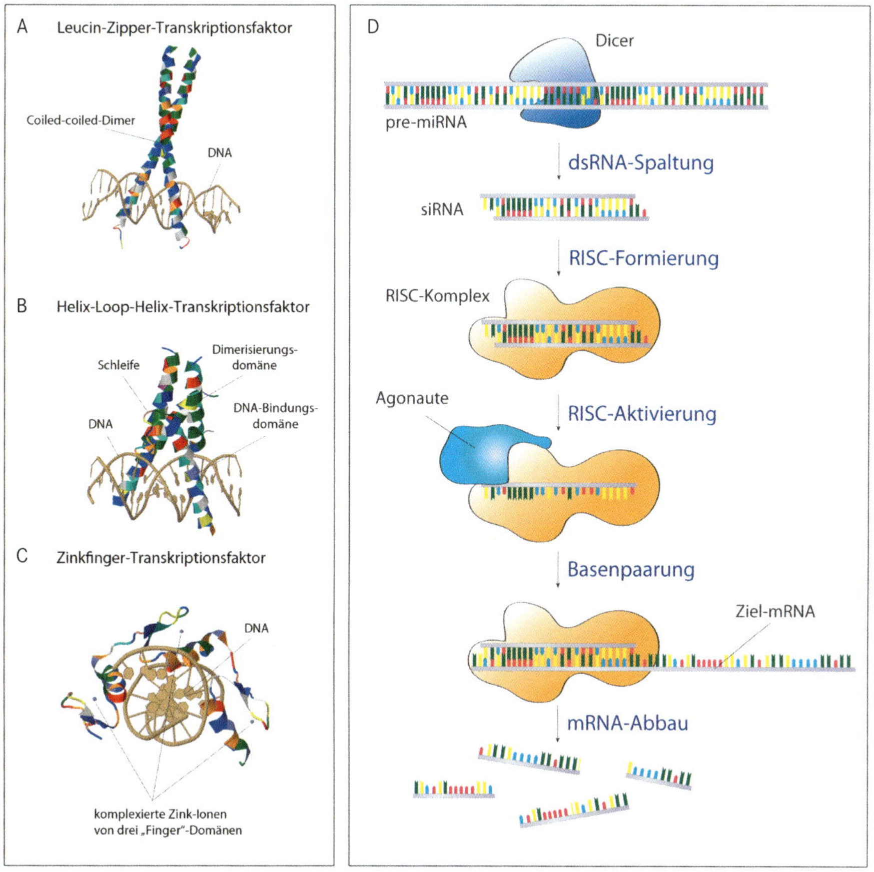


▌Abb. 2: Typische Strukturmotive von Transkriptionsfaktoren: Leucin-Zipper-Motiv (A), Helix-Loop-Helix-Motiv (B) und Zinkfinger-Motiv (C). Basische Aminosäuren sind in Blau gekennzeichnet. Mechanismus der RNA-Interferenz (D). [A: 5/28, B: 5/29, C: 5/30, D: 5]

### Zusammenfassung

Die Expression unserer Gene wird durch den Kondensationsgrad des nukleären Chromatins, chemische Modifikationen der DNA, die Regulation durch Transkriptionsfaktoren und die Kontrolle der mRNA-Prozessierung und -Stabilität reguliert. Die Regulationsvorgänge auf RNA-Ebene gewinnen in den letzten Jahren stark an Beachtung.

# DNA-Schädigung

Mutationen sind definiert als dauerhafte Veränderungen des Erbguts. Sie spielen eine wichtige Rolle bei der Entstehung von Erbkrankheiten und Tumorerkrankungen, bilden aber auch die Grundlage für die Evolution der Lebewesen. Mutationen kommen mit einer bestimmten Wahrscheinlichkeit vor, wobei sie jedoch meist durch verschiedene **Reparaturmechanismen** (s. S. 58/59) wieder behoben werden. Der Ort einer Mutation ist für ihr Ausmaß von entscheidender Bedeutung: In **somatischen Zellen** haben Mutationen nur einen Einfluss auf ein begrenztes Gewebe (das sich aus den Zellen mit mutierter DNA durch Zellteilungen entwickelt). Sind jedoch die **Keimzellen (Gameten)** betroffen, muss man davon ausgehen, dass die Mutation auch an die nächste Generation weitergegeben wird.

> In menschlichen Zellen ist die Mutationsrate relativ niedrig, da DNA-Polymerasen einen Korrekturmechanismus besitzen und weitere Reparatursysteme für die Behebung von entstandenen Mutationen zuständig sind.

Es lassen sich folgende Arten von Mutationen unterscheiden:

- ▶ Genmutationen:
  - Punktmutation (= Substitution)
  - Deletion
  - Insertion
  - Duplikation.
- ▶ Chromosomenmutation (strukturelle Chromosomenaberration):
  - Deletion
  - Insertion
  - Inversion
  - Duplikation
  - Translokation.
- ▶ Genommutation (numerische Chromosomenaberration):
  - Aneuploidie
  - Polyploidie.

## Entstehung von Mutationen

Mutationen können zufällig, ohne äußere Einwirkung, beispielsweise während der DNA-Replikation, entstehen. Einflüsse von **Mutagenen** (Substanzen, die Mutationen induzieren, s. S. 96/97) können ebenfalls eine Rolle spielen. Dabei kann man **intrinsische** (innerhalb des Körpers produzierte) von **extrinsischen** (aus der Umgebung aufgenommene) Mutagene unterscheiden. Zu den intrinsischen Mutagenen zählen beispielsweise freie Radikale (z. B. **reaktive Sauerstoffspezies, ROS**). Extrinsische Mutagene können chemische Agenzien, aber auch ionisierende Strahlung sein. Solche Schäden spielen beim Alterungsprozess des Menschen eine wichtige Rolle.

**Alkylanzien** Zu den chemischen Mutagenen zählen alkylierende Substanzen. Sie transferieren Alkylgruppen auf die DNA, sodass Quervernetzungen zwischen Guaninnukleotiden der beiden Einzelstränge oder mit Proteinen der Zelle stattfinden.

**Basenanaloga** Weitere chemische Agenzien sind Basenanaloga, die während der Replikation in die wachsende DNA-Kette eingebaut werden, da sie den vier natürlichen Nukleotiden ähneln.

**Interkalatoren** Manche Substanzen können sich zwischen benachbarte Basenpaare des DNA-Doppelstrangs einlagern (Interkalation) und dadurch sowohl Replikation als auch Transkription verhindern. So wird z. B. Ethidiumbromid in der Forschung zur Anfärbung der DNA genutzt. Auch Chemotherapeutika wie Doxo- und Daunorubicin wirken durch Interkalierung in den DNA-Doppelstrang.

**Ultraviolette Strahlung** UV-Strahlung ist elektromagnetische Strahlung mit kurzer Wellenlänge und somit hoher Energie.

> UV-Strahlung induziert die Quervernetzung von Thyminnukleotiden zu Thymindimeren.

Dieser Mechanismus ist ursächlich bei der Entstehung von Hautkrebs durch UV-Strahlung.

**Ionisierende Strahlung** Zur ionisierenden Strahlung zählt man alle Strahlungsarten, deren Energie ausreicht, um Elektronen (häufig über kaskadenartige Reaktionen) aus einem Atom oder Molekül herauszulösen. Hierdurch werden chemische Bindungen aufgebrochen und freie Radikale (Atome oder Moleküle mit ungepaarten Elektronen) gebildet. Diese führen u. a. zu DNA-Doppelstrangbrüchen.

## Genmutationen

Genmutationen bezeichnen Mutationen, welche ausschließlich die Nukleotide eines Gens betreffen.

**Punktmutationen** Bei sog. Punktmutationen wird nur ein Nukleotid verändert oder durch ein anderes ersetzt **(Basensubstitution).** Punktmutationen, die keinen Einfluss auf die Aminosäuresequenz eines Proteins haben, werden als stille (*engl.* **silent**) Mutationen bezeichnet. Ein betroffenes Codon ist zwar verändert, durch die Degeneriertheit des genetischen Codes wird aber die gleiche Aminosäure in das Protein eingebaut. Die veränderte Base liegt meist an der dritten Position eines Codons, welche häufig keine eindeutige Basenpaarung mit ihrem Anti-Codon eingeht **(Wobble-Base).** Kommt es durch den Basenaustausch in einem Codon zum Einbau einer anderen Aminosäure, spricht man von einer sinnentstellenden (*engl.* **Missense-**)Mutation. Wird durch den Basenaustausch ein Stoppsignal eingebaut, handelt es sich um eine unsinnige (*engl.* **Nonsense-**)Mutation. Sie führt zu einem verkürzten Protein, das seine Funktion häufig nicht mehr korrekt ausüben kann. Bei der **Readthrough-Mutation** wird anstelle eines Stopp-Codons eine Aminosäure eingebaut. Punktmutationen werden auch nach der Klasse der ausgetauschten Nukleotide unterschieden: Als **Transversion** bezeichnet man den Austausch eines Pyrimidins mit einem Purin und umgekehrt, als **Transition** bezeichnet man den Austausch von gleichartigen Basen. Ein bekanntes Beispiel für eine Punktmutation mit pathologischer Bedeutung ist die **Sichelzellanämie.** Hierbei wird ein Glutamat der β-Kette des Hämoglobins durch ein Valin ersetzt. Dies führt zu einer Aggregation des Hämoglobins der Erythrozyten bei niedriger Sauerstoffsättigung, wie sie typischerweise in Kapillarbetten vorherrscht. Die Folge ist eine Verstopfung dieser Kapillaren durch sich verformende Erythrozyten (Sichelzellen).

**Deletion** Bei einer Deletion handelt es sich um den Verlust eines oder mehrerer Nukleotide. Die nachfolgenden Nukleotide rücken entgegen der Leserichtung auf. Das Leseraster kann dadurch nach vorne verschoben werden **(Frameshift).**

**Insertion** Bei einer Insertion werden ein oder mehrere Nukleotide zusätzlich in eine bestehende DNA-Sequenz eingebaut. Das Leseraster kann nach hinten verschoben werden.

**Duplikation** Duplikationen bezeichnen Verdopplungen einer bestimmten Nukleotidsequenz.

## Chromosomenmutationen

Veränderungen ganzer Chromosomenabschnitte werden als Chromosomenmutationen (strukturelle Chromosomenaberrationen) bezeichnet. Sie betreffen meist mehrere Gene und sind lichtmikroskopisch an einer Änderung der Chromosomenbänderung nach Giemsa-Färbung sichtbar (▌Abb. 1). Durch die chromosomalen Veränderungen können **Fusionsgene** entstehen. Fusionsonkogene können Tumoren verursachen (s. S. 106/107).

**Deletion** Ein Teilstück eines Chromosoms geht verloren. Der Verlust von genetischem Material kann folgenlos bleiben, wenn das homologe Chromosom eine ausreichende „Gendosis" besitzt, um die Verluste auszugleichen.

**Insertion** Ein Chromosom gewinnt einen zusätzlichen Abschnitt hinzu, der von einem anderen Chromosom stammt.

**Inversion** Innerhalb eines Chromosoms kann sich nach einem doppelten Bruch ein Fragment wieder umgekehrt einfügen.

**Duplikation** Ein Abschnitt eines Chromosoms ist doppelt vorhanden. Dies kann Folge von „doppelter" DNA-Replikation oder fehlerhafter Rekombination sein. Beispielsweise kann ein Chromosomenfragment, welches im Verlauf der Meiose (s. S. 78/79) zwischen den homologen Chromosomen ausgetauscht werden soll, in ein Schwesterchromatid integriert werden.

**Translokation** Teilstücke eines Chromosoms werden an den Arm eines anderen Chromosoms angefügt. Verliert auch dieses Chromosom ein Teilstück, kann der Austausch reziprok stattfinden **(reziproke Translokation).**

## Genommutationen

Genommutationen betreffen das ganze Genom einer Zelle. Sie sind durch den Zugewinn oder Verlust ganzer Chromosomen gekennzeichnet und werden daher auch als numerische Chromosomenaberrationen bezeichnet.

**Aneuploidie** Als aneuploid bezeichnet man Zellen, die einzelne Chromosomen hinzugewonnen oder verloren haben. Ihre Chromosomenzahl beträgt also nicht mehr 46. Aneuploide Zellen kommen häufig in Tumoren als Folge von Störungen des Zellteilungsapparats vor. Persistieren diese Defekte, ändert sich die chromosomale Zusammensetzung einer Tumorzelle mit der Zeit, was man als **chromosomale Instabilität** bezeichnet. Ein weiteres bekanntes Beispiel für das Vorliegen einer Aneuploidie ist das **Down-Syndrom (Trisomie 21),** dem eine Fehlverteilung **(Nondisjunction)** des 21. Chromosoms während der Meiose zugrunde liegt.

**Polyploidie** Ist der Chromosomensatz vollständig amplifiziert (3n, 4n, 5n etc.), spricht man von einer polyploiden Zelle. Diese entsteht entweder durch fortwährende DNA-Replikation ohne nachfolgende Zellteilung **(Endoreplikation)** oder durch Ausbleiben der **Zytokinese** nach erfolgter DNA-Replikation (s. S. 76/77).

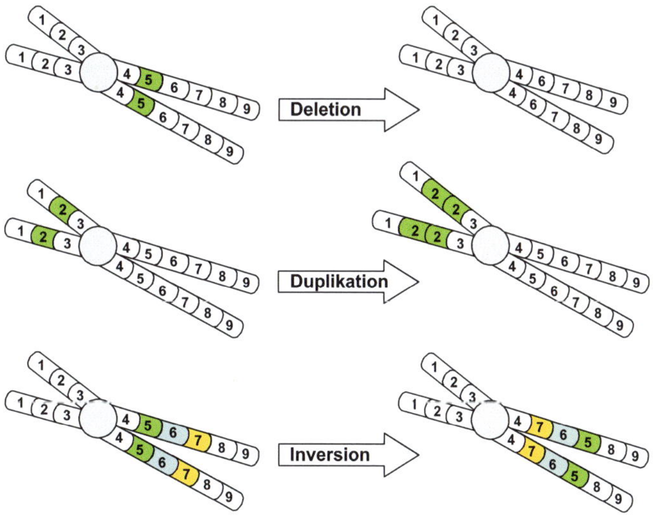


▌Abb. 1: Darstellung von strukturellen Chromosomenaberrationen. [31]

### Zusammenfassung

Es gibt verschiedene Arten von Mutationen, wobei diese einzelne Nukleotide, Abschnitte von Chromosomen oder sogar das Genom einer Zelle betreffen können. Mutationen können entweder spontan oder durch Mutagene induziert sein. Sie treiben den natürlichen Evolutionsprozess voran, führen aber auch zu pathologischen Prozessen wie Krebs und zahlreichen Erbkrankheiten.

# DNA-Reparatur

DNA-Veränderungen werden durch zelluläre Schutzprogramme sofort repariert. Kommt es zur Akkumulation solcher Veränderungen aufgrund eines größeren DNA-Schadens oder des Versagens der Reparaturmechanismen, droht eine Entartung der Zelle oder ihr Untergang durch Apoptose. DNA-Schäden werden nach folgendem Grundprinzip repariert:

1. Erkennung des Schadens
2. Exzision der geschädigten DNA-Bestandteile
3. Auffüllen der Lücke anhand komplementärer Sequenzen des Gegenstangs
4. Ligation des Zucker-Phosphat-Rückgrats der DNA.

Die ersten beiden Schritte erfolgen durch spezifische Proteine der zellulären Reparaturmaschinerie. Für die Schritte 3 und 4 werden die zellulären DNA-Polymerasen β, δ und ε bzw. DNA-Ligasen verwendet. Die einzelnen DNA-Reparatursysteme bestehen aus verschiedenen Proteinkomplexen und reparieren unterschiedliche DNA-Schädigungen (s. S. 56/57). Sie lassen sich wie folgt untergliedern:

- ▶ Einzelstrangreparatur
  - Nukleotidexzisionsreparatur
  - Basenexzisionsreparatur
  - Mismatch-Reparatur.
- ▶ Doppelstrangreparatur
  - Homologous end-joining
  - Nonhomologous end-joining.

## Einzelstrangreparatur

### Basenexzisionreparatur

Die Basenexzisionsreparatur (BER) kommt typischerweise bei der Veränderung von DNA-Basen durch Alkylierung, Desaminierung und Oxidation, also v. a. **endogenen Mutagenen,** zum Tragen. Diese Veränderungen werden durch eine Störung der Raumstruktur der DNA von Sensorproteinen erkannt. Eine **DNA-Glykosylase** bindet an die markierte DNA-Region und entfernt die geschädigte Base durch Spaltung der N-glykosidischen Bindung zur Desoxyribose (▮ Abb. 1A). Um die richtige Base einsetzen zu können, spaltet eine **Endonuklease** die Phosphodiesterbindungen des betroffenen Nukleotids, sodass auch dessen Zuckerrest mit gebundenem Phosphat aus der DNA entfernt werden kann. Die DNA-Polymerase β füllt die entstandene Lücke mit dem korrekten Nukleotid auf. Sie orientiert sich dabei am intakten komplementären DNA-Strang. Schließlich wird zwischen der 3'-OH-Gruppe des neuen Nukleotids und dem DNA-Strang durch die DNA-Ligase wieder eine kovalente Bindung hergestellt.

### Nukleotidexzisionsreparatur

Bei der Nukleotidexzisionsreparatur (NER) werden längere Nukleotidketten von bis zu 30 Basen Länge repariert. Anwendung findet dieser Reparaturmechanismus beispielsweise nach **Thymindimerbildung** zweier benachbarter Thymidinreste durch Einwirkung von ultravioletter Strahlung (v. a. **exogene Mutagene**). Das Vorgehen ähnelt dem der Basenexzisionsreparatur, ist jedoch ausgedehnter (▮ Abb. 1B). Ein Multienzymkomplex erkennt die fehlerhaften Nukleotide in einem DNA-Einzelstrang. Eine **Endonuklease** dieses Komplexes trennt daraufhin zwei Phosphodiesterbindungen in einem gewissen Abstand 5' und 3' der geschädigten Stelle. Dadurch wird eine längere Nukleotidsequenz, welche die geschädigten Nukleotide enthält, aus dem Einzelstrang entfernt. Dieses Stück wird durch die DNA-Polymerasen δ und ε mit den korrekten Nukleotiden aufgefüllt und durch DNA-Ligasen verschlossen.

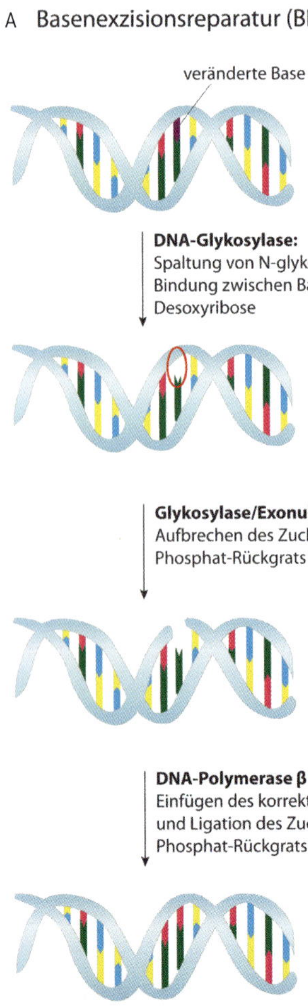


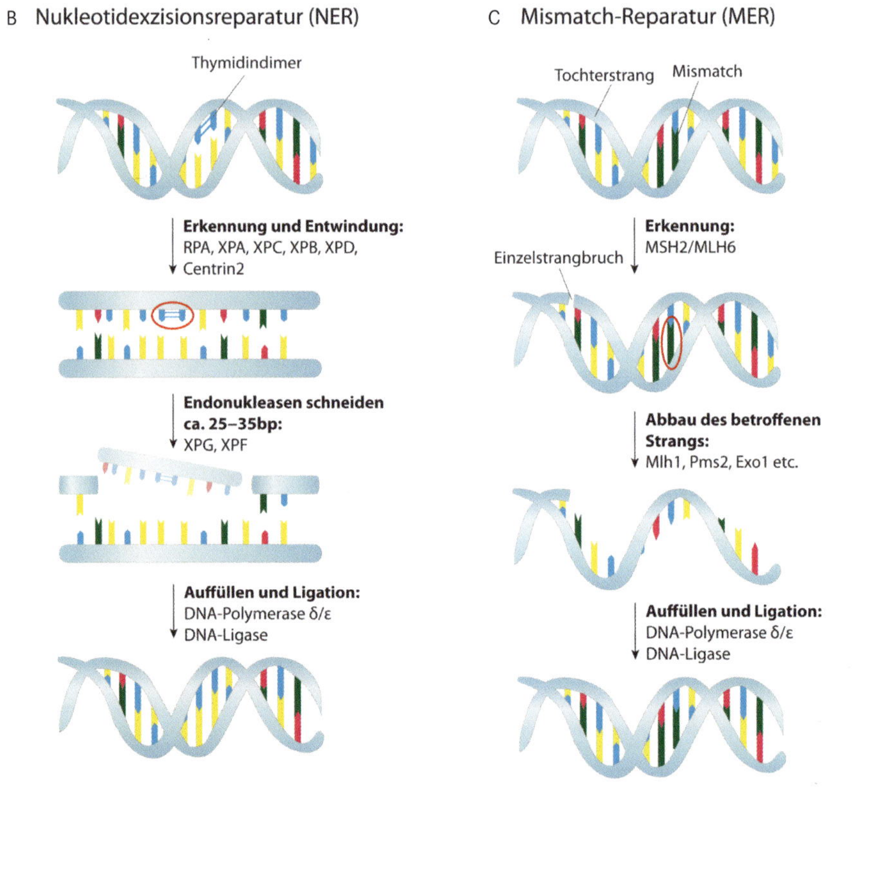


▮ Abb. 1: Darstellung der drei Reparaturmechanismen bei Einzelstrangbrüchen: Basenexzisionsreparatur (A), Nukleotidexzisionsreparatur (B) und Mismatch-Reparatur-System (C). [5]

Bei der hereditären Erkrankung **Xeroderma pigmentosum** sind bestimmte Komponenten des NER-Systems (XPA/XPG-Proteinfamilie) mutiert. Dies führt zu einer extremen Lichtempfindlichkeit, Hyperpigmentierung und einer gegenüber gesunden Personen ca. 2000-fach erhöhten Anfälligkeit für Hauttumoren.

### Mismatch-Reparatur

Das Mismatch-Reparatursystem (MMR) wird eingesetzt, wenn es trotz der Proofreading-Aktivität der DNA-Polyermasen zu fehlerhaften Basenpaarungen im Rahmen von DNA-Replikation oder -rekombination gekommen ist. Es vermindert die Mutationsrate in eukaryoten Zellen von $1:10^7$ auf bis zu $1:10^{10}$ pro Zellzyklus. Der Ausfall von Komponenten dieses Systems führt folglich zu einem **Mutatorphänotyp,** der durch eine stark erhöhte Entartungsrate der Zellen verschiedener Organsysteme gekennzeichnet ist. Ein Beispiel ist eine erbliche, nichtpolypöse Form des Kolonkarzinoms, das sog. **HNPCC** (*engl.* Hereditary nonpolyposis colorectal cancer). Ein neu synthetisierter DNA-Einzelstrang zeichnet sich im Gegensatz zum Elternstrang nach der DNA-Replikation durch **Einzelstrangbrüche** aus. Im Rahmen des MMR-Systems wird diese Eigenschaft zur Unterscheidung der beiden Stränge ausgenutzt. Durch eine spezifische Endonuklease wird der Tochterstrang upstream der Fehlpaarung geöffnet und werden zahlreiche Nukleotide durch Exonukleasen entfernt. DNA-Polymerasen sowie -Ligasen verschließen die Lücke anschließend mit den passenden Nukleotiden (▮ Abb. 1C).

## Doppelstrangreparatur

Doppelstrangbrüche sind eine enorme Bedrohung für die Integrität des zellulären Genoms. Aufgrund des Fehlens einer komplementären DNA-Sequenz entstehen bei der Reparatur von Doppelstrangbrüchen häufig neue Mutationen in der DNA. Dennoch existieren zwei Reparatursysteme, welche die resultierenden Schäden in ihrem Ausmaß eindämmen.

### Nonhomologous end-joining

Bei der nichthomologen Verbindung von Chromosomenenden (*engl.* Nonhomologous end-joining, NHEJ) versuchen **DNA-Ligase-Komplexe** den Doppelstrangbruch zu kitten, indem sie die freien Chromosomenenden wieder miteinander verbinden (▮ Abb. 2A). Die freien DNA-Enden werden durch bestimmte **Sensorproteine** (z. B. MRN-Komplex, Ku-Komplex) erkannt und durch **Exonukleasen** prozessiert. **DNA-Polymerasen** können noch zusätzliche Nukleotide in die Lücke einfügen. Dies führt zwangsläufig zu einer Veränderung der DNA-Sequenz, die aber u. U. folgenlos für die Zelle bleibt. Der NHEJ-Mechanismus findet aufgrund der nicht vorhandenen homologen Matrize (s. u.: HEJ) v. a. in der $G_1$-Phase des Zellzyklus statt.

### Homologous end-joining

Bei der homologen Reparatur (*engl.* Homologous end-joining, HEJ), die v. a. bei Doppelstrangbrüchen in der S- und $G_2$-Phase zum Einsatz kommt, wird während der Verbindung beider entstandenen Chromosomenenden als Matrize der entsprechende DNA-Abschnitt des Schwesterchromatids (nach der Replikation) oder des homologen Chromosoms genutzt (▮ Abb. 2B). So ist es möglich, Doppelstrangbrüche ohne große Veränderungen der DNA-Sequenz zu reparieren. Die freien Enden der Chromosomen werden durch den **MRN-Komplex** erkannt und seine **Exonukleaseaktivität** prozessiert. An der Prozessierung ist auch **BRCA1** beteiligt, ein Protein, welches in erblichen Formen des Brustkrebses häufig mutiert ist (s. S. 102/103). Das **Rad51**-Protein bindet schließlich an die entstehenden Einzelstrangüberhänge und sorgt für die Paarung mit korrespondierenden DNA-Abschnitten. Eine DNA-Polymerase füllt die Einzelstränge auf, sodass sog. **Holliday junctions** entstehen. Diese werden durch spezielle Proteine wieder gelöst. Insgesamt wird beim HEJ ein Doppelstrangbruch also mit einem korrespondierenden DNA-Stück als „Brücke" repariert.

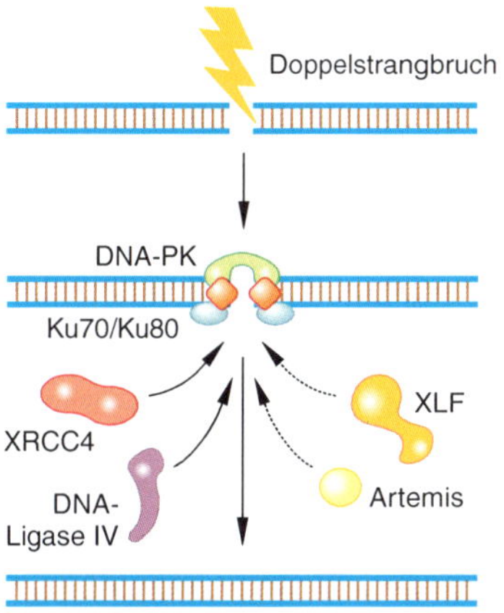


A

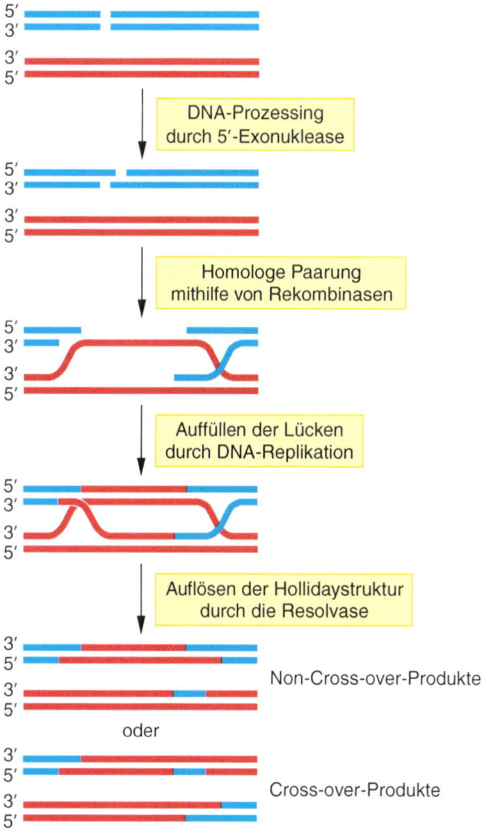


B

▮ Abb. 2: Darstellung der beiden Doppelstrang-Reparatursysteme: Nonhomologous end-joining (A) und Homologous end-joining (B). [1]

**Zusammenfassung**

Je nach vorliegendem Typ des DNA-Schadens bedienen sich Zellen unterschiedlicher Reparatursysteme. Schädigungen eines einzelnen DNA-Strangs werden durch die Nukleotidexzisionsreparatur, die Basenexzisionsreparatur oder das Mismatch-Reparatursystem beseitigt. Die Reparatur von Doppelstrangbrüchen erfolgt häufig auf Kosten von Veränderungen der Nukleotidsequenz des betroffenen Chromosoms. Als Mechanismen existieren das homologe und nichthomologe Verbinden von freien Chromosomenenden.

# Telomere und Seneszenz

**Telomere** sind spezialisierte Strukturen an den Enden der Chromosomen, welche diese schützen und ihre vollständige Replikation während der S-Phase des Zellzyklus sicherstellen. Sie bestehen aus einer bestimmten repetitiven DNA-Sequenz und assoziierten Proteinen. Als **Seneszenz** bezeichnet man ein Alterungsstadium von Zellen, bei dem sie in der $G_0$-Phase des Zellzyklus (s. S. 74/75) verharren und selbst durch die Stimulation mittels Wachstumsfaktoren nicht zu einer weiteren Zellteilungsrunde anzuregen sind.

## Seneszenz in der Zellkultur

Bereits 1961 entdeckte Leonard Hayflick, dass sich humane Fibroblasten (Bindegewebszellen) in Zellkultur nur bis zu einer gewissen Anzahl an Zellteilungen (40 – 80) kultivieren lassen **(Hayflick-Limit).** Anschließend gehen sie in ein Stadium über, das er als „Seneszenz" bezeichnete. Die Fibroblasten teilten sich auch nach Subkultivierung und Stimulation mit Wachstumsfaktoren nicht weiter (▮ Abb. 1). Seneszente Zellen befinden sich nach heutigem Verständnis in einem tiefen $G_0$-Stadium des Zellzyklus, aus dem sie nicht wieder entkommen können. Hayflick beobachtete, dass dieser Zustand mit der **Verkürzung der Telomere** in den entsprechenden Zellen zusammenhängt. Die Telomere können also gewissermaßen als „Sanduhr" der Zelle angesehen werden, die das Alter einer Zelle fortwährend „misst" und ab einem bestimmten Zeitpunkt weitere Zellteilungen verhindert.

## Telomere

### Funktion

Die Telomere als spezialisierte Strukturen an den Chromosomenenden haben folgende Funktionen:

- ▶ Schutz vor Ligation (Verknüpfung) der Enden verschiedener Chromosomen
- ▶ Verhinderung des Zellzyklusarrests durch freie DNA-Enden
- ▶ Verhinderung des Verlusts codierender DNA-Abschnitte an den Chromosomenenden während der DNA-Replikation.

Normalerweise werden entstehende freie DNA-Enden (z. B. Doppelstrangbrüche, s. S. 58/59) im Zellkern durch die Komponenten der DNA-Reparaturmaschinerie zusammengefügt (Ligation) und der Zellzyklus hierfür angehalten. Dies muss an den natürlichen Chromosomenenden unterbleiben, um die Integrität der einzelnen Chromosomen zu bewahren. Während der DNA-Replikation verkürzen sich die 5'-Enden der DNA-Moleküle in jeder Replikationsrunde um ca. 200 – 300 bp, da nach Entfernung der endständigen RNA-Primer hier Lücken zurückbleiben, die nicht durch die DNA-Polymerase aufgefüllt werden können (die DNA-Polymerasen synthetisieren nur in 5'-3'-Richtung, ▮ Abb. 2B). Um dem Verlust von codierenden DNA-Abschnitten vorzubeugen, besitzen Chromosomen an ihren Telomeren repetitive nichtcodierende DNA-Sequenzen (TTAGGG als sich immer wiederholendes Sequenzmotiv), die durch ein spezielles Enzym, die **Telomerase,** synthetisiert werden.

### Telomerase

Die repetitiven DNA-Sequenzen der Telomere sind durchschnittlich 5 – 15 kb lang und bestehen aus einem doppelsträngigen DNA-Abschnitt, an den sich ein kurzer Einzelstrang (entspricht dem 3'-Ende) anschließt. Sie werden durch ein spezielles Enzym, die Telomerase, synthetisiert. Diese besteht aus mehreren Proteinuntereinheiten (u. a. **hTERT**) und einem RNA-Molekül **(hTR),** welches als Matrize zur Synthese der Telomersequenz TTAGGG dient. Die hTERT-Untereinheit der Telomerase besitzt als **reverse Transkriptase** die Fähigkeit, RNA-Sequenzen in DNA umzuschreiben. Der von der Telomerase synthetisierte Einzelstrang wird auch als **G-reicher Strang** bezeichnet, da er besonders viele Guaninnukleotide enthält. Am äußersten Ende des Chromosoms entsteht ein 3'-Überhang aus ca. 30 bp, der eine Schleifenstruktur mit upstream gelegenen DNA-Abschnitten ausbildet (s. u.). Die Telomerase wird nur in denjenigen Geweben exprimiert, in denen einzelne Zellen sich theoretisch unendlich oft teilen müssen. Hierzu zählen Stammzellen, einzelne Gewebe mit hohem Zellumsatz (z. B. Darm, Haut) und die Vorläufer der Spermien. Tumorzellen erlangen häufig während der Tumorgenese die Fähigkeit zur Telomeraseexpression, was sie (theoretisch) unsterblich macht (s. S. 96/97). Zudem umgehen manche Tumoren die Notwendigkeit der Telomeraseexpression durch einen alternativen Mechanismus der Telomerverlängerung (*engl.* **Alternative lengthening of telomers, ALT**).

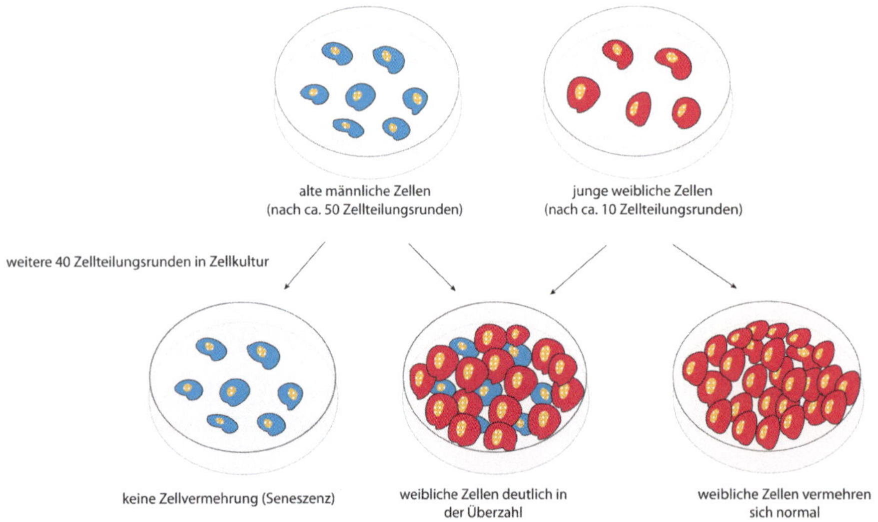


▮ Abb. 1: Beobachtung von Seneszenz in der Zellkultur von Fibroblasten. Menschliche Zellen können sich auch in Zellkultur nur bis zu einem gewissen „Alter" teilen. [5]

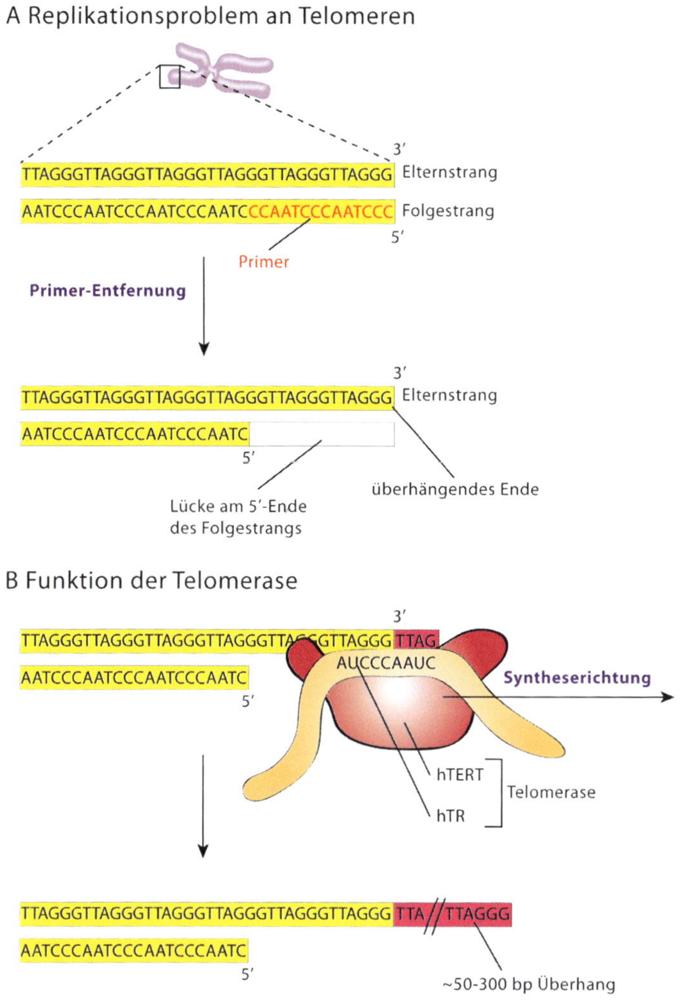


▮ Abb. 2: Besonderheiten der DNA-Replikation an Telomeren. Verkürzung der Telomere bei der DNA-Replikation (A). Die Telomerase verlängert das 3'-Ende der Telomer-DNA, indem sie ihre RNA-Untereinheit (hTR) als Matrize verwendet (B). [5]

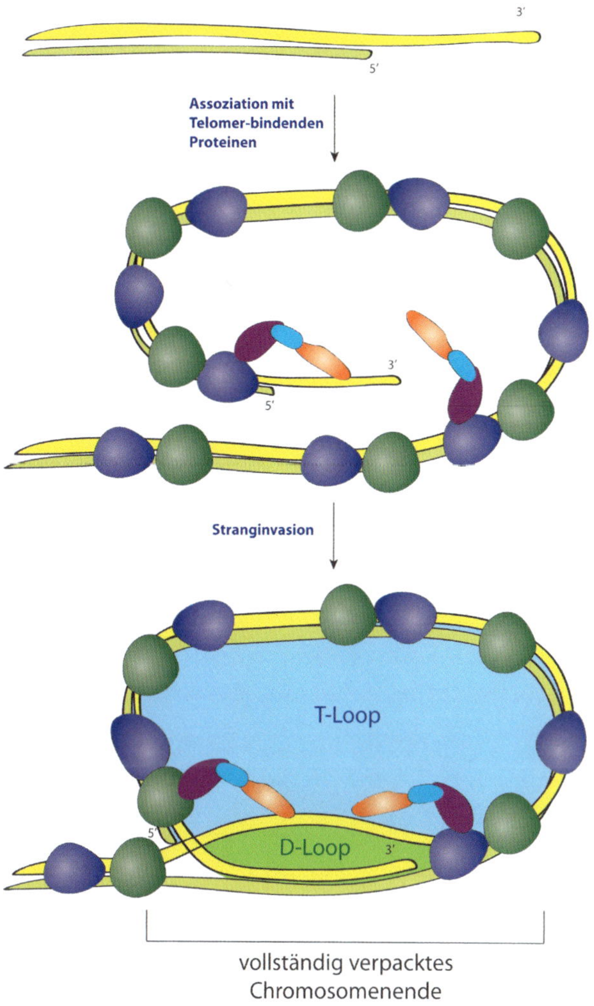


▮ Abb. 3: Struktur eines Telomers. Beachte die Ausbildung der typischen Schleifenstruktur durch Basenpaarung des G-reichen Strangs mit upstream gelegenen DNA-Abschnitten. [5]

Erst die Expression von Telomerase versetzt viele Tumorzellen in die Lage, sich beliebig oft zu teilen. Telomere sind also auch ein Schutzmechanismus des Körpers, um zu verhindern, dass aus einer entarteten Zelle eine große Tumorzellmasse entsteht.

## Struktur der Telomere

Telomere bestehen aus einer speziellen Schleifenstruktur der DNA **(Telomerloop, T-Loop)**, die durch Basenpaarungen zwischen dem G-reichen Strang und upstream gelegenen Abschnitten des Gegenstrangs ausgebildet wird (▮ Abb. 3). An dieser Stelle werden die eigentlichen Wasserstoffbrückenbindungen der DNA-Doppelhelix voneinander getrennt, weshalb eine sog. **Displacement-loop (D-Loop)** entsteht. Assoziierte Proteine stabilisieren diese Struktur und regulieren die Länge der Telomere. Die Erkennungsproteine der **DNA-Reperatursysteme** (z. B. Ku-Komplex, MRN-Komplex oder ATM) assoziieren mit Telomeren und verhindern dort die Fusion mit anderen Chromosomenenden. Man nimmt an, dass das Fehlen des in der T-Loop versteckten 3'-Endes wichtig dafür ist, dass keine Ligation eines Telomers mit anderen Telomeren analog zur Reparatur von DNA-Doppelstrangbrüchen stattfindet.

### Zusammenfassung

Telomere bilden an den Enden der Chromosomen spezifische Schutzkappen, welche die Fusion unterschiedlicher Chromosomen an ihren Enden verhindern. Ihre repetitiven DNA-Sequenzen werden durch eine reverse Transkriptase, die Telomerase, synthetisiert. Sie wird nur in Stammzellen, Geweben mit hohem Zellumsatz und einigen Tumorzellen exprimiert. Verkürzen sich die Telomere einer Zelle so stark, dass die Integrität codierender DNA-Abschnitte gefährdet ist, geht die Zelle in ein Stadium der Seneszenz über, in dem sie sich nicht mehr weiter teilen kann.

# Proteinfaltung

Nach der Synthese eines Proteins, muss es seine korrekte **räumliche Struktur** annehmen, um funktionsfähig zu werden. Diese Struktur wird durch die Aminosäuresequenz (Primärstruktur) einer Peptidkette determiniert. Die Faltung von Proteinen findet durch intra- und – bei multimeren Proteinen – intermolekulare Wechselwirkungen spontan statt. Sie wird in vielen Fällen durch spezielle Proteine, die **Chaperone,** erleichtert. Wenn Proteine sich (z. B. aufgrund von Mutationen oder des Alters) fehlerhaft falten, lagern sich hydrophobe Proteinanteile aneinander. So entstehen unlösliche Proteinaggregate in der Zelle.

## Spontane Proteinfaltung

Noch während der Translation an den Ribosomen beginnt sich die aus dem Ribosomentunnel herausragende N-terminale Peptidkette durch intramolekulare Wechselwirkungen zu Sekundär- und Tertiärstrukturmotiven (s. S. 6/7) im Raum zu falten. Proteine nehmen in der Zelle stets die räumliche Konformation an, bei der sie voll funktionsfähig sind. Obwohl dieser Faltungsprozess scheinbar energetisch ungünstig ist, läuft er prinzipiell spontan ab. Hierbei spielen schwache **hydrophobe Wechselwirkungen** eine bedeutende Rolle. Sie führen dazu, dass sich unpolare Proteinoberflächen aneinanderlagern und dadurch die umgebenden polaren Wassermoleküle verdrängen (**hydrophober Effekt,** ▮ Abb. 1). Dies erhöht die **Entropie** (energetisches Maß der Unordnung) des umgebenden Wassers, da sich nun mehr Wassermoleküle frei in Lösung befinden. Zudem wird bei der Knüpfung der zahlreichen hydrophoben Wechselwirkungen zwischen den Atomen des Proteins Energie frei. Insgesamt handelt es sich bei der Proteinfaltung also um einen thermodynamisch begünstigten und daher spontan ablaufenden Prozess.

## Chaperone

Nicht immer läuft der Faltungsprozess problemfrei ab. Auf dem Weg zu einem korrekt gefalteten Protein durchläuft eine Peptidkette zahlreiche nichtfunktionelle Zustände, in denen sie eine relativ stabile Konformation aufweist. Aus diesen Zuständen werden viele Proteine mithilfe von Faltungshelferproteinen (Chaperone) befreit. Sie erkennen die nicht korrekt gefalteten Proteine an offenliegenden hydrophoben Bereichen, binden an diese und versetzen sie wieder in die Lage, sich korrekt zu falten. Dieser **Chaperonzyklus** ist **ATP-abhängig** und kann mehrfach durchlaufen werden (▮ Abb. 2). Chaperone werden v. a. bei zellulärem Stress (z. B. im Rahmen der Unfolded protein response, s. S. 18/19) vermehrt exprimiert. Da dieser Zustand experimentell durch Hitzeeinwirkung ausgelöst werden kann, bezeichnet man einige Chaperone auch als **Hitzeschock-Proteine (Hsp).** Prinzipiell werden Chaperone (freie Proteinmoleküle) von Chaperoninen (fassartige Hohlzylinder) unterschieden.

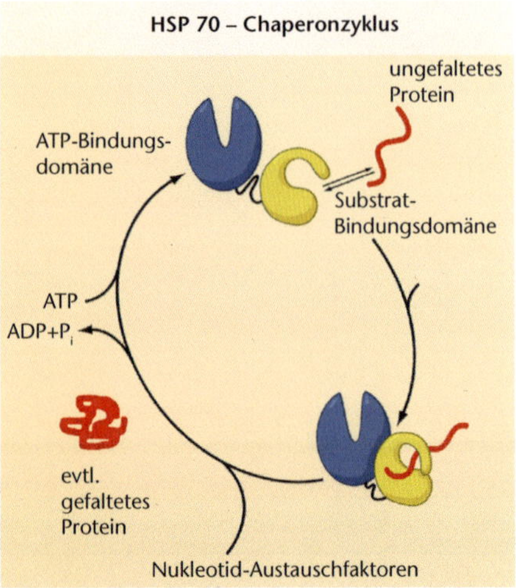


▮ Abb. 2: Chaperonzyklus am Beispiel des Chaperons Hsp70. [32]

### Chaperonfamilien

**Hsp90** ist ein Chaperon, welches Steroidhormon-Rezeptoren in einer „offenen“ Konformation hält, sodass diese ihre hydrophoben Liganden binden können (s. S. 90/91). Die **Hsp70-Chaperonfamilie** ist in humanen Zellen weit verbreitet. **Hsp70** arbeitet zusammen mit dem Chaperon **Hsp40,** das ungefaltete Peptidabschnitte Hsp70 zuführt, welches deren Faltung ATP-abhängig cotranslational unterstützt. Das Chaperon **BiP** gehört ebenfalls zur Hsp70-Familie. Es bindet ins endoplasmatische Retikulum synthetisierte Proteine, die noch nicht ihre endgültige räumliche Struktur eingenommen haben.
Des Weiteren kommen im ER die calciumabhängigen Chaperone **Calnexin** und **Calreticulin** vor. Sie halten fehlgefaltete Proteine im ER zurück, bis diese ihre funktionelle Konformation ausgebildet haben. Dabei binden sie Kohlenhydratseitenketten von sekretorischen Proteine. Sie zählen damit zur Gruppe der **Lektine** (s. u.).

### Chaperonine

Chaperonine sind kleine **fassartige Proteinkomplexe,** welche posttranslational ungefaltete Proteine in ihrem Inneren von störenden Interaktionen mit anderen Molekülen der Zelle abgrenzen und bei der Faltung unterstützen. Hierzu besitzen sie einen „Deckel“ und eine ATPase-Aktivität.

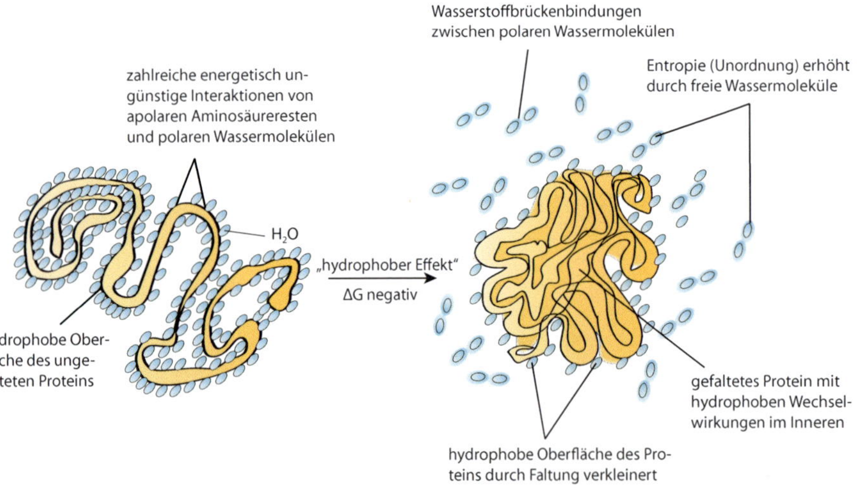


▮ Abb. 1: Hydrophober Effekt bei der Proteinfaltung. [5]

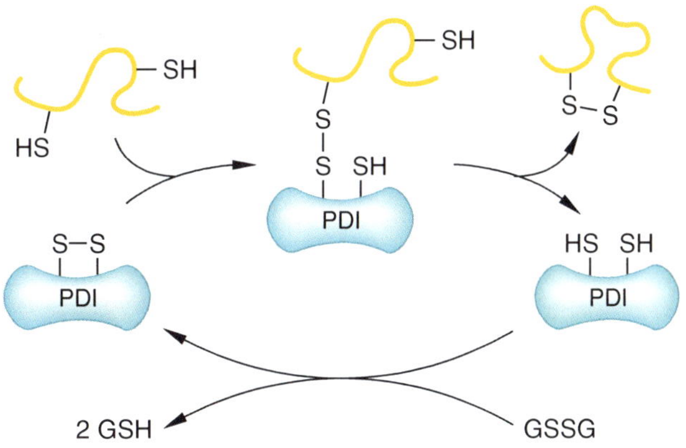


Abb. 3: Wirkungsmechanismus von PDI (Proteindisulfid-Isomerase). GSH = Glutathion, GSSG = Glutathiondisulfid. [1]

## Weitere Faltungshelfer

### Glykoprotein-Glykosyltransferasen

Die Interaktion fehlgefalteter Proteine des endoplasmatischen Retikulums mit Chaperonen wird durch die **UDP-Glucose-Glykoprotein-Glykosyltransferase** induziert. Dieses Enzym überträgt Glucosemoleküle auf Kohlenhydratseitenketten von neu synthetisierten sekretorischen Proteinen des ER, die noch nicht korrekt gefaltet sind. Die **Lektine** Calnexin und Calreticulin erkennen diese Glucosereste, binden an sie und verhindern so den anterograden Transport unreifer Proteine aus dem ER in Richtung Golgi-Apparat.

### Proteindisulfid-Isomerasen und Peptidyl-Prolyl-cis/trans-Isomerasen

Ein weiteres Faltungshelferprotein ist die **Proteindisulfid-Isomerase** (PDI). Sie besitzt zwei SH-Gruppen, die mit freien SH-Gruppen ungefalteter Proteine interagieren und so die Ausbildung der gewünschten **Disulfidbrücken** innerhalb des Proteins sicherstellen. Liegt PDI im reduzierten Zustand als Disulfid vor, kann es durch **Glutathiondisulfid** (GSSG) regeneriert werden (Abb. 3). Glutathion ist ein atypisches Tripeptid mit einem Cysteinrest. Bei der **Peptidyl-Prolyl-cis/trans-Isomerase** handelt es sich ebenfalls um ein Faltungshelferprotein, das Peptidbindungen zwischen einer beliebigen Aminosäure und Prolin **isomerisiert,** um so die optimale Konformation für die Faltung des Proteins sicherzustellen.

## Fehlfaltung und ihre Folgen

Viele falsch gefaltete Proteine führen zu zellulärem Stress durch Akkumulation und Bildung unlöslicher **Proteinaggregate** in der Zelle. Diese Proteinaggregate bestehen häufig aus vielen Lagen von β-Faltblättern (Abb. 4A). Sie sind mikroskopisch sichtbar und werden auch als **Amyloid** bezeichnet. Als Antwort auf die Aggregation von Proteinen kommt es in der Zelle zur vermehrten Expression von Chaperonen und Komponenten des Ubiquitin-Proteasom-Systems (s. S. 72/73). Die zellulären **Proteasomen** sind hochmolekulare Shredder-Komplexe mit Proteaseaktivität, welche eine zentrale Rolle beim Proteinabbau in der Zelle spielen.

### Neurodegenerative Erkrankungen

Zahlreiche pathologische Prozesse des menschlichen Körpers basieren auf der Aggregation von Proteinen. Insbesondere bei neurodegenerativen Erkrankungen (z. B. Morbus Parkinson, Chorea Huntington, Prionerkrankungen, Morbus Alzheimer) lassen sich diese Amyloidfibrillen (Abb. 4B) nachweisen.

A

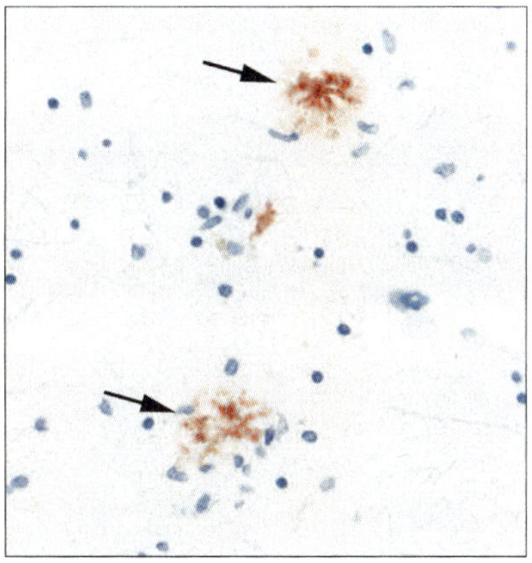
B

Abb. 4: Amyloidbildung

A) Amyloidfibrille aus zahlreichen nebeneinander gelagerten β-Faltblättern. [5/33]

B) Immunhistochemischer Nachweis von A-β-Amyloid-Plaques als typische Proteinaggregate im Gehirn von Alzheimer-Patienten. [34]

**Zusammenfassung**

Die Faltung einer Peptidkette in ein funktionsfähiges Protein ist zu weiten Teilen ein spontaner Prozess. Er wird durch Chaperone, Chaperonine und weitere Faltungshelferproteine unterstützt. Fehlgefaltete Proteine bilden durch hydrophobe Interaktionen unlösliche Amyloidfibrillen, welche u. a. bei neurodegenerativen Erkrankungen nachweisbar sind.

# Proteintransport und zelluläres Membransystem

## Überblick

Der Transport vieler zellulärer Proteine ist über den vesikulären Transport (*engl.* **Vesicular trafficking**) eng mit der Dynamik zwischen den einzelnen Komponenten des **intrazellulären Membransystems** (ER, Golgi, Trans-Golgi-Netzwerk, endolysosomales Kompartiment) verbunden (▮ Abb. 1).

### Proteintransport

Proteine spielen eine Schlüsselrolle im Leben einer Zelle. Jedes Zellorganell muss mit einer ganzen Reihe unterschiedlicher Proteine versorgt werden, die für seine Funktion notwendig sind. Die Lokalisation von Proteinen im Zellinneren wird häufig durch einen bestimmten Abschnitt der Aminosäuresequenz, eine sog. **Lokalisationssequenz,** oder bestimmte **Kohlenhydratstrukturen** bestimmt. Die Proteine des Zellkerns und der Peroxisomen sowie die meisten Proteine der Mitochondrien werden **im Zytosol an löslichen Ribosomen** translatiert und (evtl. an Chaperone gebunden) in diese Organellen transportiert (Kerntransport: s. S. 66/67, mitochondrialer Proteinimport: s. S. 20/21). Die Synthese von sekretorischen Proteinen, lysosomalen Proteinen und Proteinen der Zellmembran findet am **rauen endoplasmatischen Retikulum** statt. Diese Proteine werden zumeist im Inneren oder in der Membran von Vesikeln transportiert.

### Zelluläres Membransystem

Membranvesikel dienen nicht nur dem Transport von Proteinen, sondern liefern den Komponenten des zellulären Membransystems auch Nachschub an Membranlipiden. Sie ermöglichen sowohl den Transport über den Golgi-Apparat in Richtung Zellperipherie **(anterograder Transport, exozytotischer Pathway)** als auch den Rücktransport etwa aus Endosomen zum endoplasmatischen Retikulum **(retrograder Transport, endozytotischer Pathway).** Häufig dienen Mikrotubuli oder Aktinfilamente den Vesikeln als „Transportstraßen". Motorproteine koppeln die vesikuläre Fracht (*engl.* **Cargo**) an diese Zytoskelettfilamente (s. S. 34/35). Vesikel ermöglichen einer Zelle, ihren Inhalt vor der Fusion mit dem Zielkompartiment in einer abgeschlossenen Umgebung zu synthetisieren bzw. zu modifizieren. Zudem erlauben sie sekretorischen Zellen die regulierte Freisetzung von Proteinen als Antwort auf extrazelluläre Stimuli.

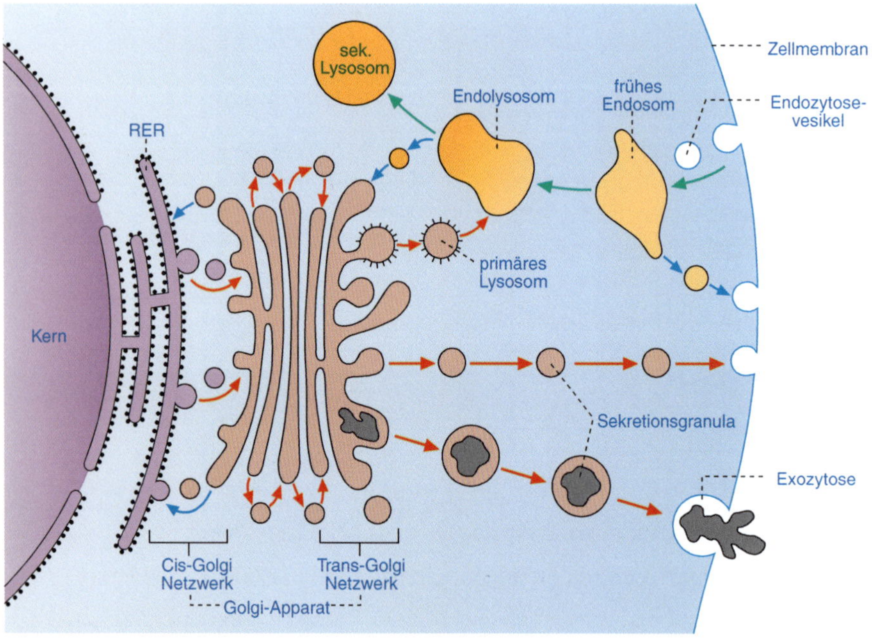


▮ Abb. 1: Darstellung vesikulärer Transportvorgänge zwischen den Komponenten des zellulären Membransystems. Endozytotischer Pathway = grün, blau; exozytotischer Pathway = rot. [21]

## Vesikulärer Transport

### Aufbau von Membranvesikeln

Membranumschlossene Vesikel bestehen nach ihrer Abknospung von einem Donorkompartiment aus einer starren **Proteinhülle** (*engl.* **Coat**), welche die Vesikelmembran umgibt. Diese Hülle ermöglicht das Abknospen des Vesikels. Bestimmte **Rezeptoren** oder **Lipide** der Vesikelmembran rekrutieren Proteine als Fracht ins Innere bzw. in die Membran des Vesikels. **Kleine G-Proteine** der Arf-Familie (z. B. Arf1, Sar1) binden in Gegenwart von GTP über Myristoylreste an Vesikelmembranen. Sie kontrollieren die Rekrutierung von Proteinen an selbige. Kleine GTPasen der Rab-Familie wiederum steuern das Andocken und die Fusion von Vesikeln mit Zielmembranen. Hierfür besitzen beide fusionierende Membranen sog. **SNARE-Proteine** (*engl.* Soluble N-ethylmaleimide-sensitive factor attachment receptor), die über lange Coiled-coiled-Domänen miteinander interagieren. Durch eine unterschiedliche Ausstattung der einzelnen Zellkompartimente mit diesen Grundkomponenten wird ein gerichteter und organisierter Vesikeltransport ermöglicht.

### Vesikelknospung

Die Abknospung eines Vesikels (▮ Abb. 2) von einem Donorkompartiment erfolgt in einer typischen Reaktionsfolge:

1. Aktivierung von kleinen G-Proteinen durch GTP-Bindung (s. S. 82/83)
2. Rekrutierung von Hüllproteinen und Rezeptorproteinen
3. Rekrutierung der Proteinfracht durch ihre Interaktion mit Rezeptoren oder Lipiddomänen der Vesikelmembran
4. Oligomerisierung der Hüllproteine zu einer starren Hüllstruktur (ähnlich einem Käfig)
5. Vesikelknospung
6. Hydrolyse des GTP der kleinen G-Proteine
7. Abstoßung der Hüllkomplexe und Freilegung der SNARE-Komplexe.

Für verschiedene Transportrouten in der Zelle werden unterschiedliche Hüllproteine verwendet (▮ Tab. 1).

| Hüllprotein | Transportroute |
|---|---|
| Clathrin | Golgi → Zellmembran<br>Golgi → Lysosomen<br>Zellmembran → Golgi |
| COPII | ER → Golgi |
| COPI | Golgi → ER |

Tab. 1: Hüllproteine von Vesikeln.

Die Zusammensetzung der Hüllproteine gibt Auskunft über die Transportrichtung eines Vesikels.

## Vesikelfusion

Die Fusion von Vesikeln mit Zielmembranen wird über bestimmte Transmembranproteine, sog. SNARE-Proteine, ermöglicht. Diese sind mit langen α-Helices ausgestattet, über die sie miteinander Coiled-coiled-Strukturen ausbilden können. Der dabei entstehende **Trans-SNARE-Komplex** besteht aus einem vesikulären SNARE **(v-SNARE)** und drei SNARE-Proteinen der Zielmembran (**t-SNARE,** für Target-SNARE). Die Umeinanderwindung der Coiled-coiled-Domänen nähert schließlich die beiden Membranen so weit einander an, dass diese fusionieren. Die selektive Ausstattung von Vesikeln mit verschiedenen SNARE-Proteinen liefert einen wichtigen Beitrag zur Zielsteuerung des vesikulären Transports. Auch die Vesikelfusion läuft in einer regulierten Reaktionsfolge ab (▌Abb. 3):

1. Priming des Vesikels (Entwindung eines Komplexes aus v-SNARE-Proteinen)
2. Annäherung an die Zellmembran über Proteininteraktionen
3. Ausbildung eines Trans-SNARE-Komplexes
4. Hydrolyse von RabGTP in RabGDP
5. Fusion
6. Auflösung des Trans-SNARE-Komplexes ATP-abhängig durch NSF.

## Mannose-6-phosphat als Leitsubstanz

Proteine, die Mannose-6-phosphat als endständigen Glykosylrest tragen, werden im anterograden Transport vom Trans-Golgi-Netzwerk zu den **Lysosomen** transportiert. Sie werden durch spezifische Mannose-6-phosphat-Rezeptoren der Golgi-Membranen gebunden und in clathrinumhüllte Vesikel verpackt. Diese fusionieren zunächst mit frühen Endosomen. Von dort gelangen sie schließlich in die Lysosomen. Zu den auf diesem Weg transportierten Proteinen gehört v. a. die große Gruppe der lysosomalen Hydrolasen.

Mannose-6-phosphat ist ein Lokalisationssignal für den vesikulären Transport eines Proteins in Lysosomen.

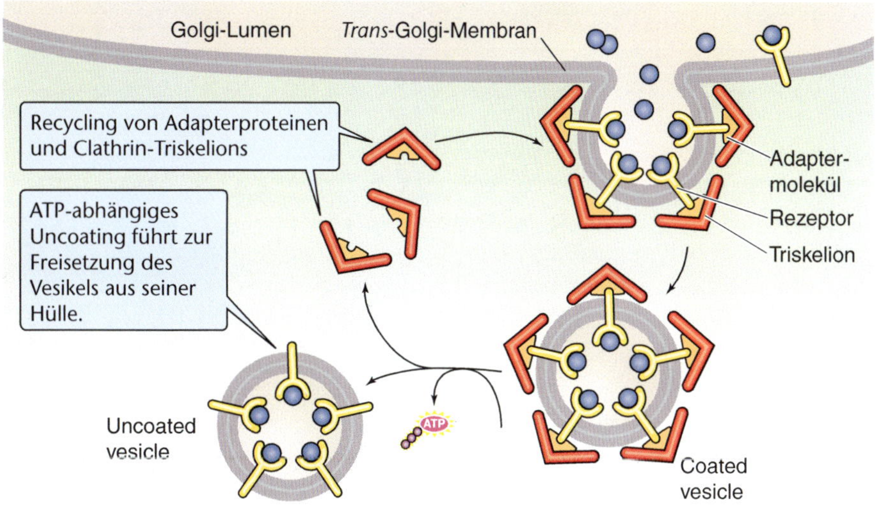


Abb. 2: Formierung von clathrinumhüllten Vesikeln aus einem Donor-Kompartiment (Knospung). [17]

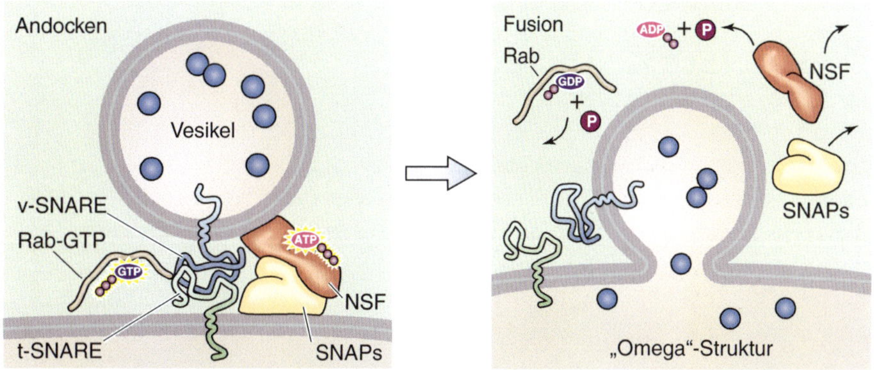


Abb. 3: Fusion eines Vesikels mit einer Zielmembran. [17]

## Zusammenfassung

Proteine werden in der Zelle durch spezifische Lokalisationssequenzen oder Kohlenhydratmodifikationen an ihre Wirkungsstätte gebracht. Sowohl Proteine als auch Lipide werden mithilfe von Vesikeln zwischen den Komponenten des zellulären Membransystems transportiert. Die Abknospung von Vesikeln aus einem Donor-Kompartiment und ihre Fusion mit Zielmembranen sind komplexe Vorgänge. An diesen sind u. a. spezifische Hüllproteine, Rezeptoren, kleine GTPasen sowie SNARE-Proteine beteiligt.

# Kerntransport

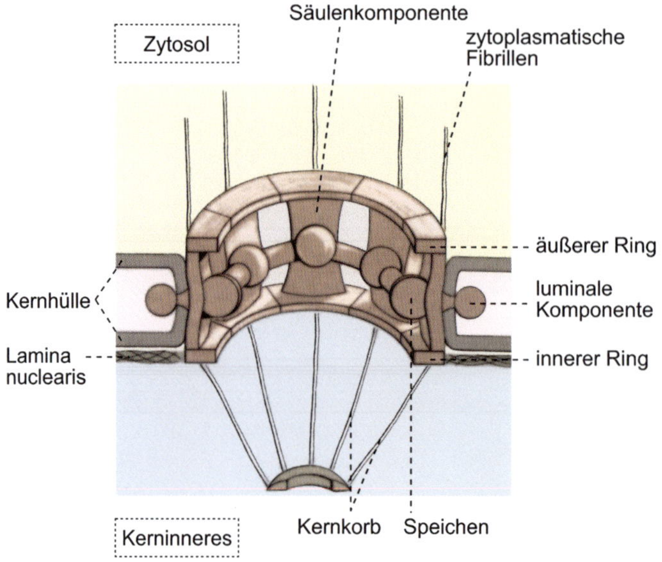


▌Abb. 1: Aufbau eines Kernporenkomplexes. Beachte die Überbrückung des periplasmatischen Raums (zwischen den beiden Membranen der Kernhülle) sowie den komplizierten strukturellen Aufbau dieses Multiproteinkomplexes. [13]

Eukaryotische Organismen zeichnen sich durch einen Zellkern als abgegrenztes Kompartiment aus, in dem sich die DNA befindet. Der Zellkern wird von einer Doppelmembran, der **Kernhülle,** umgeben. Sie grenzt seinen Innenraum (Karyoplasma) vom Zytoplasma einer Zelle ab. Die Kernhülle ermöglicht den **Import** und **Export** von Proteinen (z. B. Histonproteine, Transkriptionsfaktoren, Ribosomenproteine), Nukleinsäuren (v. a. RNA-Moleküle) und Ribonukleoproteinen (Ribosomenuntereinheiten).

Die Möglichkeit des bidirektionalen Transports unterscheidet die Transportmechanismen der Kernmembran von denen anderer zellulärer Kompartimente. Im endoplasmatischen Retikulum etwa wird die Signalsequenz eines sekretorischen Proteins abgespalten, sodass dieses im Normalfall nicht wieder zurück in das Zytosol gelangen kann. Proteine, die für den Zellkern bestimmt sind, besitzen ebenfalls eine Signalsequenz, das sog. **nukleäre Lokalisationssignal (NLS).** Es sind verschiedene NLS-Sequenzen bekannt, die sich durch weitgehend basische Aminosäuresequenzen auszeichnen. Für den Import in den Nukleolus existieren weniger genau definierte **nukleoläre Lokalisationssequenzen.**

Lokalisationssequenzen bleiben während des Imports eines Proteins erhalten, sodass dieses nach einem möglichen Export aus dem Zellkern sofort wieder hineintransportiert werden kann. Proteine, die aus dem Kern exportiert werden sollen, weisen **nukleäre Exportsequenzen (NES)** auf. Bestimmte RNA-Sequenzen scheinen ebenfalls als NES zu fungieren. In der Kernhülle sind ca. 4000 hochmolekulare **Kernporenkomplexe** (▌Abb. 1) eingelagert. Dies sind offene Poren, die von Ionen, Stoffwechselmetaboliten und kleineren Makromolekülen bis 60 kDa Größe per Diffusion durchquert werden können. Trotz dieser Tatsache stellt der Großteil des nukleären Im- und Exports (auch von Molekülen < 60 kDa) einen erleichterten Diffusionsvorgang (s. S. 16/17) dar. Ein nukleärer Korb sowie zytoplasmatische Filamente dienen der Assoziation von regulatorischen Proteinen der nukleären **Transportmaschinerie** an Kernporenkomplexe.

## Import in den Zellkern

Der Import von Proteinen in den Zellkern wird durch einen Mechanismus gesteuert, an dem die Schlüsselmoleküle **Ran, Importin** $\alpha$ und $\beta$ beteiligt sind. Zunächst bildet ein Substrat, welches in den Zellkern transportiert werden soll, einen Komplex mit Importin $\alpha$ und $\beta$. Dabei erkennen die Importin-Moleküle das nukleäre Lokalisationssignal des Substrats und binden dieses. Durch Interaktion von Importin $\beta$ mit einem Kernporenkomplex in der Kernhülle wird der Importkomplex in den Zellkern transportiert. Dort kommt es durch die Bindung von **RanGTP** an Importin $\beta$ zur Trennung des Komplexes aus Substrat, Importin $\alpha$ und $\beta$. Die Importine werden getrennt voneinander wieder in das Zytoplasma zurücktransportiert und können so wiederverwendet werden (ein Beispiel für **zelluläres Recycling,** ▌Abb. 2A).

## Funktion der Ran-GTPase

Ran gehört zur Proteinfamilie der **kleinen G-Proteine** (kleine GTPasen, s. S. 82/83). Die Konzentration von Ran-GTP im Zellkern ist wesentlich höher als im Zytoplasma. Dieser Konzentrationsgradient ist sowohl für den Im- als auch den Export sehr wichtig und muss deswegen stets von der Zelle aufrechterhalten werden. Hierfür existieren **Guaninnukleotid-Austauschfaktoren (GEF)** im Chromatin des Zellkerns sowie **GTPase-aktivierende Proteine (GAP)** an den zytoplasmatischen Fibern der Kernporenkomplexe. Die GEF tauschen gebundenes GDP der Ran-GTPase mit GTP aus. GAP stimulieren eine intrinsische GTPase-Aktivität von Ran. Auf diese Weise hydrolysiert es sein gebundenes GTP zu GDP und anorganischem Phosphat. Ran-GTP dissoziiert Importkomplexe, ist aber notwendig für die Formierung von Exportkomplexen. Ran-GDP wird durch ein Adapterprotein (NTF2) wieder in den Zellkern transportiert.

## Export aus dem Zellkern

### Export von Proteinen

Der Export von Proteinen aus dem Zellkern soll am Beispiel der Importine, welche nach ihrer Arbeit wieder aus dem Kern gebracht werden müssen, erläutert werden. Sie werden bei ihrem Export in das Zytoplasma von einem **nukleären Exportrezeptor,** der als **CAS** bezeichnet wird, gebunden. Für den Exportprozess muss dieser Rezeptor mit Ran-GTP aus dem Zellkern interagieren. Es entsteht somit ein trimerer Exportkomplex aus Importin, Ran-GTP und CAS. Nachdem der Komplex das Zytoplasma erreicht hat, wird durch ein GAP die Hydrolyse des GTP durch Ran stimuliert. Dies hat die Dissoziation des Exportkomplexes zur Folge. Interessanter-

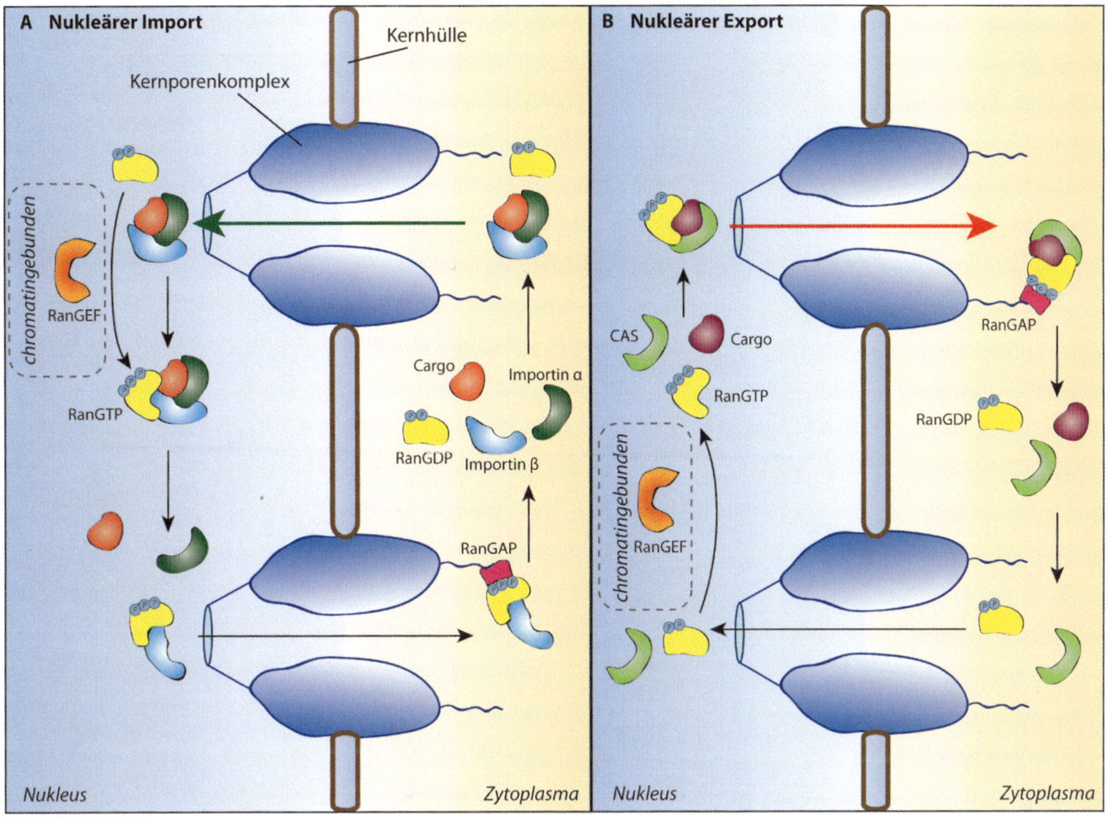


Abb. 2: Schematische Darstellung des Imports (A) und Exports (B) von Proteinen in bzw. aus dem Zellkern. [5]

weise benötigt der Import von CAS über die Porenkomplexe keine Cofaktoren und ist GTP-unabhängig (Abb. 2B).

> Ran-GTP dissoziiert im Zellkern Importkomplexe und stabilisiert Exportkomplexe. Diese zerfallen auf der zytoplasmatischen Seite der Kernporen durch die Aktivität eines Ran-GAP.

### Export von RNA

Da der Mechanismus des tRNA-Exports aus dem Zellkern sehr gut erforscht ist, wird dieser exemplarisch erläutert. Der Vorgang ähnelt dem des Exports von Importin. **Exportin-t** ist der Rezeptor der tRNA und erkennt spezifisch auch nur diese RNA-Form. Es bildet sich im Zellkern ein Komplex aus Exportin-t, Ran-GTP und einer tRNA. Dieser Komplex gelangt in das Zytoplasma und zerfällt dort in seine Einzelkomponenten. Ran-GTP bestimmt die Affinität von Exportin-t zu dem zu transportierenden Substrat. Im Zellkern ist die Affinität von Exportin-t zur tRNA hoch, im Zytoplasma hingegen niedrig. So kann das Substrat dort aus dem Komplex entlassen werden. Wichtig ist, dass Exportin-t zwischen **reifer** und **unreifer tRNA** unterscheiden kann. Eine Bindung findet erst mit reifer tRNA statt, sodass Exportin-t auch eine Art **Qualitätskontrolle der tRNA** durchführt.

## Regulation des Kerntransports

Zellen regulieren den Kerntransport auf verschiedenen Wegen. Hierzu zählen:

- Kontrolle der Anzahl an Kernporen
- Phosphorylierung von Proteinen in der Nähe von Lokalisationssequenzen
- Maskierung von Lokalisationssequenzen durch andere Proteindomänen.

## Zusammenfassung

Der Transport von Stoffen über die Kernmembran erfolgt durch die Kernporenkomplexe und wird durch bestimmte Rezeptoren, Adapterproteine und Ran gesteuert. Ran ist ein kleines G-Protein, das im Zellkern in seiner GTP-gebundenen Form vorliegt. Dort dissoziiert es Importkomplexe und stabilisiert Exportkomplexe.

# Proteinmodifikationen

Proteinmodifikationen bezeichnen meist enzymatisch katalysierte Veränderungen der molekularen Struktur von Proteinen. Diese Modifikationen beeinflussen die Stabilität und Funktionalität von Proteinen. Sie können transient erfolgen (z. B. Phosphorylierungen) oder dauerhaft bestehen bleiben (z. B. Glykosylierungen von sezernierten Proteinen). Zeitlich können sie co- oder posttranslational erfolgen. Die meisten **posttranslationalen Modifikationen** finden im Rahmen des exozytotischen Pathways im endoplasmatischen Retikulum oder Golgi-Apparat statt.

## Arten von Proteinmodifikationen

Zellen besitzen eine Vielzahl von Möglichkeiten, ihre Proteine molekular zu modifizieren. Eine Auswahl soll hier präsentiert werden:

- ▶ **Anfügen ganzer Moleküle:** Ubiquitinierung, Prenylierung, Glykosylierung, Anhängen von Fettsäureresten (z. B. Palmitoylierung), Anhängen von GPI-Ankern
- ▶ **Anfügen funktioneller Gruppen:** reversible Phosphorylierung, Hydroxylierung, Acetylierung, Methylierung, Sulfatierung
- ▶ **Quervernetzung:** Cystinbrücken, Isopeptidbindungen (z. B. Kollagen), Thioesterbindungen (z. B. Komplementsystem)
- ▶ **Veränderung von Aminosäuren:** γ-Carboxylierung von Glutamat (z. B. Gerinnungsfaktoren), Diphthamid (aus Histidin) in eEF2
- ▶ **Anhängen von prosthetischen Gruppen an Enzyme:** Häm, Biotin
- ▶ **Komplexierung von Ionen:** Hämoglobin ($Fe^{2+}$), Zink-Finger-Transkriptionsfaktoren ($Zn^{2+}$)
- ▶ **Entfernen von Aminosäuren:** limitierte Proteolyse (Prohormon-Konvertasen, Gerinnungskaskade, Komplementkaskade, Apoptose), Entfernung des N-terminalen Methionins durch eine Methionylaminopeptidase, Abspaltung des Signalpeptids im ER.

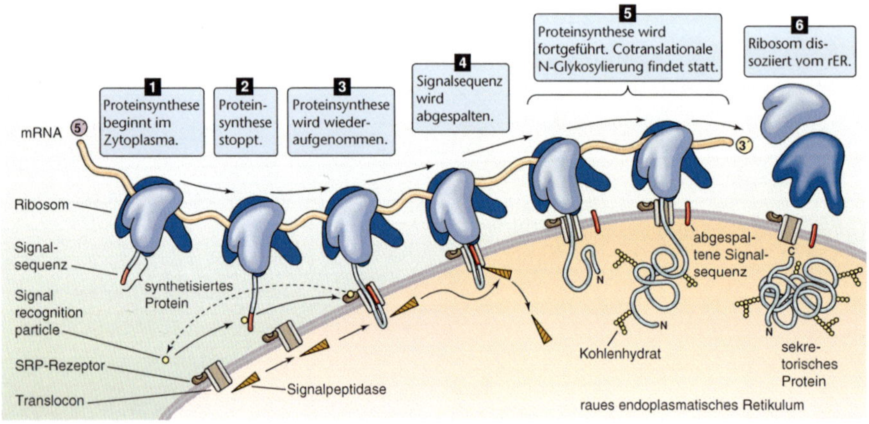


▌Abb. 1: Cotranslationale Translokation eines Proteins ins ER. [17]

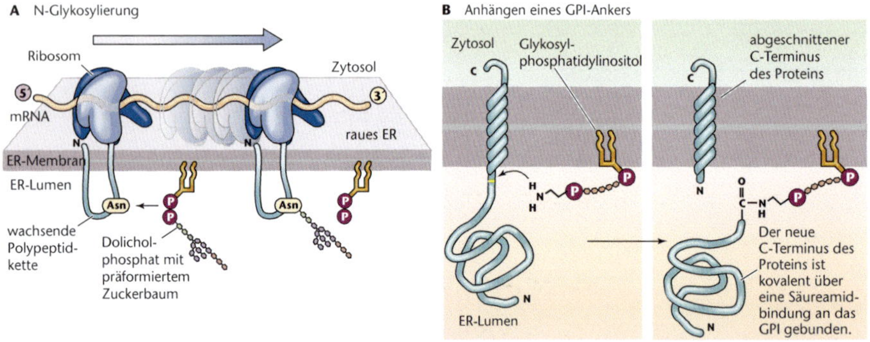


▌Abb. 2: Cotranslationale N-Glykosylierung von Proteinen im ER (A) und Anhängen eines GPI-Ankers an ein Protein (B). [17]

## Proteinmodifikationen im exozytotischen Pathway

### Der Weg eines Proteins zum endoplasmatischen Retikulum

Proteine, welche am rauen endoplasmatischen Retikulum synthetisiert werden, besitzen eine spezifische **N-terminale Aminosäuresequenz.** Auf diese Weise gelangen sie in den exozytotischen Pathway. Die Signalsequenz wird während der Proteinbiosynthese am Ribosom von einem sog. **SRP** (*engl.* Signal recognition particle) gebunden (▌Abb. 1). Der SRP besteht aus RNA- und Proteinkomponenten. Nach SRP-Assoziation sistiert die Proteinbiosynthese. Der Komplex wandert an das endoplasmatische Retikulum, wo er an Rezeptoren in der Nähe von **Translokons** bindet. Hierbei handelt es sich um einen spezialisierten Membrankanal, durch den die wachsende Proteinkette ins ER hineinsynthetisiert wird **(cotranslationale Translokation).** Das Ribosom sitzt dabei auf der zytoplasmatischen Oberfläche der ER-Membran. Der SRP löst sich nach Bindung an seinem Rezeptor von der Peptidkette ab und die Proteinbiosynthese wird fortgesetzt. Im endoplasmatischen Retikulum wird die Signalsequenz cotranslational von einer **Signalpeptidase** abgespalten. Erst nachdem die Signalsequenz abgespalten ist, sind weitere chemische Modifikationen am Protein möglich.

### Proteinmodifikationen im ER

Durch **Oligosaccharidtransferasen** werden bereits cotranslational Oligosaccharide auf Proteine des ER übertragen. Die Übertragung erfolgt i. d. R. auf den Amidstickstoff eines **Asparagins.** Es handelt sich also um eine **N-Glykosylierung.** Der verwendete Saccharidrest stammt von einem Membranlipid, dem **Dolicholphosphat,** ab (▌Abb. 2A). Um eine stabile Verankerung von Oberflächenmolekülen in der Zellmembran zu erreichen, können posttranslational **GPI-Anker** auf den C-Terminus von Proteinen übertragen werden (s. S. 14/15). Die Reaktion wird durch das Enzym **GPI-Transamidase,** das sich im endoplasmatischen Retikulum befindet, ermöglicht (▌Abb. 2B).

> Im ER findet die N-Glykosylierung von Proteinen an Asparaginresten statt. Es wird ein ganzer Zuckerbaum von einem Isoprenoid, dem Dolicholphosphat, übertragen.

## Posttranslationale Modifikationen im Golgi-Apparat

Auch im Golgi-Apparat können Proteine kovalent mit **Lipidankern** verbunden werden. Die Reaktionen werden durch spezifische Enzyme katalysiert. Bei den Lipiden handelt es sich typischerweise um **Isoprene (Prenylierung)** oder **gesättigte Fettsäuren (z. B. Palmitoylierung).** Weitere Kohlenhydratseitenketten werden an Aminosäurereste angehängt oder bestehende modifiziert (▌Abb. 3). Im Golgi-Apparat werden primär **O-Glykosylierungen** durchgeführt. Aktivierte Monosaccharide (UDP-Zucker) werden dabei an Hydroxylgruppen der Aminosäuren Serin und Threonin angehängt. In dem Organell können an Kohlenhydratseitenketten der Glykoproteine oder der Aminosäure Tyrosin **Sulfatgruppen** angehängt werden. Dies findet typischerweise bei Proteinen der extrazellulären Matrix (Proteoglykanen) statt. Die Sulfatgruppen stammen von einer aktivierten Form des Sulfats, dem PAPS (Phosphoadenosinphosphosulfat). Im Golgi-Apparat von Vorläufern roter Blutzellen befinden sich auch Glykosyltransferasen, welche die **Blutgruppenantigene** des AB0-Systems übertragen. Hierbei werden an Glykolipide und Glykoproteine, je nach genetischer Determination, entweder N-Acetylglucosamin (A-Antigen) oder Galaktose (B-Antigen) angehängt.

## Posttranslationale Modifikationen nach Verlassen des Golgi-Apparats

Nach Ablösung vom Trans-Golgi-Netzwerk befinden sich bestimmte Proteine, z. B. Insulin, in einer **Vorläuferform** (Prohormone). Durch **Abspaltung** eines Fragments (sog. C-Peptid) des Proinsulins durch **Prohormon-Konvertasen** wird dieses in sekretorischen Granula aktiviert. So entsteht das fertige Insulin, das bei einem Anstieg des Blutzuckerspiegels ins Blut sezerniert wird. Der Vorgang der kontrollierten Abspaltung eines Teils von Proteinen wird als **limitierte Proteolyse** bezeichnet.

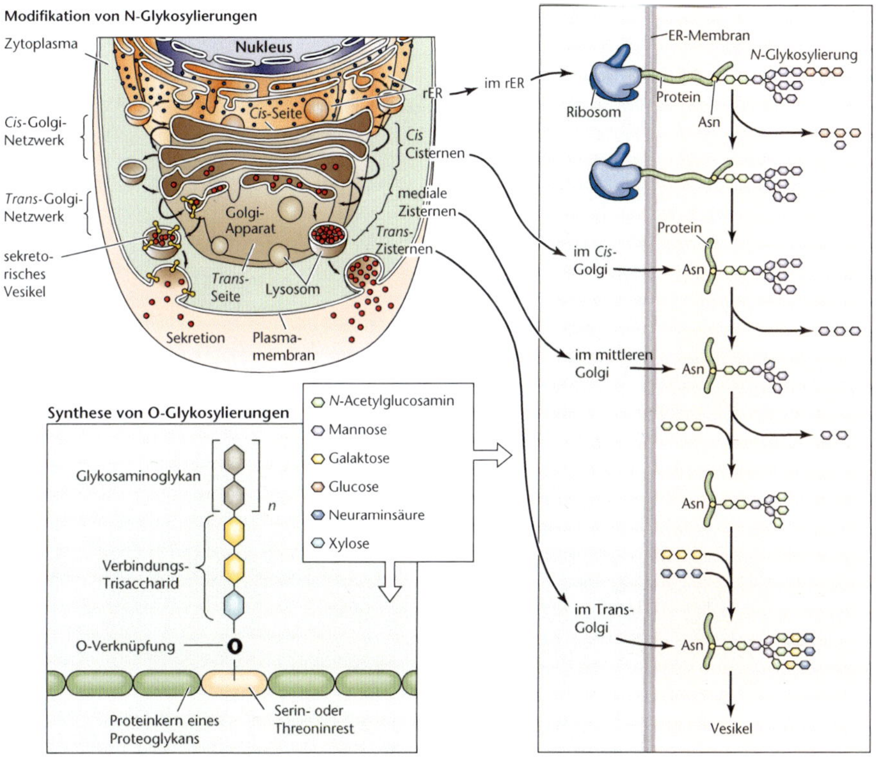


▌Abb. 3: Modifikation von N-Glykosylierungen und Synthese von O-Glykosylierungen im Golgi-Apparat. [17]

### Zusammenfassung

Zahlreiche chemische Modifikationen verändern die Struktur und Funktion von Proteinen. Cotranslationale Modifikationen finden bereits während der Proteinbiosynthese statt. Hierzu zählen die Abspaltung des Signalpeptids sowie N-Glykosylierungen im endoplasmatischen Retikulum. Posttranslational werden Proteine z. B. mit Kohlenhydrat- und Lipidresten versehen. Beim Vorgang der limitierten Proteolyse wird ein Teil eines inaktiven Proteinvorläufers abgespalten, das betreffende Protein wird dadurch aktiviert.

# Pinozytose, Phagozytose und Exozytose

Als **Endozytose** bezeichnet man die Aufnahme von Bestandteilen des Extrazellularraums durch Einstülpung von Abschnitten der Zellmembran. Endozytosevorgänge werden nach der Größe der aufgenommenen Stoffe in Pinozytose (Aufnahme von löslichen Stoffen) und Phagozytose (Aufnahme unlöslicher Partikel oder ganzer Zellen) unterschieden. Je nach Mechanismus wird die Pinozytose in die **rezeptorvermittelte Endozytose, konstitutive Endozytose** und **Potozytose** unterteilt.
Als Exozytose wird die Ausschleusung von Stoffen aus einer Zelle bezeichnet.

## Pinozytose

Die Pinozytose lässt sich nach dem zugrundeliegenden Mechanismus unterteilen in rezeptorvermittelte Endozytose, konstitutive Endozytose und Potozytose.

### Rezeptorvermittelte Endozytose

Bei der rezeptorvermittelten Endozytose (clathrinabhängige Endozytose) binden lösliche Moleküle spezifisch an Rezeptoren der Zelloberfläche. Nachdem ein Molekül an seinen Rezeptor gebunden hat, binden **Adapterproteine** auf der zellulären Seite der Plasmamembran, in räumlicher Nähe zu den Rezeptoren. Es kommt meist zur Anlagerung des Proteins **Clathrin** an die Adapterproteine (▮ Abb. 1). Clathrin besitzt eine typische **Triskelion-Struktur,** die aus drei schweren Ketten besteht, an die drei leichte Ketten im Zentrum angelagert sind. Die Clathrinpolymerisation führt zu einer Grubenbildung der Membran (*engl.* **Coated pit**). Aus diesen Gruben gehen dann durch Vertiefung Vesikel hervor, welche von einer Clathrinhülle umgeben sind (*engl.* **Coated vesicles**). Bei der Abschnürung der Vesikel spielt das GTP-bindende Protein **Dynamin** eine wichtige Rolle. Es bindet ebenfalls an die Adapterproteine und induziert über eine „Halsbildung" die Vesikelabschnürung. Die Clathrinumhüllung der Vesikel wird in der Zelle ATP-abhängig durch eine **ATPase** abgelöst. So entstehen Pinosomen, die durch Fusion mit frühen Endosomen zu späten Endosomen reifen. Die frühen Endosomen tragen in ihren Membranen vakuoläre $H^+$-Pumpen, welche den pH-Wert in den frühen Endosomen auf ca. 6 senken. Unter diesen Bedingungen dissoziiert das pinozytierte Molekül von seinem Rezeptor. Der Rezeptor wird über Vesikel an die Zelloberfläche gebracht und kann dort wieder verwendet werden **(Recycling).** Das Molekül wird intrazellulär weiter verarbeitet. Ein bekanntes Beispiel dieses Mechanismus ist die Aufnahme von Cholesterin durch Körperzellen mittels des LDL-Rezeptors.

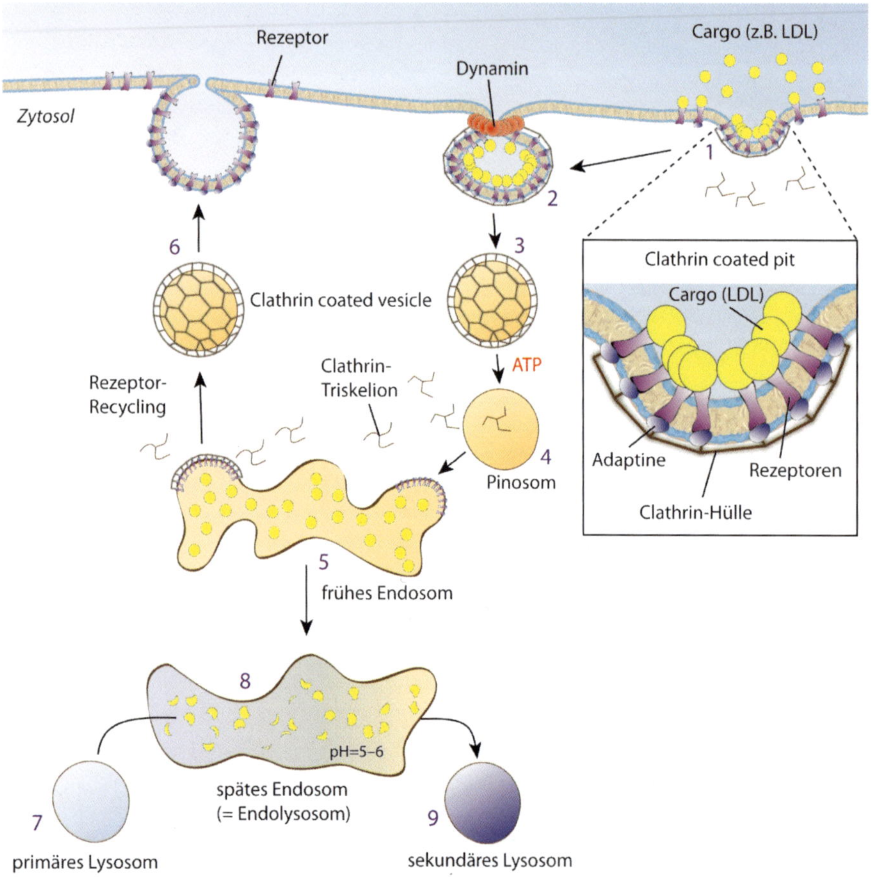


▮ Abb. 1: Mechanismus der rezeptorvermittelten Endozytose am Beispiel des LDL-Rezeptors: Clathrin coated pit (1), Abschnürung des Clathrin coated vesicle (2, 3, 4), angesäuertes frühes Endosom (5), Rezeptorrecycling (6), weitere Ansäuerung zum Lysosom (7, 8, 9). [5]

### Konstitutive Endozytose

Die konstitutive Endozytose dient in der Zelle der Rückgewinnung von Membranbestandteilen und der Konstanthaltung der Membranoberfläche. Sie findet clathrinunabhängig statt. Ihr genauer Mechanismus ist unbekannt.

### Potozytose durch Caveolae

Im Rahmen der Potozytose werden statische Einstülpungen der Zellmembran, sog. **Caveolae,** internalisiert (▮ Abb. 2A). Es handelt sich hierbei um kleine Invaginationen, die durch das Protein **Caveolin** an bestimmten Regionen der Plamamembran (**Lipid rafts,** s. S. 14/15) induziert werden. Lipid rafts sind reich an Cholesterin, Sphingolipiden, Glykolipiden mit GPI-Anker und bestimmten Signalmolekülen. An der Abschnürung von Caveolae ist das GTP-bindende Protein **Dynamin** beteiligt. Über Caveolae wird u. a. das Vitamin Folsäure von Zellen aufgenommen.

## Phagozytose

Zur Phagozytose sind nur wenige Zellen im menschlichen Körper in der Lage. Hierzu gehören Monozyten, Makrophagen, dendritische Zellen, neutrophile und eosinophile Granulozyten sowie Epithelzellen des retinalen Pigmentepithels. Phagozytierte Fremdpartikel können einige Mikrometer groß sein. Nach der Bindung an spezifische Zellmembranrezeptoren der Phagozyten werden sie von sog. **Lamellipodien** umflossen (▌Abb. 2B). Dies sind breite Zellausläufer, welche durch eine aktive **Aktinpolymerisation** aufgebaut werden. Der Partikel wird so von einer Membran umschlossen und als sog. **Phagosom** internalisiert. Dieses fusioniert im endozytotischen Pathway mit Lysosomen, wird angesäuert und sein Inhalt von lysosomalen Hydrolasen verdaut.

## Exozytose

Bei der Exozytose werden Vesikel in Richtung Zellperipherie transportiert, um dort mit der Zellmembran zu verschmelzen und so ihren Inhalt in den Extrazellularraum abzugeben. Für die Verschmelzung sind **SNARE-Proteine** notwendig (s. S. 64/65). Zudem muss das kortikale Zytoskelett aus Aktinfilamenten für die Vesikelfusion reduziert werden.

### Konstitutive Exozytose

Aus dem Trans-Golgi-Netzwerk findet in allen Zellen ein stetiger Transport von Membranlipiden und -proteinen zur Zellmembran statt. So wird die Membranoberfläche trotz stattfindender Endozytose konstant gehalten. Die Vesikel dieses Transportwegs besitzen keine bekannte Hüllstruktur. Die Formation von spezifischen cholesterin- und sphingolipidreichen Membrandomänen scheint für ihre Abknospung verantwortlich zu sein.

### Regulierte Exozytose

Ein zweiter Exozytosemechanismus existiert in spezialisierten Geweben. Neurone sowie endokrine und exokrine Drüsenzellen besitzen spezielle Speichergranula, in welchen sekretorische Proteine bis zu einem Stimulus gespeichert werden. Erfolgt dieser, veranlasst die Zelle eine – zumeist $Ca^{2+}$-abhängige – Freisetzung des Inhalts der Granula. Ihre Verschmelzung mit der Zellmembran wird wie diejenige von Membranvesikeln durch SNARE-Komplexe vermittelt.

> Die Freisetzung sekretorischer Granula des regulierten exozytotischen Pathways erfolgt meist $Ca^{2+}$-getriggert.

Der Entstehungsmechanismus von exozytotischen Granula und ihre Frachtrekrutierung sind weitgehend unbekannt. Physikalische Einflüsse und eine selektive Retention anderer Proteine scheinen bei der Sortierung des Inhalts eine Rolle zu spielen. Granula machen eine Reifung durch, bei der sie wie Lysosomen durch die vakuoläre $H^+$-ATPase zunehmend angesäuert werden. Bei Aufnahme von Zinkionen präzipitieren die enthaltenen Proteine (z. B. Insulin).

## Autophagosomenbildung

Membranumhüllte Autophagosomen entstehen innerhalb der Zelle z. B. aufgrund von akkumulierendem Zellschrott (z. B. alte Zellorganellen). Sie fusionieren mit Lysosomen, in denen ihr Inhalt abgebaut wird. Der Entstehungsmechanismus der Autophagosomen sowie die Erkennung der abzubauenden Organellen sind bisher kaum verstanden. Autophagosomen scheinen bei neurodegenerativen Erkrankungen und Tumorerkrankungen eine wichtige Rolle spielen.

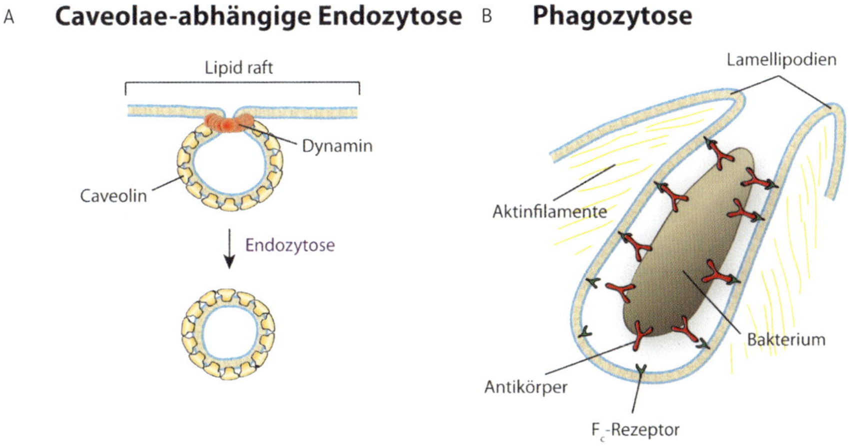


▌Abb. 2: Caveolae-vermittelte Potozytose (A) und Phagozytose (B) als nichtclathrinabhängige Einstülpungen der Plasmamembran. [5]

**Zusammenfassung**

Bei der rezeptorvermittelten Endozytose werden Stoffe aus der Umgebung einer Zelle an Rezeptoren gebunden und clathrinvermittelt aufgenommen. An der Potozytose sind Caveolae beteiligt, welche sich typischerweise im Bereich von Lipid rafts der Zellmembran ausbilden. Die Phagozytose erfolgt rezeptorabhängig in spezialisierten Zelltypen. Bei der Exozytose sorgen SNARE-Proteine für die Fusion von Vesikeln oder Granula mit der Zellmembran. Autophagosomen dienen dem Abbau von gealterten Zellorganellen.

# Proteindegradation

Der intrazelluläre Abbau von Proteinen (Proteindegradation) spielt eine wichtige Rolle im Leben der Zelle. Hierdurch wird die Ansammlung von fehlerhaften Proteinen (s. S. 62/63) verhindert und für einen regelmäßigen **Turnover** (Erneuerung) aller Proteine gesorgt. Zudem besteht durch einen regulierten Proteinabbau die Möglichkeit, bestimmte Abläufe, wie den Zellzyklus, zu steuern. Der Abbau intrazellulärer Proteine erfolgt v. a. durch einen speziellen Enzymkomplex, das Proteasom. **Proteasen** werden aber auch von Zellen sezerniert, um extrazellulär (z. B. im Magen-Darm-Trakt) Proteine abzubauen. Sie können entsprechend ihrem katalytischen Zentrum eingeteilt werden in Serin-, Threonin-, Cystein-, Aspartyl- und Metalloproteasen. Zudem können sie entsprechend ihrem Angriffspunkt innerhalb einer Peptidkette in Exo- und Endoproteasen eingeteilt werden. Exoproteasen spalten von den Enden einer Peptidkette terminale Aminosäuren ab. Endoproteasen spalten eine Peptidkette im Inneren.

## Proteasomen

Der Abbau von endozytierten Proteinen erfolgt in den **Lysosomen** (s. S. 22/23 und S. 70/71). Diese enthalten u. a. Proteasen wie Cathepsine, Elastasen oder Kollagenasen. Zytoplasmatische und nukleäre Proteine werden durch **Proteasomen** abgebaut. Hierbei handelt es sich um kleine fassförmige Multiproteinkomplexe, die in ihrem Inneren verschiedene proteolytische Aktivitäten besitzen (Trypsin-, Chymotrypsin- und Caspaseaktivität). Sie spalten Proteine in Peptid-Bruchstücke von 7–10 Aminosäuren Länge (Oligopeptide). Der obere und untere Deckel des Fasses hat die Funktion eines Ein- und Ausgangs und bewerkstelligt die Erkennung sowie energieabhängige Entfaltung von abzubauenden Proteinen (unter **ATP-Verbrauch**).

### Ubiquitinierung

Die Markierung von Proteinen, welche in Proteasomen abgebaut werden sollen (also v. a. fehlgefaltete, „gealterte" Proteine), erfolgt über die Anheftung von **Ubiquitin** (▌Abb. 1B). Ubiquitin ist ein in jeder Zelle vorkommendes Polypeptid aus 76 Aminosäuren, dessen C-Terminus kovalent an Lysinreste verschiedener Proteine angehängt werden kann. Der Mechanismus der Ubiquitinierung ist genau reguliert und wird von drei Enzymklassen bewerkstelligt (▌Abb. 1A und C):

1. Ein **ubiquitinaktivierendes Enzym (E1)** aktiviert einen Ubiquitinrest an dessen C-Terminus über Anheftung von AMP und anschließende Übertragung auf einen Cysteinrest der eigenen Peptidkette (reaktive **Thioesterbindung**).
2. Aktiviertes Ubiquitin wird dann auf einen Cysteinrest eines **ubiquitinkonjugierenden Enzyms (E2)** übertragen.
3. **Ubiquitin-Ligasen (E3)** erkennen einerseits (mit oder ohne die Hilfe von Chaperonen) das abzubauende Zielprotein an bestimmten exponierten Aminosäuresequenzen (z. B. der „PEST"-Sequenz) und übertragen den aktivierten Ubiquitinrest vom E2-Enyzm auf **ε-Aminogruppen von Lysinresten** des Proteins.
4. Auf Lys48 des letzten angehängten Ubiquitinrests können weitere Ubiquitinmoleküle übertragen werden, sodass eine Ubiquitinkette entsteht **(Polyubiquitinierung).**

> Proteine, die für den Abbau im Proteasomkomplex bestimmt sind, müssen vorher polyubiquitiniert werden.

Die **Monoubiquitinierung** bzw. **nicht klassische Ubiquitinierung** von Regulatorproteinen kann die Aktivität dieser Proteine über Konformationsänderungen beeinflussen, ohne dass ein proteasomaler Abbau erfolgt.

### ERAD-System

Zu den Proteinen, die für den Abbau in Proteasomen bestimmt sind, gehören auch fehlgefaltete Proteine des endoplasmatischen Retikulums. Diese werden im ER durch Chaperone (z. B. Calnexin, Calreticulin) zurückgehalten. Gelingt auch mit Chaperonhilfe keine korrekte Faltung, werden die Proteine wieder ins Zytosol transportiert und dort im Proteasom abgebaut **(ERAD-ER-assoziiertes Degradations)-System.**

Als populäres molekularpathologisches Beispiel des ERAD-Systems gilt die Erkrankung **zystische Fibrose** (Mukoviszidose). Das bei dieser Erkrankung aufgrund von Mutationen fehlerhaft gefaltete CFTR-Kanalprotein (*engl.* Cystic fibrosis transmembrane

A

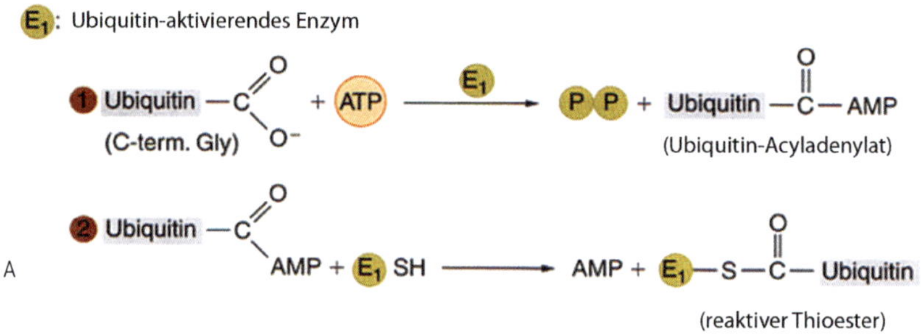


B

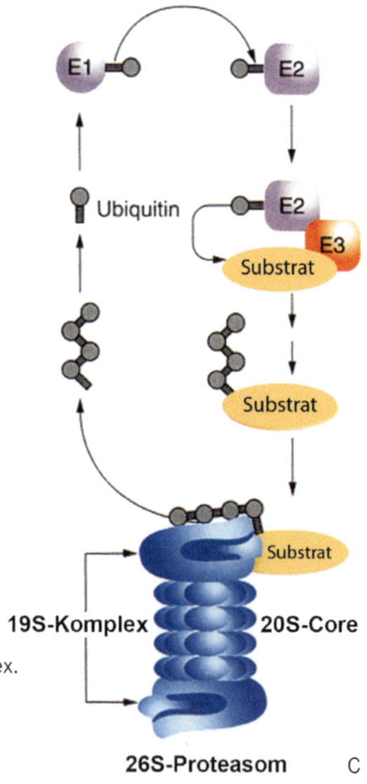


C

▌Abb. 1: Ubiquitinierung und Proteinabbau im Proteasomkomplex.
A) Aktivierung von Ubiquitin. [35]
B) Struktur von Ubiquitin. [35/36]
C) Abbau von ubiquitinierten Proteinen im Proteasom. [35]

conductance regulator) wird nach retrogradem Transport vom ER ins Zytosol im Proteasom abgebaut. Der CFTR-Kanal ist ein membranständiger Chloridkanal, welcher in sekretorischen Epithelien wichtig für eine Verflüssigung des Drüsensafts ist. Folge von CFTR-Mutationen ist die Bildung eines zähen Schleims. Dieser führt in der Lunge zu häufigen Infekten, in der Leber zu einem Gallestau und im Pankreas zum Selbstverdau.

### MHC-I-Präsentation

**MHC-Moleküle der Klasse I** (*engl.* Major histocompatibility complex, Class I) kommen auf der Zelloberfläche nahezu aller somatischen Zellen (Ausnahmen: Erythrozyten, Spermien, Trophoblastzellen) vor. Sie präsentieren T-Lymphozyten intrazellulär vorkommende Antigenstrukturen. Auf diese Weise kann auch das intrazelluläre Milieu durch das Immunsystem überwacht werden. Als Antigene dienen hier Oligopeptide aus 8–10 Aminosäuren, die aus dem Proteasom stammen. Eine immunologische Reaktion durch die T-Zellen wird nur bei Erkennung von körperfremden Peptidstrukturen ausgelöst. Dies können Peptide aus dem Abbau von Proteinen intrazellulärer Krankheitserreger (z. B. Virusproteine) oder auch veränderter körpereigener Proteine (z. B. von Krebszellen mit verändertem Erbgut) sein. Die Oligopeptide werden über einen **TAP-Transporter** (*engl.* Transporter associated with polypeptide processing) ATP-abhängig ins ER transportiert und dort auf membranständige MHC-I-Moleküle geladen. Die beladenen MHC-I-Komplexe gelangen dann über den exozytotischen Transportweg zur Zellmembran (▌Abb. 2).

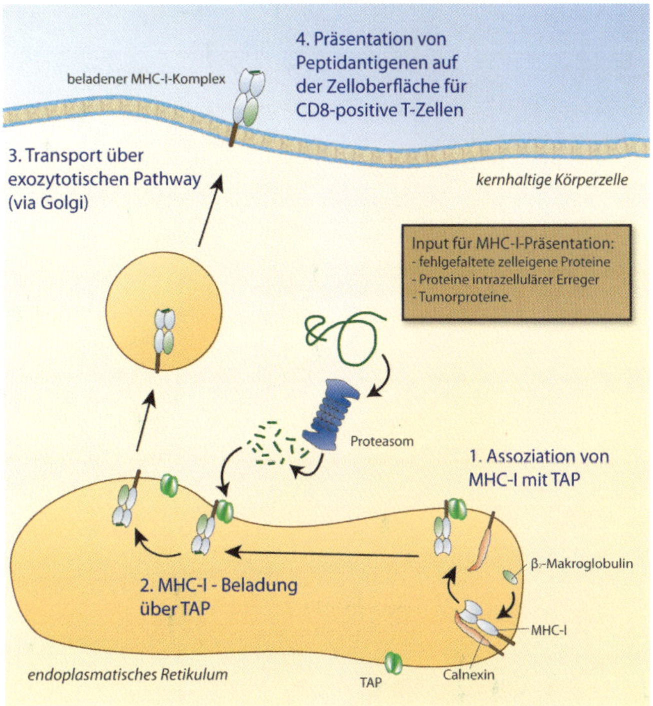


▌Abb. 2: Beladen eines MHC-Moleküls der Klasse I mit Peptidfragmenten aus dem proteasomalen Abbau. [5]

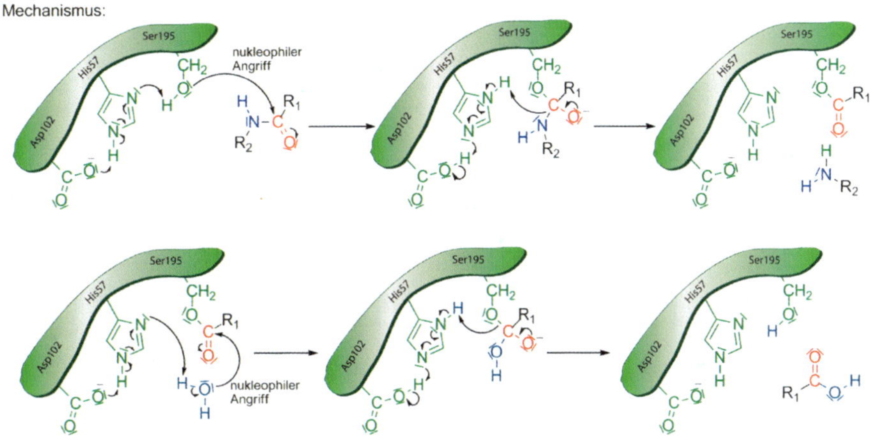


▌Abb. 3: Katalytischer Mechanismus der Serin-Proteasen. [4]

## Extrazellulärer Proteinabbau

Der Abbau extrazellulärer Proteine findet in großem Umfang im Magen-Darm-Trakt statt. Hier sind sowohl Exo- als auch Endopeptidasen vorhanden, die die Nahrungsproteine in Oligopeptide und schließlich in einzelne Aminosäuren spalten (z. B. Trypsin, Chymotrypsin, Elastase). Des Weiteren spielen Serin-Proteasen eine wichtige Rolle in extrazellulären Prozessen, die durch **limitierte Proteolyse** von Enzymvorstufen zu deren schrittweisen Aktivierung führen. Hierzu gehören zahlreiche Faktoren der **Blutgerinnung** und der **Komplementkaskade** (einer Komponente des Immunsystems).

### Katalytischer Mechanismus der Serin-Proteasen

Im katalytischen Zentrum der Serin-Proteasen befindet sich die sog. **katalytische Triade** aus den drei Aminosäuren Aspartat, Histidin und Serin. Die funktionelle Hydroxylgruppe des Serins bindet durch einen **nukleophilen Angriff** an das zu spaltende Polypeptid. Hierzu wird sie vorher durch Protonenübertragung auf den benachbarten Histidinrest negativ geladen (▌Abb. 3).

## Zusammenfassung

Proteasen dienen sowohl intra- als auch extrazellulär dem enzymatischen Proteinabbau. Intrazytoplasmatisch bewerkstelligen Proteasomen den Abbau von polyubiquitinierten Zielproteinen. Serin-Proteasen sind wesentlicher Bestandteil von kaskadenartig ablaufenden extra- und intrazellulären Prozessen, die durch limitierte Proteolyse gesteuert werden.

# Zellzyklus

Zellen verhalten sich äußerst unterschiedlich. Manche leben viele Jahrzehnte, andere nur wenige Tage. Einige Zellen teilen sich überhaupt nicht mehr (z. B. Muskelzellen, Neurone), andere proliferieren sehr stark (z. B. Darmepithelzellen, hämatopoetische Vorläuferzellen). Das Verhalten einer Zelle bzgl. Wachstum, Proliferation und Differenzierung wird während des Zellzyklus definiert.

## Phasen des Zellzyklus

Der Lebenszyklus einer Zelle wird in mehrere Phasen unterteilt (▮ Abb. 1A).

### $G_1$-Phase

Die $G_1$-Phase (*engl.* Gap für „Lücke") ist normalerweise die längste und variabelste Zellzyklusphase. Die Zelle wächst unter dem Einfluss von extrazellulären Wachstumsfaktoren und bereitet sich auf eine neue Runde der DNA-Replikation vor. Eventuell kann eine Zelle bei zu starker Nährstoff- bzw. Wachstumsfaktordeprivation in die $G_0$-Phase übergehen, was gleichbedeutend mit einem Austritt aus dem Zellzyklus ist. Die Entscheidung über eine neue Zellzyklusrunde wird am **Restriktionspunkt (R-Punkt)** getroffen, der von dem wichtigen Tumorsuppressorprotein **pRb** (s. u.) kontrolliert wird.

### $G_0$-Phase

Differenzierte Zellen der Gewebe unseres Körpers befinden sich in der $G_0$-Phase, da sie sich nicht mehr teilen müssen. Viele Zellen bleiben lange Zeit in $G_0$ und können durch Proliferationsreize wieder in den Zellzyklus eintreten.

### S-Phase

In der S-Phase wird die DNA der Zelle repliziert, sodass während der nächsten Zellteilung ihre Chromosomen als Zwei-Chromatid-Chromosomen sichtbar werden. Ihre **Schwesterchromatiden** enthalten identisches genetisches Material, das auf die beiden entstehenden Tochterzellen verteilt werden kann. Die Schwesterchromatiden werden ab ihrer Synthese in der S-Phase durch den **Kohesin-Komplex** zusammengehalten. Während der S-Phase wird auch das Zentrosom der Zelle verdoppelt. Die beiden entstehenden **Zentrosomen** bilden während der Mitose die Spindelpole aus und kontrollieren den Ablauf der Mitose (s. S. 38/39).

### $G_2$-Phase

Die $G_2$-Phase ist die kürzeste Zellzyklusphase. Hier werden lediglich die für die Mitose notwendigen Enzyme und Strukturproteine synthetisiert. Zudem wird die zuvor replizierte DNA auf Schädigungen überprüft (s. S. 56/57).

### M-Phase

Während der Mitose-Phase löst sich die Kernhülle auf und die Chromosomen werden über spezialisierte DNA-Protein-Komplexe **(Kinetochore)** mit den Mikrotubuli der Mitosespindel verknüpft. Die Spindel zieht die Schwesterchromatiden eines jeden Chromosoms auf die beiden gegenüberliegenden Spindelpole. In der darauffolgenden **Zytokinese** werden die entstehenden Tochterzellen durch einen kontraktilen Ring aus Aktin und Myosin voneinander abgeschnürt. Die $G_1$-, S- und $G_2$-Phase des Zellzyklus werden zur Interphase zusammengefasst.

> Die $G_1$-Phase ist die längste und variabelste Zellzyklusphase. Die $G_2$-Phase ist die kürzeste Zellzyklusphase. Während der S-Phase werden sowohl die Chromosomen als auch das Zentrosom für die Mitose semikonservativ verdoppelt.

## Regulation des Zellzyklus

Der sequentielle Ablauf der Zellzyklusphasen wird durch eine Vielfalt regulatorischer Proteine und Enzyme (v. a. Kinasen und Phosphatasen) kontrolliert. Die wichtigsten Effektorkinasen des Zellzyklus (zyklinabhängige Kinasen, **Cdk**) werden in ihrer Aktivität durch **Zykline** reguliert. Dies sind regulatorische Proteine, welche zyklisch in ihrer Konzentration schwanken (▮ Abb. 1B und ▮ Tab. 1).

Zusätzlich zu den allosterischen Effekten der Zyklinbindung wird die Cdk-Aktivität auch durch **Phosphorylierung** und **Dephosphorylierung** bestimmter Aminosäurereste sowie durch Inhibitoren **(CKI bzw. INK)** reguliert. Zu diesen Inhibitoren zählen wichtige Tumorsuppressorgene wie p15, p16, p21 oder p27. Sie werden alle durch den „Wächter des Zellzyklus" **p53** induziert. Bei Schädigungen der Zelle wird p53 durch Phosphorylierung stabilisiert und aktiviert. Es hält den Zellzyklus durch die Steigerung der Expression von Zellzyklusinhibitoren an, um eine Reparatur der Schäden zu ermöglichen. Schlägt diese fehl, kann p53 die Apoptose der Zelle induzieren (s. S. 80/81).

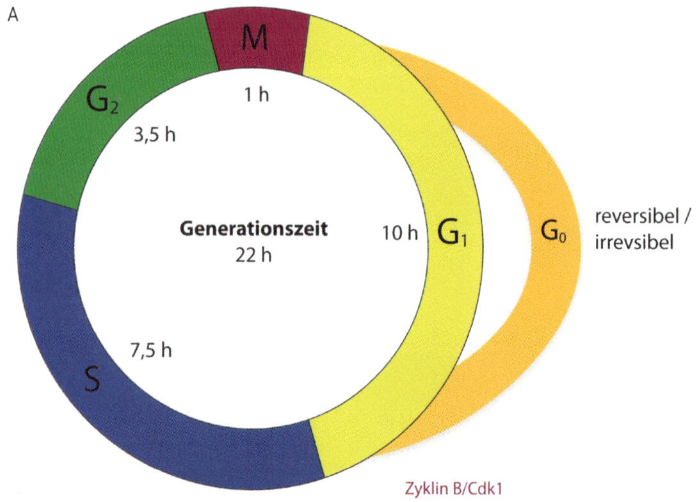


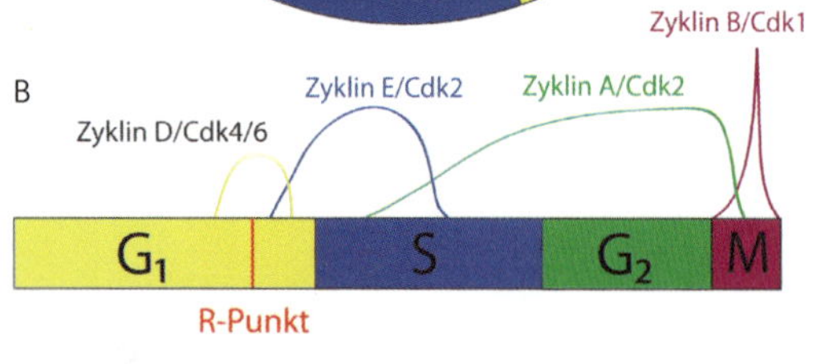


▮ Abb. 1: Zellzyklus. [5]

A) Zellzyklusphasen mit durchschnittlicher Dauer.

B) Zykline zeigen als wichtiges Steuerelement des Zellzyklus typische Schwankungen in ihrer Konzentration.

| Cdk | Aktivierende Zykline | Funktion im Zellzyklus |
|---|---|---|
| Cdk 1 | Zyklin A | Mitoseeintritt (bis Prometaphase) |
| Cdk 1 | Zyklin A, B | Mitoseeintritt (bis Metaphase) |
| Cdk2 | Zyklin A, E | $G_1$-S-Übergang, S/$G_2$-Progression |
| Cdk4, Cdk6 | Zyklin D | Überwindung des R-Punkts in $G_1$ |

▌Tab. 1: Wichtige zyklinabhängige Kinasen, ihre Regulation durch entsprechende Zykline und Funktionen bei der Steuerung des Zellzyklus.

Der Wächter des Zellzyklus bzw. Genoms ist p53. Es wird bei DNA-Schädigung und unkontrollierten Proliferationsreizen durch Phosphorylierung stabilisiert, gelangt in den Zellkern und induziert die Transkription von Zellzyklusinhibitoren bzw. pro-apoptotischen Molekülen.

Zu beachten ist, dass zyklinabhängige Kinasen durch Phosphorylierung einer bestimmten Aminosäure in der Aktivität gesteigert oder gehemmt werden können, je nachdem, wie die dadurch ausgelöste Konformationsänderung sich auf Substratbindung und Enzymaktivität auswirkt.

## Zellzyklus-Checkpoints

Treten während des Zellzyklus Probleme auf, werden bestimmte Schutzmechanismen aktiviert, um sie in der aktuellen Zellzyklusphase festzuhalten. Diesen Schutzmechanismen (Checkpoints) entsprechen **molekulare Signalwege** (s. S. 82/83), die u. a. die Expression von CKI und INK dramatisch erhöhen. Es existieren vier Haupt-Checkpoints im Zellzyklus (▌Abb. 2):

### $G_1$-Restriktionspunkt

Hat eine Zelle ihren $G_1$-Restriktionspunkt überwunden, durchläuft sie, auch ohne das Vorhandensein von Wachstumsfaktoren, vollständig ihren Zellzyklus und bringt zwei Tochterzellen hervor. Das Überschreiten des Restriktionspunkts selbst wird in der $G_1$-Phase durch ein Überwiegen von mitogenen Signalen (z. B. Wachstumsfaktoren) über differenzierungsfördernde Signale (z. B. TGF-β, Kontaktinhibition) ermöglicht.

**Pathway** Wachstumsfaktoren → Auslösen von Signalkaskaden → Zyklin D1↑ → Cdk4/6↑ → Phosphorylierung von pRB → E2F-Transkriptionsfaktoren↑ → Zyklin E↑ → Cdk2↑ → Überwindung des R-Punkts.

### DNA-Damage-Checkpoint

DNA-Schäden (*engl.* Damage) können von einer Zelle vor ($G_1$-), während (S-) oder nach ($G_2$-Phase) der DNA-Replikation wahrgenommen werden. Daraufhin wird der Zellzyklus angehalten bzw. die Apoptose eingeleitet.

**Pathway** DNA-Strangbruch → Bindung von ATM/ATR an DNA → Signalkaskade (Chk1/2↑, Mdm2↓, p53↑) → Zellzyklusarrest (CKI↑, INK↑) und DNA-Reparatur bzw. Apoptose (Bax↑, Bad↑, Apaf1↑).

### DNA-Replikations-Checkpoint

Unreplizierte Chromosomenabschnitte oder inaktive Replikationsgabeln (die z. B. veränderte Basenabfolgen nicht lesen können) können in der S-Phase zu einem Zellzyklusarrest führen. So kann die Replikation ausgesetzt werden, bis sämtliche DNA für die Mitose verdoppelt wurde bzw. die Replikationsgabel repariert ist.

**Pathway** Inaktive Replikationsgabel → RPA/ATR↑ → Cdc25A↓ → Zellzyklusarrest, Replikationsinitiation↓, Stabilisierung existierender Replikationsgabeln↑.

### Spindel Checkpoint (Metaphase-Checkpoint)

Zur korrekten Verteilung (Segregation) der Schwesterchromatiden auf die beiden entstehenden Tochterzellen in der Mitose muss gewährleistet sein, dass die

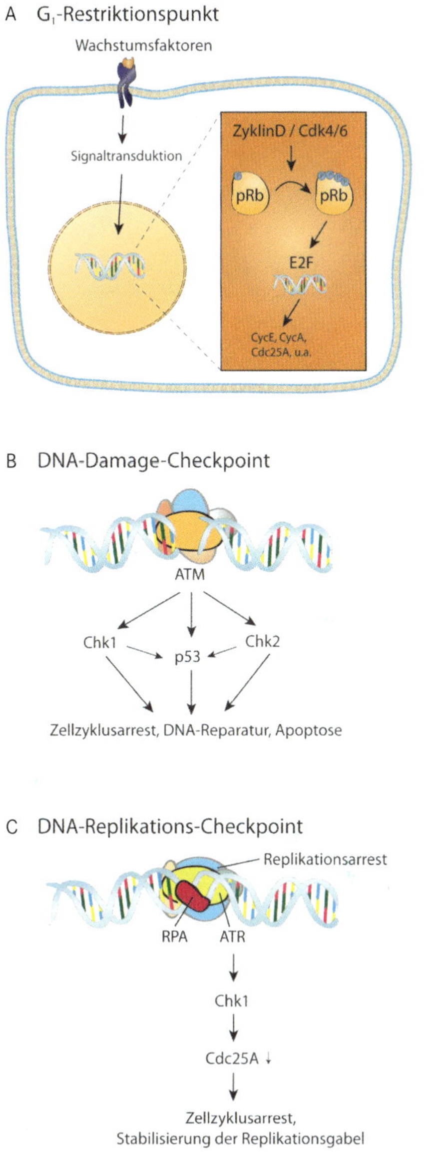


▌Abb. 2: Zellzyklus-Checkpoints: $G_1$-Restriktionspunkt (A), DNA-Damage-Checkpoint (B), DNA-Replikations-Checkpoint (C). [5]

Kinetochore jedes Chromosoms mit Mikrotubuli der beiden gegenüberliegenden Spindelpole verbunden sind. Erst wenn dies der Fall ist, wird von den Komponenten des Spindel-Checkpoints die Anaphase (Trennung Schwesterchromatiden) in Gang gesetzt (s. S. 76/77).

## Zusammenfassung

Der Zellzyklus ist der Lebensrhythmus der Zellen. Er bestimmt über Wachstum, Teilung und Differenzierung einer Zelle. Die Regulation des Zellzyklus wird über komplizierte Signalwege bewerkstelligt, bei denen Zykline, Kinasen, Phosphatasen und eine Reihe weiterer Proteine beteiligt sind. Checkpoints gewährleisten einen Schutz bei Schädigungen der Zelle.

# Mitose und Spindelapparat

Die Teilung von somatischen Zellen im Körper wird als Mitose bezeichnet. Während der Mitose wird das vorher in der S-Phase verdoppelte Erbgut fehlerfrei und äquivalent auf beide entstehende Tochterzellen verteilt (▌Abb. 1). In den meisten Fällen bringt die Mitose so zwei genetisch identische Zellen hervor.

## Aufbau des Spindelapparats

Der mitotische Spindelapparat wird aus **Mikrotubuli** aufgebaut, deren Großteil mit den Minus-Enden an den beiden in der S-Phase duplizierten Zentrosomen befestigt sind. Diese wandern zu Beginn der Mitose entlang der Kernhülle in die Zellperipherie. Ihre Bewegung wird durch das Aneinandervorbeigleiten von Mikrotubuli bewirkt, welche durch Kinesin-5 quervernetzt sind (Kinesine bewegen sich meist in Richtung des Plus-Endes von Mikrotubuli).
Die Mikrotubuli unterliegen ab Beginn der Mitose einem hohen Umsatz. Die Nukleation an den Zentrosomen nimmt zu. Zusätzliche Mikrotubuli werden von der Spindel selbst und dem Chromatin der Chromosomen gebildet. Die sog. **Kinetochormikrotubuli** suchen mit ihren Plus-Enden Kontakt zu den Kinetochoren der Chromosomen (ca. 20 Mikrotubuli pro Kinetochor). Hierbei werden die beiden Kinetochore eines Chromosoms von Mikrotubuli der gegenüberliegenden Spindelpole gebunden. Des Weiteren existieren **astrale Mikrotubuli,** welche von den Zentrosomen sternförmig ausstrahlen und die Spindel über Verbindungen zum Zellmembranskelett in der Zelle orientieren.
**Interpolare Mikrotubuli** liegen verteilt in der Spindel, ohne an Kinetochoren oder Zentrosomen verankert zu sein. Sie liegen häufig interdigitierend in antiparalleler Anordnung vor und bilden im Verlauf der Mitose die **Zentralspindel** aus, eine wichtige Struktur, von welcher die Zytokinese gesteuert wird.

> Die Mikrotubuli des Spindelapparats bestehen aus Kinetochormikrotubuli, astralen Mikrotubuli und interpolaren Mikrotubuli. Die meisten Mikrotubuli der Spindel werden von den Zentrosomen gebildet.

## Ablauf der Mitose

### Prophase

Die Prophase beginnt mit der **Kondensation** der Chromosomen im Zellkern. Die exakten molekularen Mechanismen dieser Kondensation sind unklar, typische Marker sind Phosphorylierungen der Histone H1 und H3. Vorhandene Nukleoli, Intermediärfilamente (inkl. Lamine), Golgi-Apparat und ER werden abgebaut bzw. fragmentiert. Die meisten dieser Vorgänge werden durch Phosphorylierungen der in der M-Phase aktiven Kinasen (z. B. Cdk1, Aurora A/B, Polokinase 1) gesteuert.

### Prometaphase

Die Prometaphase beginnt mit der **Auflösung von Kernhülle und -lamina.** Die Kinetochore der Chromosomen werden von den Plus-Enden der Spindel-Mikrotubuli gebunden. Da ein Kinetochor mit den Mikrotubuli beider Spindelpole verbunden ist, ziehen diese die Chromosomen in die sog. **Metaphaseplatte** (Metaphase-Ebene) am Zelläquator genau zwischen beide Pole.

### Metaphase

Als Metaphase wird der Zeitpunkt bezeichnet, an dem alle Chromosomen durch den Spindelapparat in der Metaphase-Ebene gehalten werden. Die Schwesterkinetochore zeigen zu den gegenüberliegenden Zellpolen.

### Anaphase

Während der Anaphase trennen sich die **Schwesterchromatiden** und werden von der Mitosespindel auf die beiden gegenüberliegenden Pole gezogen. Ursächlich für die Chromosomenbewegung ist v. a. eine Verkürzung der Kinetochormikrotubuli an ihrem Plus-Ende. Die Schwesterchromatiden „sitzen" gleichsam auf diesen sich verkürzenden Enden, festgehalten durch die Kinetochor-Mikrotubuli-Interaktion und Dynein-Motorproteine. Interpolare Mikrotubuli werden während der Anaphase mithilfe von Kinesinen aneinander vorbeigeschoben, was zur **Elongation der Teilungsspindel** führt.

### Telophase

Die Telophase beginnt mit dem **Wiederaufbau der Kernhüllen** in beiden entstandenen Tochterzellen. Hierfür werden die Phosphatgruppen der Lamine wieder entfernt.

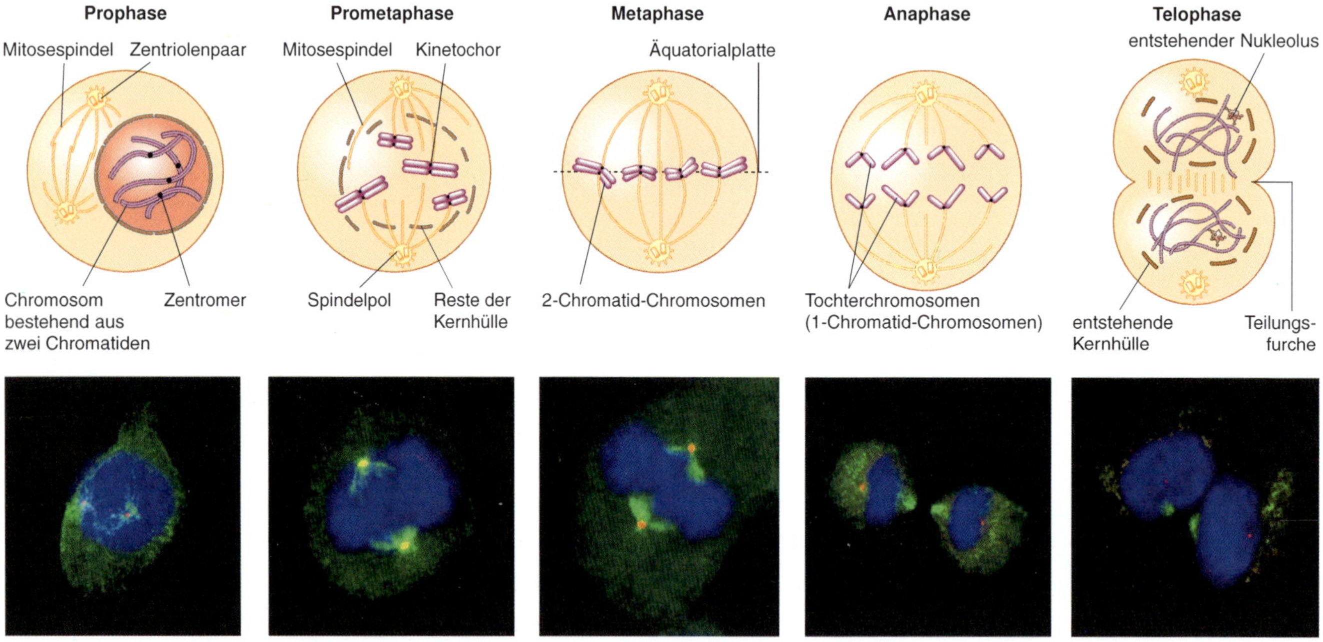


▌Abb. 1: Die Stadien der Mitose in zeichnerischer Darstellung (obere Reihe) und Immunfluoreszenz-Mikroskopie (untere Reihe): Prophase, Prometaphase, Metaphase, Anaphase und Telophase. Grün = $\alpha$-Tubulin (Mitosespindel), blau = DAPI (DNA), rot = $\gamma$-Tubulin (Zentrosomen). [1/5]

Dies ist möglich, da die Cdk1-Aktivität seit Anaphase-Beginn durch die Wirkung des **Anaphase promoting complex/Cyclosome (APC/C)** stark abnimmt. Dieser Komplex fungiert als Ubiquitin-Ligase, welche Zyklin B (Coaktivator von Cdk1, s. S. 74/75) für den proteasomalen Abbau markiert. Während der Telophase wird ein **kontraktiler Aktomyosinring** am Zelläquator orthogonal zu einer zentralen Mikrotubulus-Ansammlung der Spindel **(Zentralspindel)** ausgebildet.

### Zytokinese

Die Abschnürung des Zytoplasmas zwischen beiden Tochterzellen wird als Zytokinese bezeichnet. Sie wird von der Zentralspindel aus gesteuert (u.a. durch Proteine wie PRC1 und Aurora-B-Kinase) und verläuft ähnlich der Kontraktion von glatter Muskulatur $Ca^{2+}$- und MLCK-abhängig (s. S. 36/37). Da sich während des Vorgangs die Oberfläche der Zelle vergrößert, werden über Vesikel des Golgi-Apparats Membranbestandteile nachgeliefert.

## Spindel-Checkpoint

Durch die Moleküle des Spindel-Checkpoints wird „kontrolliert", ob beide Kinetochore jedes Chromosoms mit Mikrotubuli der beiden gegenüberliegenden Spindelpole verbunden sind. Nur so kann einer Fehlverteilung ganzer Chromosomen während der Mitose **(Nondisjunction)** vorgebeugt werden. Erst wenn **alle** Kinetochore mit dem richtigen Spindelpol verbunden sind, wird die Anaphase in Gang gesetzt.
Hierzu wird neben der **Anheftung** auch die **Spannung** gemessen, welche durch den Zug der Spindel-Mikrotubuli auf ein Kinetochor wirkt. Die Spannung steigt stark an, wenn dieses mit zwei gegenüberliegenden Polen verbunden ist. Das führt zu einem Ablösen des **mitotischen Checkpoint-Komplexes (MCC)** vom entsprechenden Kinetochor, sodass dessen inhibierende Wirkung auf den **Anaphase promoting complex/Cyclosome (APC/C)** wegfällt. Dies muss bei den Kinetochoren aller Chromosomen der Fall sein. Erst dann steigt die Aktivität der **Separase** an. Dieses Enzym spaltet den Kohesin-Komplex, der die beiden Schwesterchromatiden zusammenhält.

**Pathway** Alle Kinetochore bipolar an Spindel gebunden → MCC↓ → APC/C↑ → Securin↓, Zyklin B↓ → Separase↑ → Trennung des Kohesin-Komplexes (▮ Abb. 2).

## Stammzellen

Stammzellen sind durch ihre Fähigkeit definiert, sich während ihrer Zellteilung zum einen selbst zu erneuern und zum anderen auch weiter differenzierte Tochterzellen hervorzubringen. Diese Eigenschaft beruht auf der Fähigkeit, **asymmetrische Mitosen** durchzuführen. Sie finden in den Organen des menschlichen Körpers in geschützten Mikroumgebungen, sog. **Stammzellnischen,** statt. Darin existieren Nischenzellen, welche über Adhärenskontakte die Stammzellen in der Nische halten und differenziertere Progenitorzellen aus der Nische entlassen (▮ Abb. 3).
Auch intrazellulär wird durch Transportvorgänge eine asymmetrische Verteilung von Molekülen etabliert, welche zu einer unterschiedlichen Differenzierung der beiden Tochterzellen beiträgt. Die genauen Mechanismen sind derzeit Gegenstand der Forschung. Genetisch sind beide Tochterzellen einer asymmetrischen Mitose identisch.

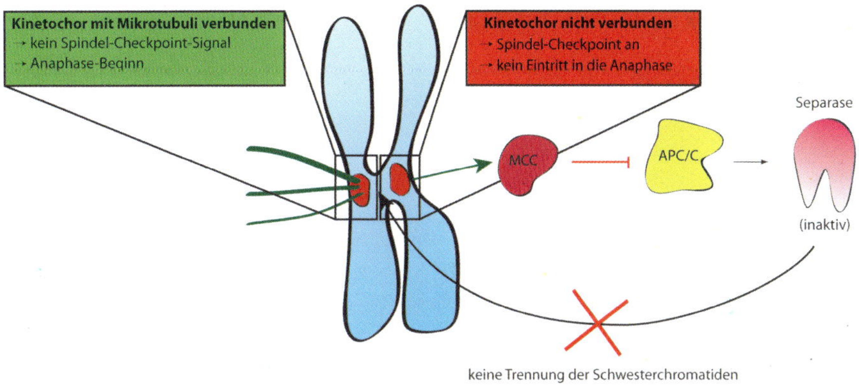


▮ Abb. 2: Spindel-Checkpoint. Grüne Pfeile = Aktivierung/Förderung, rote Pfeile = Hemmung. [5]

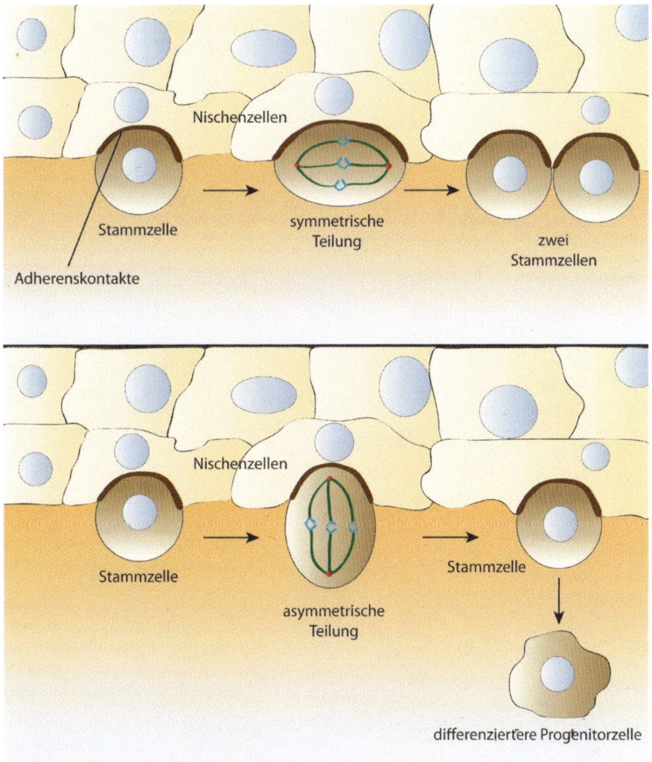


▮ Abb. 3: Stammzellnische. [5]

### Zusammenfassung

Ein ordnungsgemäß funktionierender Spindelapparat sorgt dafür, dass Zellen das Erbgut korrekt an ihre Nachkommen weitergeben können. Stammzellen zeichnen sich durch asymmetrische Mitosen aus, durch welche sie sich selbst erneuern und zudem weiter differenzierte Nachkommenzellen hervorbringen.

# Meiose

Beim Vorgang der Meiose wird das genetische Material des Organismus zur Bildung von Geschlechtszellen **(Gameten)** in zwei aufeinanderfolgenden Zellteilungen halbiert (▮ Abb. 1). Aus dem normalerweise diploiden menschlichen Chromosomensatz (2n, 46 Chromosomen) entsteht ein haploider Chromosomensatz (1n, 23 Chromosomen). Dabei werden während der **ersten meiotischen Reifeteilung** die beiden **homologen Chromosomen** voneinander getrennt. Eines dieser homologen Chromosomen stammt ursprünglich von der Mutter und eines vom Vater des Individuums. Für jedes homologe Chromosomenpaar erfolgt die Trennung durch Zufall, d. h. die Kombination väterlicher und mütterlicher Chromosomen in den einzelnen Gameten eines Menschen ist unterschiedlich. Zusätzlich findet während der Prophase der ersten Reifeteilung noch ein sog. **Crossing-Over** (genetische Rekombination) zwischen homologen Chromosomen statt.

> Die zufällige Verteilung homologer Chromosomen auf die entstehenden Gameten und das Crossing-Over tragen erheblich zur genetischen Diversität einer Population bei.

Während der **zweiten meiotischen Reifeteilung** werden die beiden Schwesterchromatiden eines jeden homologen Chromosoms (entstanden durch DNA-Replikation in der S-Phase vor der Meiose I) getrennt, sodass die fertigen Gameten einen haploiden Satz an Ein-Chromatid-Chromosomen erhalten. Aus dem Prozess der Meiose resultieren als Gameten beim Mann vier **Spermatiden,** bei der Frau eine **Eizelle** und drei **Polkörperchen.** Die Verschmelzung einer Eizelle mit einem Spermium während der Befruchtung bringt schließlich einen neuen Organismus mit vollständigem Chromosomensatz (2n, 46 Chromosomen) hervor.

## Erste Reifeteilung (Meiose I, Reduktionsteilung)

Das Charakteristikum der ersten meiotischen Reifeteilung (Reduktionsteilung) ist die Reduktion des normalen diploiden Chromosomensatzes (2n) auf einen haploiden (1n). Ursache hierfür ist die Paarung der homologen Chromosomen (z. B. Chromosom 1 des Vaters und Chromosom 1 der Mutter) und der Aufbau ihrer Kinetochore (welche beide in Richtung eines Spindelpols zeigen, sodass die Mikrotubuli des Spindelapparats ganze Chromosomen statt einzelner Schwesterchromatiden (vgl. Mitose) voneinander trennen.

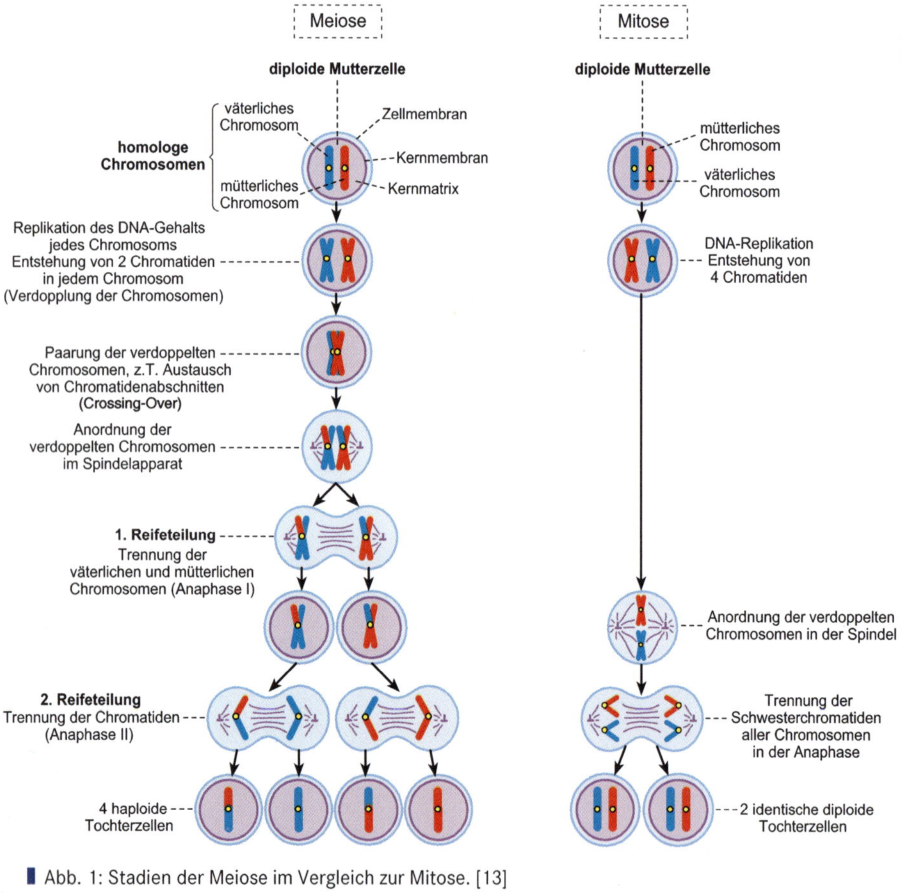

▮ Abb. 1: Stadien der Meiose im Vergleich zur Mitose. [13]

### Prophase I

Während der Prophase I paaren sich die Chromatiden der homologen Chromosomen. Diese Paarungen werden **Tetraden** genannt. Die hierbei von den Schwester- (→ Nicht-Schwester) chromatiden ausgebildeten Überkreuzungspunkte bezeichnet man als **Chiasmata.** Bei der Paarung kommt es bevorzugt im Bereich dieser Chiasmata (aber nicht ausschließlich) zum Austausch von genetischem Material korrespondierender Chromosomenregionen. Pro Homologenpaar finden durchschnittlich 2–3 solcher **Crossing-Over**-Events statt. Die Prophase der Meiose I wird aufgrund dieser komplexen Vorgänge in mehrere Unterphasen gegliedert:

**Leptotän** Kondensation der Chromosomen. Korrespondierende DNA-Bereiche der homologen Chromosomen nähern sich an. In der DNA entstehen erste Doppelstrangbrüche, die Rekombinationsvorgänge ermöglichen.

**Zygotän** Während der **Synapsis** wird die Paarung der Homologen durch Aufbau des **synaptonemalen Komplexes** sehr eng. Dieses Proteingerüst erhöht die Rekombinationswahrscheinlichkeit in der entsprechenden Region (▮ Abb. 2).

**Pachytän** Die Synapsis wird abgeschlossen. Es bilden sich **Chiasmata** bevorzugt in rekombinierten DNA-Bereichen. Sie bestehen aus miteinander verwundenen Chromosomen-Rückgraten, welche die homologen Chromosomen bis zur Anaphase I zusammenhalten. → Crossing-Over

**Diplotän** Abbau des synaptonemalen Komplexes. Die Chiasmata bleiben bestehen. Es kommt zum **Arrest** der Meiose (einige Tage beim Mann, Jahre bei der Frau, s. u.).

**Diakinese** Entspricht der Prometaphase der Mitose: Kernhülle und -lamina werden abgebaut. Die Homologenpaare wandern in die Metaphase-Ebene.

> Die Synapsis erleichtert die Rekombination zwischen korrespondierenden Chromosomenregionen homologer Chromosomen, ist hierfür aber nicht unbedingt notwendig.

### Metaphase I

In der Metaphase I sind die homologen Chromosomen gepaart in der Metphase-Ebene angeordnet. Die Kinetochore beider Schwesternchromatiden eines homologen

Chromosoms zeigen in die Richtung eines Spindelpols. Sie sind über spezielle Proteine miteinander verbunden.

### Anaphase I

In der Anaphase I werden die homologen Chromosomen voneinander getrennt. Eine erhöhte Separaseaktivität führt zur Trennung von meiotischen Cohesinkomplexen (halten die beiden Schwesterchromatiden eines Chromosoms zusammen, s. S. 74/75) im Bereich der Chromosomenarme. Die Chiasmata werden bei diesem Prozess zuletzt aufgelöst (Mechanismus unklar). Die Schwesterchromatiden der Chromosomen bleiben während der Anaphase I am Zentromer assoziiert, wobei bestimmte Regulatorproteine (z. B. Shugoshin) die Cohesinkomplexe in diesem Bereich vor der aktiven Separase schützen.

### Telophase I

In der Telophase I entstehen zwei Tochterzellen mit jeweils halbiertem Chromosomensatz (1n2c, 23 Zwei-Chromatid-Chromosomen).

## Zweite Reifeteilung (Meiose II, Äquationsteilung)

Die zweite Reifeteilung entspricht in ihrem Mechanismus einer normalen Mitose, da hierbei die Schwesterchromatiden der 23 Chromosomen jeder entstandenen Zelle voneinander getrennt werden (Ergebnis: 1n1c, 23 Ein-Chromatid-Chromosomen).

> Vor der zweiten Reifeteilung findet keine DNA-Replikation (S-Phase) statt!

## Molekulare Vorgänge beim Crossing-Over

Im Rahmen des Crossing-Over wird in der Prophase I (Leptotän bis Pachytän) genetisches Material zwischen zwei homologen Chromosomen ausgetauscht. Mithilfe des Enzyms Spo11 werden in den Homologen Doppelstrangbrüche erzeugt. Einer der beiden entstehenden DNA-Einzelstränge wird durch eine 5'-3'-Exonuklease prozessiert **(Resektion).** Beide Einzelstränge paaren sich unter dem Einfluss bestimmter Proteine (u. a. Dmc1, Rad51) mit den jeweils korrespondierenden DNA-Strängen des homologen Chromosoms und werden dann durch DNA-Polymerasen verlängert. Dieser Vorgang läuft ähnlich der homologen Rekombination im Rahmen der DNA-Reparatur somatischer Zellen ab (hierbei paart sich der geschädigte DNA-Abschnitt jedoch meist mit dem korrespondierenden Abschnitt der Schwesterchromatiden, s. S. 58/59). Bevor sich die DNA-Stücke zwischen den Homologen austauschen, entstehen als Intermediate sog. **Holliday junctions,** welche durch Enzyme, die **Resolvasen,** aufgelöst werden.

## Zeitlicher Ablauf der Meiose

Der zeitliche Ablauf der Meiose unterscheidet sich zwischen den Geschlechtern enorm. Beim Mann werden ab der Pubertät täglich ca. 100 Millionen Spermien gebildet. Die Spermien-Vorläufer verbringen dabei ca. 64 Tage in der Meiose (die meiste Zeit in der Prophase I). Bei der Frau werden sog. Primordialfollikel mit den Eizell-Vorstufen bereits in der 12. – 16. Fetalwoche angelegt. Diese Eizellen sind mindestens bis zu Beginn der Geschlechtsreife im Diplotän arretiert **(erster Arrest).** Ab Beginn der Pubertät reifen einige Oozyten in einem Zyklus aus, wobei ein Leitfollikel im Rahmen des Eisprungs in den Eileiter entlassen wird. Ab dem Eisprung wird in der Eizelle dieses Follikels die Meiose bis zur Metaphase II fortgesetzt **(zweiter Arrest).** Dieser Arrest wird erst mit der Befruchtung durch ein Spermium aufgehoben ($Ca^{2+}$-Einstrom beendet Hemmung des APC/C, s. S. 76/77) und die Meiose beendet.

> Einige Eizellen bleiben viele Jahre lang (bis zur Ausreifung ihres Follikels) im Diplotän der Prophase I arretiert. Der zweite Arrest in der Metaphase II wird nur nach der Befruchtung durch ein Spermium beendet.

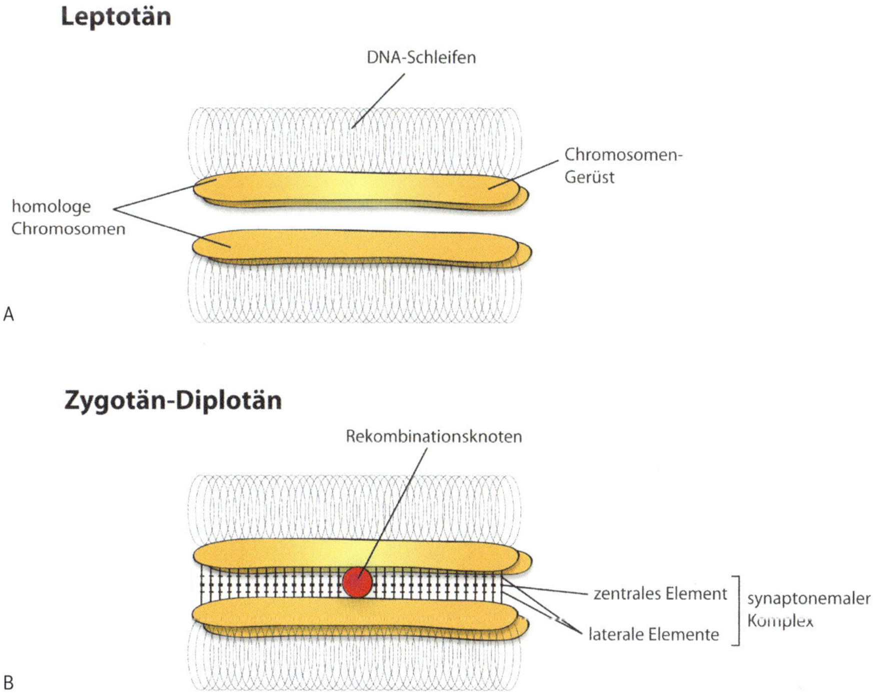


Abb. 2: Paarung der homologen Chromosomen während der Meiose I (A) und Ausbildung des synaptonemalen Komplexes als makromolekulares Korrelat von chromosomaler Rekombination (B). [5]

### Zusammenfassung

Im Rahmen der Meiose werden im menschlichen Körper Gameten mit haploidem Chromosomensatz erzeugt. In der Meiose I werden hierzu die homologen Chromosomen zufällig auf die beiden entstehenden Tochterzellen verteilt. Zusätzlich findet ein Crossing-Over zwischen korrespondierenden Chromosomenabschnitten der Homologen statt. Die meisten Eizellen einer Frau beenden die Meiose nicht.

# Apoptose und Nekrose

Apoptose und Nekrose sind zwei grundsätzlich verschiedene Mechanismen, die beide zum Tod einer Zelle führen. Während die Apoptose ein von der Zelle initiiertes **Selbstzerstörungsprogramm** darstellt, wird die Nekrose durch schädigende Noxen aus der Umgebung einer Zelle ausgelöst. Beide Vorgänge unterscheiden sich zudem durch ihre Morphologie und die zugrundeliegenden Signalprozesse.

## Apoptose

### Definition und Morphologie

Apoptose bezeichnet den programmierten Zelltod, der sowohl in physiologischen (z. B. während der Embryonalentwicklung) als auch in pathologischen Prozessen (z. B. Tumorentstehung) eine wichtige Rolle spielt. Es ist ein energieverbrauchender Prozess, der durch spezifische Signalwege charakterisiert ist, die zu morphologisch sichtbaren Veränderungen der Zelle führen. Im Rahmen dieser Signalwege spielen **Caspasen** (**C**ystein-Proteasen, die Substrate hinter **Asp**artat schneiden) eine wichtige Rolle. Procaspasen werden durch **limitierte Proteolyse** aktiviert und wirken dann als Proteasen. Der Vorgang kann entweder durch extrazelluläre Mediatoren (extrinsischer apoptotischer Signalweg) oder durch proapoptotische intrazelluläre Moleküle (z. B. p53; intrinsischer apoptotischer Signalweg) ausgelöst werden. Wachstumsfaktoren können die Apoptose einer Zelle verhindern, entsprechend kann ein Mangel derselben zur Induktion des programmierten Zelltods führen.

Im Rahmen der Apoptose kommt es zu **morphologischen Veränderungen,** die charakteristisch sind (▮ Abb. 1). Durch den Verlust der Zell-Zell-Kontakte verliert eine Zelle ihren Anschluss im Gewebsverband. Sie verkleinert sich bei intakter Zellmembran mit den Zellorganellen, die zunächst morphologisch und funktionell erhalten bleiben. Im Zellkern ist eine Kondensation und Fragmentierung des Chromatins typisch. Ebenfalls sichtbar bei apoptotischen Vorgängen können Zellabschnürungen mit Organelleninhalt sein. Diese bezeichnet man dann als **apoptotische Körperchen.** Sie werden (z. B. durch Makrophagen) phagozytiert und lösen **keine Entzündungsreaktion** aus.

Apoptose wird durch die Aktivierung von sog. Caspasen vermittelt. Caspasen sind **C**ystein-Proteasen, die ihre Proteinsubstrate hinter der Aminosäure **Asp**artat spalten.

### Signalwege

#### Extrinsischer apoptotischer Signalweg

Als Stimuli dienen extrazelluläre Mediatoren, die an Oberflächenrezeptoren der Zielzelle andocken. Hierzu gehört **TNF-α** (*engl.* Tumor necrosis factor α), der an den TNF1-Rezeptor bindet. Außerdem bindet der Fas-Ligand (auch CD95-Ligand genannt) an den **Fas-Rezeptor** (auch **CD95** genannt). Als weiterer Stimulator des extrinsischen Signalwegs gilt TRAIL (*engl.* Tumor necrosis factor related apoptosis-inducing ligand), der ebenfalls spezifische Rezeptoren (TRAIL R1/2) stimuliert. Alle genannten Rezeptoren werden als **Todesrezeptoren** bezeichnet. Über Adaptermoleküle werden dann intrazellulär zuerst **Initiatorcaspasen** und später im Rahmen einer proteolytischen Kaskade **Effektorcaspasen** aktiviert. Sie vermitteln o. g. Veränderungen einer apoptotischen Zelle. Als bekanntester Inhibitor des extrinsischen Signalwegs gilt FLIP (*engl.* FLICE-inhibitory protein), das auch bei Tumorzellen für Resistenzen gegenüber Apoptose verantwortlich sein kann (▮ Abb. 2).

#### Intrinsischer apoptotischer Signalweg

Durch Schädigungen an DNA oder Schäden anderer zellulärer Bestandteile, welche die zelluläre Integrität stören, wird der intrinsische apoptotische Signalweg in Gang gesetzt. Ursachen solcher Schäden können Hypoxie, Nährstoffmangel, aber auch die Exposition gegenüber Bestrahlung oder Chemotherapie sein. Speziell bei DNA-Schädigung erfolgt die Apoptoseinitiierung über eine Aktivierung des **Tumorsuppressorgens p53,** das zu einer vermehrten Expression von bestimmten Membrankanälen (Bax, Bid) führt, die in die äußere Mitochondrienmembran eingebaut werden. In der Folge setzen diese **Zytochrom c** frei und aktivieren Apaf 1 (*engl.* Apoptotic protease-activating factor 1). Dieses bildet im Zytosol einer apoptotischen Zelle einen hochmolekularen Proteinkomplex **(Apoptosom).** Zum Apoptosom werden Initiator- und in der Folge Effektorcaspasen rekrutiert und dort aktiviert. Für die Regulation der Zytochrom-c-Freisetzung ist die **Bcl2-Proteinfamilie** verantwortlich. Sie besteht aus vielen verschiedenen Proteinen, die sowohl pro- als auch antiapoptotische Wirkung haben können (▮ Abb. 2).

Bcl2 selbst gehört der Bcl2-Proteinfamilie an und wirkt antiapoptotisch. Bax, Bak, Bid und Bad sind ebenfalls Mitglieder dieser Familie und wirken proapoptotisch.

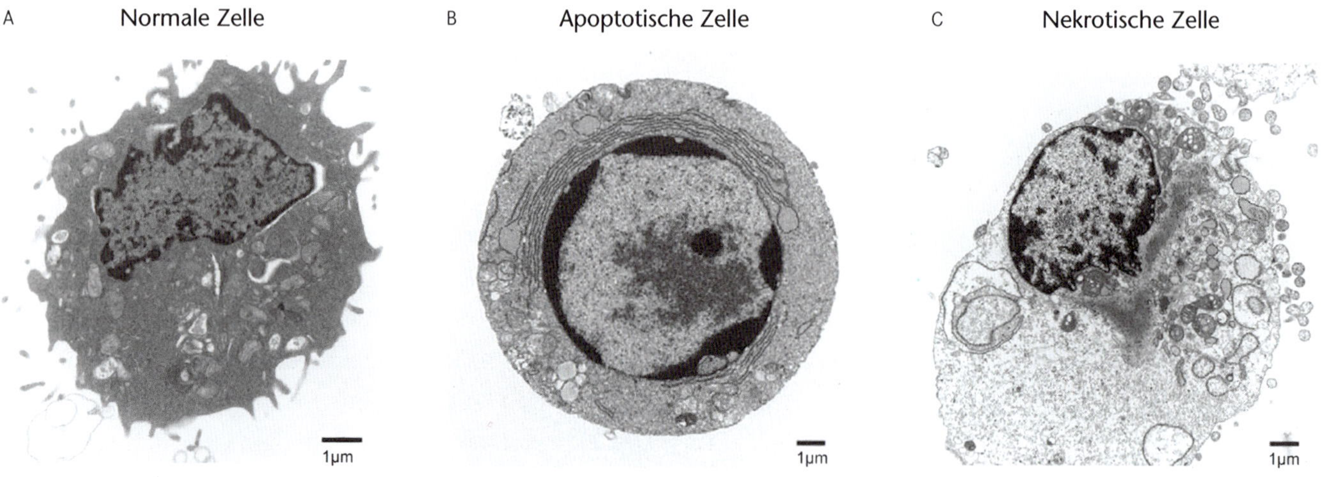


▮ Abb. 1: Typische morphologische Veränderungen bei Apoptose (B) und Nekrose (C). Beachte den kontrollierten Untergang der apoptotischen Zelle einerseits und den Selbstverdau sowie das „Auslaufen" von Bestandteilen der nekrotischen Zelle andererseits, welches zu einer Entzündungsreaktion in der Umgebung führt. [37]

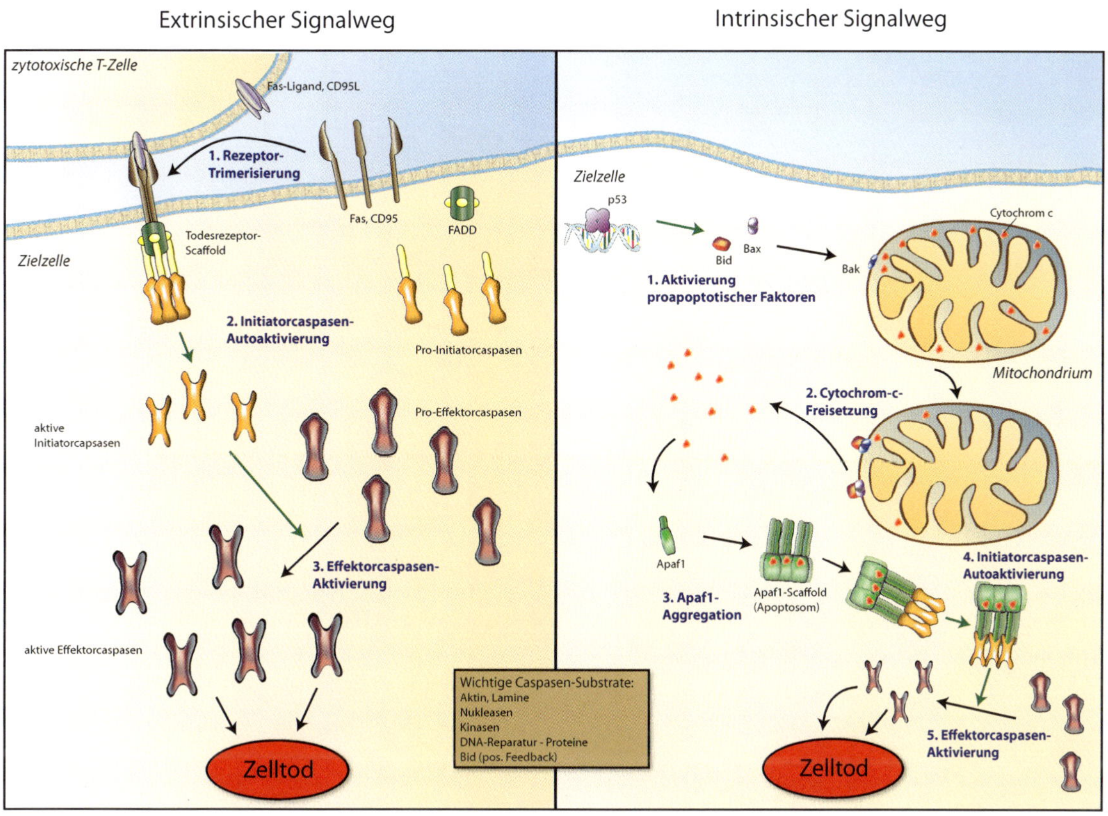


Abb. 2: Darstellung der wichtigsten Stationen des ex- und intrinsischen apoptotischen Signalwegs. Beide Wege führen zur Aktivierung von Caspasen. [2]

Zwischen dem ex- und intrinsischen Signalweg der Apoptose gibt es Verbindungen, sodass eine Aktivierung des extrinsischen apoptotischen Wegs über Mediatoren intrazellulär auch eine Zytochrom-c-Freisetzung induzieren kann.

## Bedeutung der Apoptose für Tumorgenese und -therapie

Tumoren weisen häufig eine erhöhte Resistenz gegenüber Apoptose auf. Die gezielte Induktion von Apoptose könnte somit ein Therapieansatz zur Tumorbekämpfung sein. So könnte beispielsweise eine Hemmung des antiapoptotischen Proteins Bcl2 den programmierten Zelltod ebenso fördern wie die therapeutische Gabe von rekombinantem TRAIL. Eine solche molekular gezielte Therapie ist derzeit eines der wichtigsten Ziele in der Krebsforschung.

# Nekrose

## Definition und Morphologie

Nekrose wird durch unspezifische physikochemische Reize oder Noxen ausgelöst. Früher glaubte man, dass es sich hierbei um einen unkontrollierten Zelltod handelte, da willkürlich Zellen im Gewebsverband, die dem Reiz oder der Noxe ausgesetzt sind, abgetötet werden. Mittlerweile weiß man aber, dass auch bei der Nekrose intrazellulär spezifische Signale ausgelöst werden (s. u.). Die Nekrose unterscheidet sich jedoch morphologisch erheblich von der Apoptose. Es kommt zur Schwellung der Zelle. Weiterhin werden eine **Kernpyknose** (Verkleinerung des Zellkerns) und **Kariolyse** (Auflösung des Zellkerns) oder eine **Karyorrhexis** (Zerfall des Zellkerns in Einzelbestandteile) beobachtet. Die Zelle platzt schließlich und setzt dabei Enzyme sowie chemotaktische Faktoren frei, die eine immunologische Entzündungsreaktion der Umgebung bedingen. Bei Organschäden treten Nekrose und Apoptose häufig nebeneinander auf.

Die Nekrose geht mit einer Entzündungsreaktion einher, was bei der Apoptose nicht beobachtet werden kann.

## Grundzüge des Signalwegs

Im nekrotischen Signalweg kommt es ebenfalls in einer Signalkette intrazellulär zu einer Produktion von **ROS** (*engl.* Reactive oxygen species) durch Aktivierung einer Oxidase. Im Rahmen dieses Signalwegs bildet das Molekül RIP1 die zentrale Komponente. Zudem spielt eine mitochondriale Fehlfunktion eine wichtige Rolle. Moleküle innerhalb der nekrotischen Signalkette werden aktiv durch Apoptosesignale gehemmt. Fällt z. B. die Apoptose in einer entarteten Zelle aus, kann die Nekrose dieser Zelle die Transformation zu einem Tumorzellklon verhindern. Daher kann Nekrose auch als Ergänzung zur Apoptose gesehen werden.

### Zusammenfassung

Apoptose ist der programmierte Zelltod, bei dem Caspasen über einen extrinsischen oder einen intrinsischen Signalweg aktiviert werden und eine Zelle ohne sichtbare Entzündung zu Grunde geht. Nekrose wird ebenfalls gesteuert, resultiert jedoch in einer Entzündungsreaktion. Beide Vorgänge besitzen unterschiedliche morphologische Kennzeichen und molekulare Mechanismen.

# Prinzipien zellulärer Signaltransduktion

## Kommunikation auf zellulärer Ebene

**Signaltransduktionswege** regulieren beinahe alle bekannten zellulären Prozesse. Sie stimmen das Verhalten von Zellen auf ihr Umgebungsmilieu ab. Die Signale können sowohl physikalischer (z. B. Licht, Schall) als auch chemischer Natur sein. So können in einem komplexen Organismus weit entfernte Organe über Botenstoffe miteinander kommunizieren. Es gibt v. a. drei Integrationssysteme, die zur Steuerung körperlicher Funktionen Signalstoffe nutzen: Nervensystem, Hormonsystem und Immunsystem. Der Prozess der Signaltransduktion bezeichnet das Umsetzen eines extrazellulären Signals in eine zelluläre Reaktion. Dies geschieht nach folgendem Grundschema (▮ Abb. 1):

1. **Rezeption** eines Reizes (physikalisch oder chemisch)
2. **Transfer** des Signals ins Zellinnere
3. **Signalamplifikation**
4. **Modulation** von Effektorsystemen
5. **Adaptation** über negative Feedback-Schleifen.

Eine derartige Signalabfolge wird als **Signaltransduktionskette (Signalkaskade)** bezeichnet. Zahlreiche dieser Signalpfade (*engl.* **Pathways**) sind heute bekannt. Sie überkreuzen sich teilweise stark, weshalb man auch häufig von **Signalnetzwerken** spricht. Sinn dieser Signalkaskaden ist eine Verstärkung **(Amplifikation)** des Signals im Zellinneren, sodass alle Orte in einer Zelle gleichsam das Signal wahrnehmen können. Ziele von Signaltransduktionswegen sind beispielsweise Transkriptionsfaktoren zur Regulation der Genexpression, Enzyme des Stoffwechsels, die Exozytosemaschinerie, das Zytoskelett oder andere Oberflächenrezeptoren bzw. Ionenkanäle. Negative **Feedback-Schleifen** sorgen schließlich dafür, dass das zelluläre Signal auch wieder abgeschaltet werden kann.

**Adaptation** (Desensitivierung) bezeichnet eine verminderte zelluläre Reaktion auf äußere Reize (z. B. Botenstoffe) bei dauerhafter Reizung. Sie lässt sich molekularbiologisch v. a. durch eine Feedback-Inaktivierung von Rezeptormolekülen erklären. Generell hängt die Reaktion einer Zelle von der vorhandenen Rezeptorausstattung und den verwendeten Signalwegen ab und nicht von der Art des Stimulus. So kann das Hormon Adrenalin z. B. die Gefäße der Skelettmuskeln weit stellen, wohingegen es in den meisten anderen Stromgebieten des Körpers zu einer Gefäßengstellung, verbunden mit einem Blutdruckanstieg, führt.

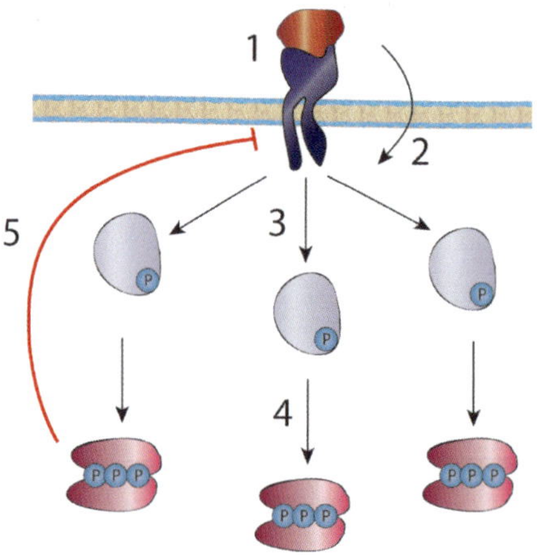


▮ Abb. 1: Grundschema zellulärer Signaltransduktion. Die Schritte 1 – 5 werden im Text erklärt. [5]

> Die Wirkung eines Signalstoffs kann sich je nach exprimierter Signaltransduktionsmaschinerie erheblich von Zelle zu Zelle unterscheiden!

## Molekulare Hardware

### Liganden

Chemische Stoffe, welche Signaltransduktionskaskaden aktivieren **(Rezeptorliganden),** sind unterschiedlicher chemischer Natur. Grundsätzlich lassen sich unterscheiden:

**Hormone** Es handelt sich um Botenstoffe, welche aus endokrinen Drüsen ausgeschüttet werden und über das Blutsystem zum Ort ihrer Wirkung (häufig verschiedene Organe) gelangen.

**Parakrine Mediatoren** Diese Botenstoffe werden aus verschiedenen Stromazellen und Immunzellen freigesetzt (z. B. Zytokine, Wachstumsfaktoren). Ihre Wirkung ist auf die lokale Umgebung beschränkt.

**Neurotransmitter** Sie dienen der Signalweiterleitung an sog. chemischen Synapsen (s. S. 92/93).

### Rezeptoren

Rezeptoren nehmen Signale wahr (z. B. durch Bindung eines Hormons) und ändern dabei ihre Struktur, sodass nachgeschaltete Signalwege aktiviert werden **(metabotrope Rezeptoren).** Einige Rezeptoren sind selbst Kanalproteine (s. S. 16/17), die bei Bindung ihres Liganden geöffnet werden **(ionotrope Rezeptoren).**

Rezeptoren sind i. d. R. Proteinmoleküle. Auf der Zellmembran kommen viele einzelne Rezeptormoleküle vor, um ein ausreichend starkes intrazelluläres Signal zu generieren. Aber auch intrazellulär existieren sie löslich im Zytoplasma oder in intrazellulären Membranen zur Detektion von membrandurchdringenden Stimuli wie Licht oder hydrophoben Molekülen (z. B. Steroidhormone, NO, $O_2$). Membranrezeptoren interagieren mit anderen Membranproteinen (z. B. G-Proteinen) oder zytoplasmatischen Proteinen, um das Signal nach intrazellulär zu übermitteln **(Transduktion).**

In der Wissenschaft wie auch im klinischen Alltag gebraucht man Substanzen, welche bestimmte Rezeptoren im Körper blockieren **(Antagonisten)** oder stimulieren **(Agonisten).**

### Heterotrimere G-Proteine

Heterotrimere G-Proteine sind Signaltransduktionsproteine (mit drei unterschiedlichen Untereinheiten) in der Zellmembran, die Guaninnukleotide binden können. Über diese Bindung wird ihre Aktivität reguliert. Bindet GTP an ihre α-Untereinheit, so ist das G-Protein aktiv, bindet es GDP, so wird es inaktiv. Im aktiven Zustand dissoziiert das Protein in die α-Untereinheit und eine βγ-Untereinheit. Beide Untereinheiten können durch Interaktionen mit anderen Proteinen (z. B. Adenylatzyklasen) das Signal an der Innenseite der Zellmembran weiterleiten.

G-Proteine werden durch Sieben-Transmembrandomänen-Rezeptoren (7TM-Rezeptoren) aktiviert, indem diese für einen Austausch des gebundenen GDP mit GTP sorgen. Im Anschluss werden sie schnell inaktiviert, da die α-Untereinheit eine intrinsische GTPase-Aktivität für die Spaltung des GTP in GDP und $P_i$ besitzt.

Heterotrimere G-Proteine werden durch Sieben-Transmembrandomänen-Rezeptoren aktiviert.

## Kinasen

Kinasen sind Enzyme, die Phosphatgruppen von ATP auf andere Proteine übertragen, diese also phosphorylieren. Über das Anhängen von Phosphatgruppen an bestimmte Aminosäuren von Enzymen wird deren Aktivität reguliert **(Interkonversion).** Die wichtigsten zellulären Prozesse (z. B. viele Stoffwechselwege oder der Zellzyklus) werden auf diese Weise gesteuert. Kinasen kommen als lösliche Proteine im Zytosol einer jeden Zelle vor. Es gibt aber auch Rezeptoren mit speziellen zytoplasmatischen Domänen, welche Kinaseaktivität besitzen **(Rezeptor-Tyrosin-Kinasen).**

## Adapterproteine

Adapterproteine besitzen mehrere Proteinbindungsdomänen, um verschiedene Signalmoleküle gleichzeitig zu binden. Dies führt zur Weiterleitung des Signals von einem Protein zu einem oder mehreren anderen Proteinen **(Signaldivergenz).** Alternativ können so auch mehrere Signalwege zusammenfließen, wenn ein Adapterprotein nur einen oder wenige Downstream-Ziele besitzt **(Signalkonvergenz).** Über Adapterproteine können in der Zelle hochmolekulare Komplexe (*engl.* **Molecular scaffolds**) aufgebaut werden, die wie Signalstationen funktionieren (z. B. Apoptosom).

## Second messenger

Second messenger sind kleine Moleküle (keine Proteine), die im Zentrum vieler Signalwege stehen (s. S. 86/87). Sie aktivieren eine große Anzahl von Downstream-Effektoren und tragen damit erheblich zur Signalamplifikation bei. Zu den Second messengern zählen **zyklische Nukleotide** (wie cAMP und cGMP), **$Ca^{2+}$** (freigesetzt v. a. aus dem ER) und **Lipide** (wie Diacylglycerol, DAG).

## Kleine G-Proteine

Kleine G-Proteine verhalten sich ähnlich wie heterotrimere G-Proteine der Plasmamembran. Sie sind ebenso molekulare Schalter, die bei GTP-Bindung eine aktive und bei GDP-Bindung eine inaktive Konformation einnehmen. Im Gegensatz zu heterotrimeren G-Proteinen gelangen sie jedoch durch Bindung von sog. Guaninnukleotid-Austauschfaktoren (*engl.* Guanine nucleotide exchange factors, **GEF**) zu ihrer aktiven Struktur, da diese Faktoren den Austausch von GDP mit GTP begünstigen.

Für die Spaltung von GTP in GDP und $P_i$ benötigen kleine G-Proteine die Hilfe von sog. GTPase-aktivierenden Proteine **(GAP).**

Der **G-Proteinzyklus,** welcher für heterotrimere wie kleine G-Proteine gleichermaßen Gültigkeit besitzt, ist in ▌Abbildung 2 demonstriert.

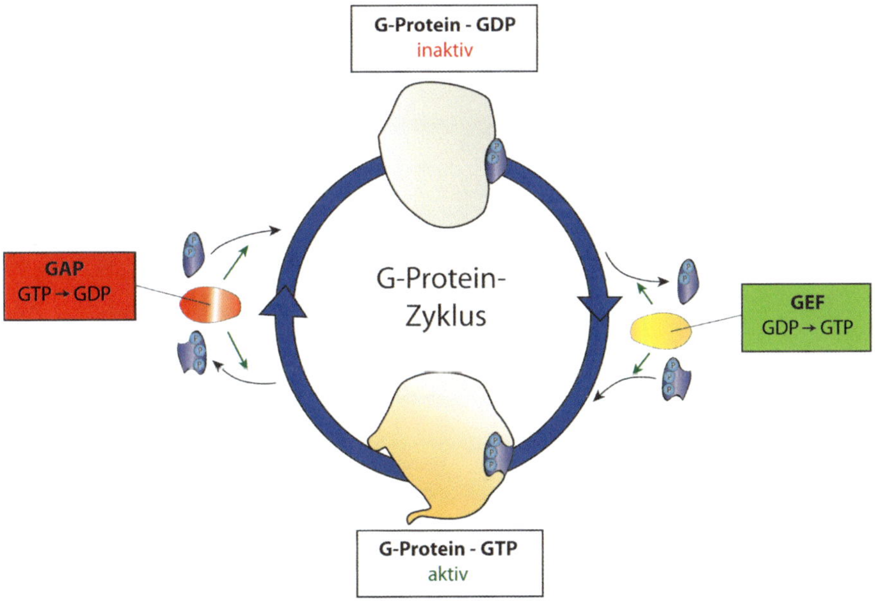


▌Abb. 2: G-Proteinzyklus. G-Proteine „schalten" wie molekulare Schalter zwischen aktiver und inaktiver Konformation durch Bindung von bestimmten Guaninnukleotiden um. [5]

**Zusammenfassung**

Signale in unserem Körper werden auf zellulärer Ebene über Signaltransduktionskaskaden verarbeitet. Hierbei nehmen Rezeptoren extra- und intrazelluläre Signale wahr. Eine Vielzahl anderer Moleküle leitet die Signale weiter, integriert sie und führt schließlich zu einer zellulären Reaktion.

# Rezeptoren

## Übersicht

Es gibt ca. 20 verschiedene Rezeptortypen, um chemische und physikalische Signale der zellulären Umwelt wahrzunehmen. Diese Rezeptoren befinden sich i. d. R. auf der Plasmamembran. Rezeptoren für lipidlösliche Stoffe (z. B. Steroidhorme, NO) kommen jedoch auch im Zellinneren vor. Membranrezeptoren lassen sich grob in drei große Gruppen einteilen (▮ Abb. 1):

- ▶ Ionenkanal-gekoppelte Rezeptoren (ionotrop)
- ▶ G-Protein-gekoppelte Rezeptoren (metabotrop)
- ▶ Enzym-gekoppelte Rezeptoren (metabotrop).

**Ionotrope Rezeptoren** antworten schnell (binnen Bruchteilen von Sekunden) auf einen Stimulus, da die Kanalöffnung zu einer direkten Änderung des Membranpotentials und damit zu einer zellulären Reaktion führt. **Metabotrope Rezeptoren** setzen Signale meist langsamer um (Minuten bis Stunden), da in der Folge erst eine oder mehrere Signaltransduktionsketten aktiviert werden müssen.

## Ionenkanal-gekoppelte Rezeptoren

Die Kanalpore ionotroper Rezeptoren kann durch verschiedene Stimuli geöffnet werden (s. S. 16/17). In den meisten Fällen handelt es sich dabei um extrazelluläre Liganden (z. B. Acetylcholin, Glutamat) oder ein verändertes Membranpotential, welches durch einen Spannungssensor wahrgenommen werden kann. Ligandengesteuerte Ionenkanäle weisen in ihrem extrazellulären Bereich mindestens eine Bindungsstelle für den Botenstoff auf (▮ Abb. 1A). Die Bindung des Signalstoffs führt schließlich zu einer strukturellen Veränderung im Bereich der Kanalpore, sodass positiv oder negativ geladene Ionen (z. B. $Na^+$, $Ca^{2+}$, $K^+$, $Cl^-$) hindurchtreten können.

## G-Protein-gekoppelte Rezeptoren

G-Protein-gekoppelte Rezeptoren (GPCR) sind aus sieben α-Helices aufgebaut, welche jeweils die Membran komplett durchspannen und über Schleifen auf beiden Membranseiten miteinander verbunden sind (▮ Abb. 1B). Sie werden von einer Vielzahl verschiedener Liganden aktiviert. Diese reichen von Neurotransmittern über Hormone bis zu über 1000 verschiedenen Geruchsstoffen. Aktivierte GPCR katalysieren den Austausch von GDP mit GTP an der α-Untereinheit von G-Proteinen. Diese dissoziiert in der Folge von der βγ-Untereinheit. Beide Untereinheiten des G-Proteins können Downstream-Effektoren aktivieren (s. S. 88/89).
GPCR adaptieren typischerweise an anhaltende Stimuli. Diese Reaktion erfolgt durch Phosphorylierung zytoplasmatischer Rezeptordomänen durch aktivierte Proteinkinasen. An diese phosphorylierten Rezeptorstellen dockt in der Folge **Arrestin** an. Dieses Protein verhindert die Interaktion des Rezeptors mit G-Proteinen. Zudem bewirkt die Bindung von Arrestin über eine längere Zeit die **Internalisation** von GPCR durch clathrinumhüllte Vesikel (s. S. 70/71). Diese schnelle Adaptationsfähigkeit spielt u. a. eine wichtige Rolle bei der Wahrnehmung von Lichtreizen in der Netzhaut des Auges.

## Enzym-gekoppelte Rezeptoren

### Rezeptor-Tyrosin-Kinasen (RTK)

Diese Membranrezeptoren enthalten zytoplasmatische Tyrosin-Kinasedomänen. Sie werden v. a. von Wachstumsfaktoren (z. B. *engl.* Epidermal growth factor, EGF) aktiviert. Freigesetzt werden diese parakrinen Mediatoren z. B. von Bindegewebszellen. Die Bindung eines Wachstumsfaktors an seinen Rezeptor führt zur **Dimerisierung** zweier Rezeptor-Untereinheiten in der Plasmamembran (▮ Abb. 1C). Die beiden angenäherten zytoplasmatischen Kinasedomänen phosphorylieren sich anschließend gegenseitig an Tyrosinresten **(Transphosphorylierung).** Die phosphorylierten Tyrosine bilden jetzt Andockstellen für zytoplasmatische Signalmoleküle (s. S. 88/89). Nach der Rekrutierung zum Rezeptor werden diese auch an Tyrosinen phosphoryliert, dissoziieren ab und leiten das Signal an die Membran oder ins Zytoplasma weiter.
Negatives Feedback erhalten Rezeptor-Tyrosin-Kinasen z. B. durch Phosphorylierung oder Monoubiquitinierung an bestimmten Aminosäureresten.

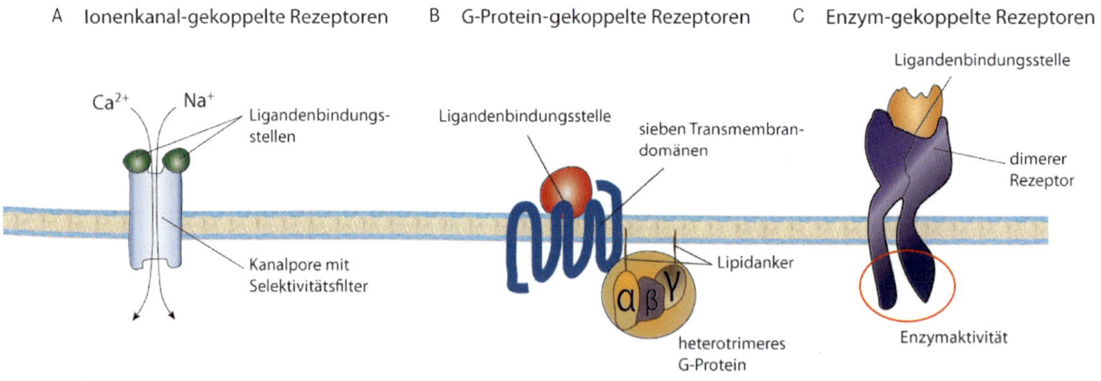


▮ Abb. 1: Rezeptortypen: Ionenkanal-gekoppelter Rezeptor (A), G-Protein-gekoppelter Rezeptor (GPCR) (B) und Enzym-gekoppelter Rezeptor (C). [5]

**Zytokin-Rezeptoren** Sie bilden Homo- oder Heterodimere in der Plasmamembran, besitzen aber keine eigene Enzymaktivität. Stattdessen rekrutieren sie nach Ligandenbindung lösliche zytosolische Tyrosin-Kinasen (z. B. JAK = *engl.* Just another kinase: Januskinasen, s. S. 90/91). Diese phosphorylieren und aktivieren sich damit gegenseitig. Zytokin-Rezeptoren werden von einer Reihe wichtiger Botenstoffe aktiviert, u. a. Erythropoetin (EPO), Thrombopoetin (TPO), viele Interleukine, Colony-stimulating factors (CSF).

## Weitere Plasmamembranrezeptoren

**Rezeptor-Serin-Threonin-Kinasen** Sie bilden nach Bindung dimerer Liganden (z. B. TGF-β) quartäre Rezeptorkomplexe aus je zwei sog. Typ-I- bzw. Typ-II-Rezeptorketten. Die zytoplasmatischen Rezeptorketten phosphorylieren sich daraufhin gegenseitig an Threoninen, was schließlich zur Bindung und Phosphorylierung von bestimmten zytoplasmatischen Transkriptionsfaktoren (Smads) führt, die daraufhin in den Zellkern translozieren.

**Guanylatzyklase-Rezeptoren** Diese werden durch Peptide, z. B. das atriale natriuretische Peptid (ANP, ANF), aktiviert. Der zytosolische cGMP-Anstieg führt zu einer vermehrten Natrium- und Wassersekretion in der Niere und einer Erweiterung der Blutgefäße. Beide Effekte haben einen Blutdruckabfall zur Folge.

**Hedgehog-Rezeptoren** Sie spielen bei der Entwicklung des Neuralrohrs und den Segmentierung des Embryos eine Rolle. Der eigentliche Rezeptor des Liganden Hedgehog (benannt nach der Sony-Spielfigur) wird als „Patched" bezeichnet. Er besitzt keine nachgewiesene Enzymaktivität. Nach Hedgehog-Bindung verliert er seine hemmende Wirkung auf einen konstitutiv aktiven 7TM-Rezeptor (*engl.* Smoothened). Die Smoothened-Aktivierung führt wiederum zur Stabilisierung eines zyoplasmatischen Transkriptionsfaktors (Gli1), der verschiedene Differenzierungsgene reguliert.

**Frizzled-Rezeptoren** Diese besitzen sieben Transmembrandomänen und binden den extrazellulären Liganden Wnt. Er spielt in der Zelldifferenzierung und der Tumorgenese eine wichtige Rolle. Die Bindung von Wnt an Frizzled führt zum Zerfall eines zytoplasmatischen Scaffold-Komplexes (*engl.* Scaffold für „Gerüst"). Dieser Komplex ermöglicht normalerweise die proteasomale Degradation von β-Catenin, einem wichtigen proliferationsfördernden Signalmolekül (s. S. 90/91).

**Tumornekrosefaktor-Rezeptoren** Diese große Klasse an Membranrezeptoren bindet unterschiedliche Liganden wie Tumornekrosefaktor-α (TNF-α), Nervenwachstumsfaktor (NGF) und Fas-Ligand (CD95). Sie trimerisieren nach Ligandenbindung und aktivieren unterschiedliche zytoplasmatische Signalwege, u. a. den NF-κb-Signalweg (s. S. 94/95).

**Toll-like-Rezeptoren** Sie binden bestimmte Oberflächenmuster von Mikroorganismen und sind damit wichtige Rezeptoren auf den Phagozyten (Fresszellen) und Lymphozyten des Immunsystems. Nach Aktivierung führen sie u. a. über den Transkriptionsfaktor Nf-κ b zur vermehrten Expression von proinflammatorischen Zytokinen, die eine Entzündungsreaktion zur Folge haben.

**Notch-Rezeptoren** Diese Rezeptoren spielen v. a. während der Embryonalentwicklung eine wichtige Rolle. Sie werden durch den Liganden Delta aktiviert, wobei ein zytoplasmatischer Rezeptoranteil abgespalten wird, in den Zellkern wandert und dort als Transkriptionsfaktor fungiert.

## Zytoplasmatische Rezeptoren

**Nukleäre Rezeptoren** Sie liegen normalerweise im Zytoplasma oder Karyoplasma an Chaperone gebunden inaktiv vor. Die Aktivierung erfolgt durch hydrophobe Liganden, welche die Zellmembranen per Diffusion durchdringen können. Nach Ligandenbindung dimerisieren die meisten nukleären Rezeptoren und gelangen in den Zellkern, um als Transkriptionsfaktoren die Expression von meist zahlreichen Zielgenen zu beeinflussen. Zur DNA-Bindung weisen sie bestimmte DNA-Bindungsmotive (z. B. Zinkfinger, Leucin-Zipper, s. S. 54/55) auf.

Nukleäre Rezeptoren sind meist zytoplasmatisch lokalisiert und bewegen sich erst nach Ligandenbindung und Dimerisierung in den Zellkern!

**Lösliche Guanylatzyklase-Rezeptoren** Diese Rezeptoren mit Guanylatzyklaseaktivität werden durch **Stickstoffmonoxid (NO)** als wichtigstem Liganden aktiviert. NO wird v. a. in Endothelzellen durch die Scherkräfte des fließenden Bluts gebildet und wirkt dann parakrin auf die glatten Muskelzellen der Gefäßmedia. Dort führt es zur Aktivierung einer zytoplasmatischen Guanylatzyklase und der Bildung von cGMP aus GTP. cGMP reguliert folgende wichtige Effektoren:

- cGMP-abhängige Proteinkinase (PKG)
- cGMP-gesteuerte Ionenkanäle (CNG, *engl.* Cyclic nucleotide gated)
- Phosphodiesterasen.

In der glatten Gefäßmuskulatur führen diese Effektoren zu einer Relaxation (z. B. durch Inaktivierung der MLCK, s. S. 36/37).

### Zusammenfassung

Eine Reihe an zellulären Rezeptorklassen ist für die Erkennung und Weiterleitung von Signalen im menschlichen Körper verantwortlich. Kenntnisse über die genaue Struktur dieser Rezeptoren, nachgeschaltete Signalketten sowie funktionelle Effekte bilden die Grundlage für die Entwicklung von Rezeptorhemmstoffen, welche die große Mehrheit der heute in der Medizin verwendeten Medikamente ausmachen.

# Intrazelluläre Signalverarbeitung

Signale werden im Zytosol über eine Vielzahl von Molekülen weitergeleitet. Diese beeinflussen zelluläre Funktionen durch folgende Mechanismen:

- Interkonversion von Enzymen (v. a. Stoffwechselregulation)
- Modifikation des Zytoskeletts (v. a. Lokomotion und Zellgestalt)
- Aktivierung von Transkriptionsfaktoren (Regulation der Genexpression und damit Steuerung diverser Zellfunktionen).

Eines der häufigsten Prinzipien zellulärer Signalwege sind kaskadenartige **Phosphorylierungen** durch **Kinasen.** Hierbei wird die Phosphatgruppe in Eukaryoten nur auf Serin-, Threonin- oder Tyrosinreste übertragen. Die Phosphorylierung von bestimmten Aminosäureresten eines Proteins führt zu:

- Beeinflussung molekularer Interaktionen
- Konformationsänderung.

Phosphorylierungen können aktivierende oder inaktivierende Wirkung auf das Substrat haben. Dies hängt von der Position der modifizierten Aminosäure im Substrat ab. Allerdings bewirkt die Phosphorylierung bzw. Dephosphorylierung ein und derselben Aminosäure stets eine Aktivierung oder Inhibition.

> Aminosäuren, die phosphoryliert werden können: Serin, Threonin und Tyrosin.

## Intrazelluläre Messenger

### Second messenger

Second messenger sind kleine zytoplasmatische Moleküle (z. B. cAMP, cGMP, DAG, $IP_3$, $Ca^{2+}$), die Signale in Abhängigkeit ihrer Konzentration weiterleiten. Diese Konzentration wird durch das Verhältnis von Auf- und Abbau des Second messengers bestimmt (▮ Abb. 1).

**Calciumionen** Calciumionen werden aktiv durch die SERCA (*engl.* Sarcoplasmic/endoplasmic reticulum calcium ATPase) ins endoplasmatische Retikulum gepumpt (Konzentration: $10^{-3}$ M). Sie können dann bei Bedarf ins Zytosol freigesetzt werden. Hier ist die $Ca^{2+}$-Konzentration normalerweise niedrig ($10^{-7}$ M), sodass ein hoher Konzentrationsgradient besteht, der bei der Öffnung von $Ca^{2+}$-Kanälen in der ER-Membran zum Fluss von Calciumionen ins Zytosol führt. Dort können sie als Second messenger eine Vielzahl von Enzymen aktivieren.

> Der Calciumgradient über die ER-Membran ist gigantisch: 1:10 000. Dafür investiert die Zelle viel Energie (ATP-abhängige SERCA).

**Zyklische Nukleotide** Zyklisches Adenosinmonophosphat (cAMP) oder zyklisches Guaninmonophosphat (cGMP) werden durch Adenylatzyklasen bzw. Guanylatzyklasen im Zytosol aus ATP bzw. GTP hergestellt. Adenylatzyklasen sind integrale Membranproteine und werden durch G-Proteine der Zellmembran aktiviert. Guanylatzyklasen kommen als zytoplasmatische Domänen in Membranrezeptoren oder in löslicher Form im Zytosol vor. Zyklische Nukleotide können an Enzyme oder Membrankanäle binden und diese in ihrer Aktivität beeinflussen. Sie werden durch Phosphodiesterasen (PDE) wieder schnell zu AMP bzw. GMP abgebaut.

> Synthese von zyklischen Nukleotiden: Zyklasen. Abbau: Phosphodiesterasen.

**Inositol-4,5-bisphosphat** Aus Inositol-4,5-bisphosphat (einem Membranlipid) kann durch Phospholipasen vom Typ C die Kopfgruppe samt verbindendem Phosphatrest abgespalten werden, sodass Inositol-1,4,5-trisphosphat ($IP_3$) und Diacylglycerol entstehen. Beides sind Second messenger. Letzteres kann in der Membran Enzyme aktivieren, $IP_3$ diffundiert ins Zytosol und kann am ER $Ca^{2+}$-Kanäle öffnen.

> Die Phospholipasen vom Typ C spalten die Kopfgruppe Inositol inklusive des verbindenen Phosphatrestes von $PIP_2$ ab. So entsteht als „geköpftes" Membranlipid Diacylglycerol und zytoplasmatisches $IP_3$.

### Kinasen und Phosphatasen

**Kinasen** Diese katalysieren die Übertragung einer Phosphatgruppe ($P_i$) von ATP (selten GTP) auf ein Substrat. Die über 500 verschiedenen menschlichen Kinasen werden in Serin-Threonin- (z. B. PKA, PKB, PKC) bzw. Tyrosin-Kinasen (z. B. JAK, Src)

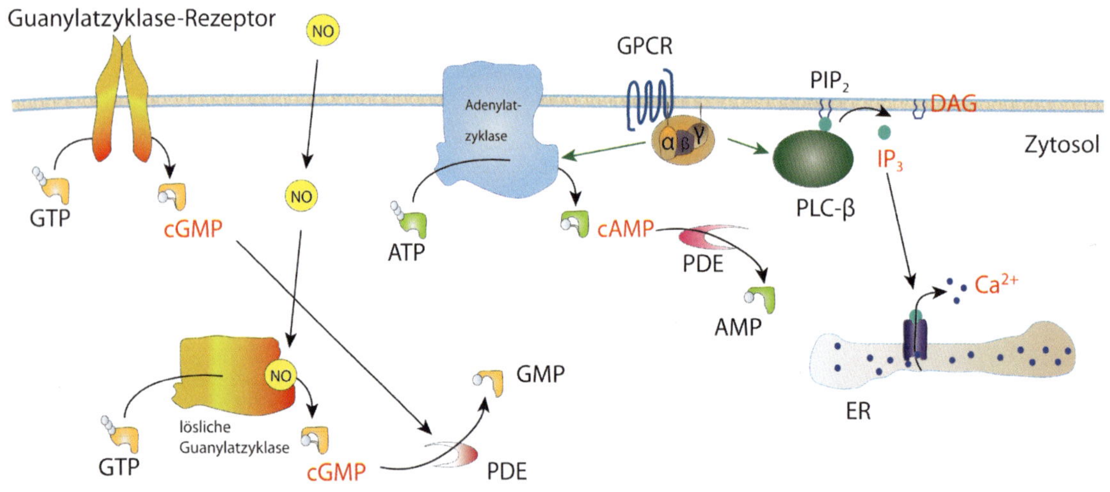


▮ Abb. 1: Synthesewege der wichtigsten Second messenger (rot) im Signalnetzwerk einer Zelle. Grüne Pfeile = Aktivierung/Stimulation. [5]

unterteilt, je nach Spezifität der phosphorylierten Aminosäuren. Substrate von Kinasen sind meist Proteine oder Phosphoinositide. Kinasen sind häufig zentrale Regulatoren zellulärer Signaltransduktionswege. Sie stellen damit eine derjenigen Molekülklassen dar, an denen derzeit am intensivsten nach neuen Medikamenten geforscht wird, insbesondere zum Zwecke der Tumortherapie. Ein wichtiges Prinzip ist dabei die kompetitive Hemmung der ATP-Bindungstasche (s. S. 98/99). Viele zelluläre Kinasen binden eine Reihe von Substraten, die sich durch eine einheitliche Aminosäuresequenz (Konsensussequenz aus wenigen Aminosäuren) auszeichnen. Kinasen selbst werden in ihrer Aktivität reguliert durch folgende Mechanismen:

- Phosphorylierung/Dephosphorylierung
- Bindung von zellulären Aktivatoren/Inhibitoren (z. B. Calcium, Zykline, inhibitorische Peptide)
- Rekrutierung an bestimmte subzelluläre Orte (z. B. Nukleus, Plasmamembran oder Zentrosom).

**Phosphatasen** Diese Enzyme spalten Phosphatreste von Aminosäuren ab (z. B. Calcineurin, Synonym: PP2B) und besitzen dabei, wie Kinasen, eine Tyrosin- bzw. Serin/Threonin-Aminosäurespezifität. Häufig agieren sie als Antagonisten zu Kinasen und regulieren pro-proliferative Signalwege herunter. Es gibt aber auch eine Reihe an Phosphatasen, die aufgrund der Ambivalenz des Phosphorylierungssignals (s. o.) proliferationsfördernde Wirkung haben (z. B. einige Phosphatasen des Zellzyklus).

## GTP-bindende Proteine

GTP-bindende Proteine (GTPasen) koordinieren wichtige zelluläre Funktionen. Sie agieren als molekulare Schalter (s. o.). Hierzu zählen:

- heterotrimere G-Proteine der Plasmamembran
- kleine G-Proteine (z. B. Ras, Rho, Arf, Ran)
- Cofaktoren der Translation (Initiationsfaktor eIF2a, Elongationsfaktor eEF1a und Translokationsfaktor eEF2a)
- Dynamin-abgeleitete GTPasen.

| G-Protein | Aktivierende Rezeptoren | Effektoren | Klinik (Beispiele) |
|---|---|---|---|
| $G_s$ | $\beta_{1-3}$R | Adenylatzyklase↑ | Choleratoxin: ADP-Ribosylierung |
| $G_q$ | A2R, $M_{1/3/5}$ | PLC-β↑ | Kardiomyopathie, Thrombozytenaktivierung |
| $G_i$ | A1R, $M_{2/4}$R | Phosphodiesterase↑, K-Kanäle↑ | Pertussistoxin: ADP-Ribosylierung |
| $G_t$ | Rhodopsin | cGMP-Phosphodiesterase | Mutationen: Nachtblindheit |

Tab. 1: Auswahl hetereotrimerer G-Proteine.

Heterotrimere G-Proteine der Zellmembran lassen sich je nach nachgeschalteter Signaltransduktionskette in verschiedene Gruppen ($G_s$, $G_i$, $G_q$ etc.) einteilen (Tab. 1). Die Gruppe der kleinen G-Proteine ist für zytoplasmatische Zellfunktionen sehr relevant. Sie können zudem Lipidanker erhalten, die z. B. für die Rekrutierung von Ras an die Zellmembran oder von Arf an die Membran von Transportvesikeln sorgen. Translationsfaktoren aus der Gruppe der GTPasen sorgen für einen zeitlich geregelten Ablauf der Translation einer mRNA. Dynamin kann in Abhängigkeit von GTP polymerisieren und sich durch GTP-Hydrolyse schraubenförmig um abknospende Membranvesikel schlingen (s. S. 70/71).

## Adapter- und Gerüstproteine

Adapterproteine spielen eine wichtige Rolle bei der Verknüpfung zellulärer Signalmoleküle und beim Aufbau von Scaffolds (s. S. 82/83). Sie besitzen hierzu verschiedene Interaktionsdomänen:

- SH2-Domänen und PTB-Domänen: Bindung von Phosphotyrosinen
- SH3-Domänen: Bindung von prolinreichen Proteinsequenzen
- PH-Domänen: Bindung von $PIP_2$ oder $PIP_3$.

## Ubiquitin-Ligasen

Regulierte Proteolyse spielt bei der Kontrolle von zellulären Funktionen in Signaltransduktionswegen eine wichtige Rolle. Beispielsweise leitet die Ubiquitin-E3-Ligase **APC** als Bestandteil eines molekularen Komplexes den konstitutiven proteasomalen Abbau des proliferationsfördernden β-Catenins (s. S. 90/91) ein. Ein weiteres Beispiel ist der **Anaphase promoting complex/Cyclosome** (APC/C). Diese Ubiquitin-Ligase initiiert die kontrollierte Trennung der Schwesterchromatiden bei der Mitose durch den Abbau von Securin, einem Separase-Inhibitor (s. S. 76/77).

## Transkriptionsfaktoren

Zahlreiche Signaltransduktionswege regulieren die Expression von Genen der DNA. Hierzu sind eine Reihe DNA-bindender Proteine notwendig, die als Transkriptionsfaktoren bezeichnet werden. Ein Transkriptionsfaktor kontrolliert meist die Expression einer ganzen Reihe von Genen, deren Produkte ähnliche Effekte auf das Zellschicksal haben. Zur DNA-Bindung müssen Transkriptionsfaktoren in den Zellkern gelangen. Hierzu besitzen sie i. d. R. nukleäre Lokalisationssequenzen, an welche Importine binden können (s. S. 66/67). Im Zellkern wird die DNA-Bindung über zangenartige Domänen vermittelt, die die große Furche der DNA umfassen können (z. B. Leucin-Zipper- und Zinkfinger-Domänen). Die Genspezifität wird über die Basenabfolge und Hilfsproteine bestimmt (s. S. 54/55).

### Zusammenfassung

Das wichtigste Ziel extrazellulärer Signale ist der Nukleus als Steuerzentrale einer jeden Zelle. Eine Vielzahl zytoplasmatischer Proteine gewährleistet eine spezifische Weiterleitung, Verstärkung und Interaktion der Signale verschiedenster Membranrezeptoren. Dies funktioniert über folgende Mechanismen: reversible Phosphorylierung, Guaninnukleotid-Bindung, Interaktion zu großen Scaffold-Komplexen und regulierte Proteolyse.

# Signalwege I

## GPCR-Signaltransduktion

G-Protein-gekoppelte Rezeptoren (GPCR) sind die größte Zellmembranrezeptorklasse überhaupt. Allein die Geruchsrezeptoren werden von über 350 verschiedenen Genen codiert (in der Maus über 1000!). GPCR empfangen eine Vielzahl verschiedener extrazellulärer Stimuli, einige werden im Folgenden exemplarisch vorgestellt.

### Adrenorezeptoren

Das Hormon Adrenalin und der wichtigste Neurotransmitter des sympathischen Nervensystems, Noradrenalin, stellen den Körper auf **„Fight-and-Flight"-Reaktion** ein. Im Rahmen dieser Reaktionslage erfolgen eine Stimulation der Herzaktion, eine Erhöhung des Blutdrucks, eine Bereitstellung von Glucose und Fettsäuren als Energielieferanten und eine Drosselung der Verdauungsaktivität. Dies wird über heptahelikale adrenerge Rezeptoren vermittelt, von denen v. a. fünf große Gruppen bekannt sind (▌Tab. 1). Adrenerge Rezeptoren kontrollieren die Konzentrationen der beiden wichtigen Second messenger cAMP und $Ca^{2+}$ (▌Abb. 1).

**β-Rezeptoren ($\beta_{1-3}$)** Sie erhöhen den cAMP-Gehalt durch Stimulation der Adenylatzyklase. Dies führt zur Aktivierung der Proteinkinase A (PKA), deren beide regulatorische Untereinheiten durch die Bindung von je zwei cAMP-Molekülen abdissoziieren. Diese Serin-Threonin-Kinase reguliert u. a. $Ca^{2+}$-Kanäle der Zellmembran von Herzmuskelzellen und Stoffwechselenzyme durch Phosphorylierung. Zudem kann sie den Transkriptionsfaktor CREB phosphorylieren und damit die Transkription von bestimmten Zielgenen (z. B. den Gluconeogenese-Schrittmacherenzymen) ankurbeln.

| Rezeptor | Signalweg | Physiologische Effekte (Auswahl) |
|---|---|---|
| $\alpha_1$ | $G_q$ → PLC-β → $IP_3$/DAG → $Ca^{2+}$/PKC↑→ CM/PK↑ | Sphinkterkontraktion, Vasokonstriktion, Glykogenolyse |
| $\alpha_2$ | $G_i$ → cAMP↓/I(K⁺)↑ | Autorezeptoren (neg. Feedback), Pankreas: Sekretionshemmung |
| $\beta_1$ | $G_s$ → cAMP↑ → PKA, CREB → $Ca^{2+}$-Kanäle↑/Phospholamban↓ | Pos. kardiotrop, Reninfreisetzung↑ |
| $\beta_2$ | $G_s$ → cAMP↑ → PKA, CREB↑ | Metabolismus: Bereitstellung von Brennstoffen |
| $\beta_3$ | $G_s$ → cAMP↑ → PKA, CREB↑ | Thermogenese des Neugeborenen |

▌Tab. 1: Adrenorezeptor-Signaling. CM = Calmodulin, PK = Phosphorylase-Kinase, CREB = cAMP Response element-binding protein, $I(K^+)$ = Kaliumstrom, Phospholamban = Inhibitor der SERCA, weitere Abkürzungen s. Text.

**$\alpha_2$-Rezeptoren** Sie wirken auf diese Signalkette genau entgegengesetzt zu β-Rezeptoren, da sie die cAMP-Konzentration durch Stimulation eines $G_i$-Proteins (inaktiviert Adenylatzyklase) senken. Dies ermöglicht z. B. eine Hemmung der pankreatischen Insulinsekretion.

**$\alpha_1$-Rezeptoren** Sie erhöhen den zytoplasmatischen $Ca^{2+}$-Level, was in vielen glatten Muskelzellen deren Kontraktionszustand erhöht. Ein $G_q$-Protein aktiviert die Phospholipase C-β (PLC-β), welche Phosphatidylinositol(4,5)-bisphosphat ($PIP_2$) in Inositoltrisphosphat ($IP_3$) und Diacylglycerol (DAG) spaltet. $IP_3$ öffnet $Ca^{2+}$-Kanäle der ER-Membran, DAG aktiviert $Ca^{2+}$-abhängig an die Zellmembran rekrutierte Proteinkinase C (PKC). $Ca^{2+}$ und die PKC vermitteln die Effekte dieses Signalwegs, z. B. die Kontraktion von glatter Muskulatur im Magen-Darm-Trakt. $Ca^{2+}$ aktiviert als wichtiger Second messenger zudem viele Proteine mit $Ca^{2+}$-Bindungsdomänen, z. B. Calmodulin (CM) oder die Phosphorylase-Kinase (PK). CM bindet (nach Aktivierung durch vier $Ca^{2+}$-Ionen) an die Myosin-leichte-Ketten-Kinase (MLCK) der glatten Muskulatur und aktiviert diese, was zur Kontraktion führt. PK phosphoryliert in Muskel- und Leberzellen die Glykogenphosphorylase, welche daraufhin Glykogen zu Glucose-6-phosphat degradiert.

### Photodetektion in der Retina

Auch Lichtquanten werden im menschlichen Auge über G-Protein-gekoppeltes Signaling wahrgenommen. In den Stäbchen-Photorezeptoren liegt der eigentliche molekulare Lichtrezeptor, das Rhodopsin, in intrazellulären Membranstapeln (Disks) vor. Es besteht aus dem Protein Opsin, an das kovalent das Chromophor 11-cis-Retinal gebunden ist. Bei Erregung durch ein Photon isomerisiert dieses zu All-trans-Retinal, was Rhodopsin in eine aktive Konformation bringt. Diese aktiviert das G-Protein Transducin, dessen α-Untereinheit eine membranständige **cGMP-Phosphodiesterase** aktiviert. Der sinkende cGMP-Spiegel zieht eine Verringerung der Offenwahrscheinlichkeit von cGMP-abhängigen unspezifischen Kationenkanälen der Zellmembran des Stäbchens nach sich, was zu dessen Hyperpolarisation führt. Folglich sinkt die Ausschüttung des Neurotransmitters Glutamat an der Synapse des Stäbchens.

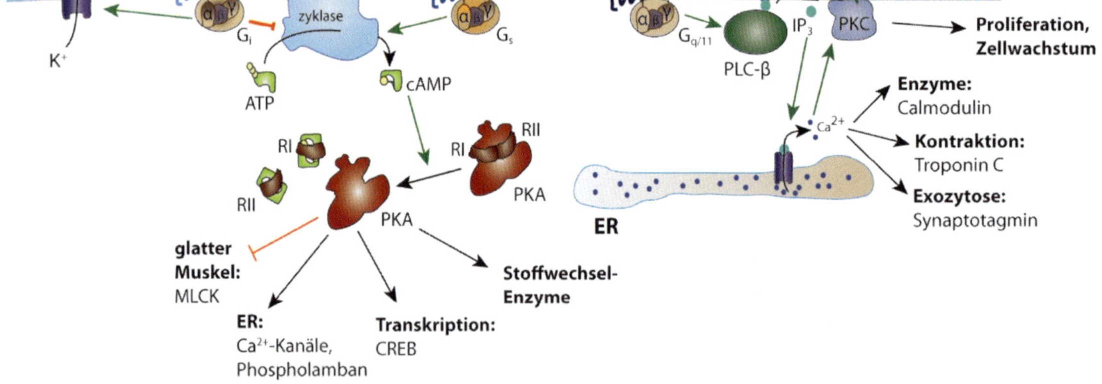


▌Abb. 1: Signaltransduktion von Adrenorezeptoren. A = Adrenalin, NA = Noradrenalin, RI/II = regulatorische Untereinheiten der PKA. Grüne Pfeile = Aktivierung/Stimulation, rote Pfeile = Hemmung. [5]

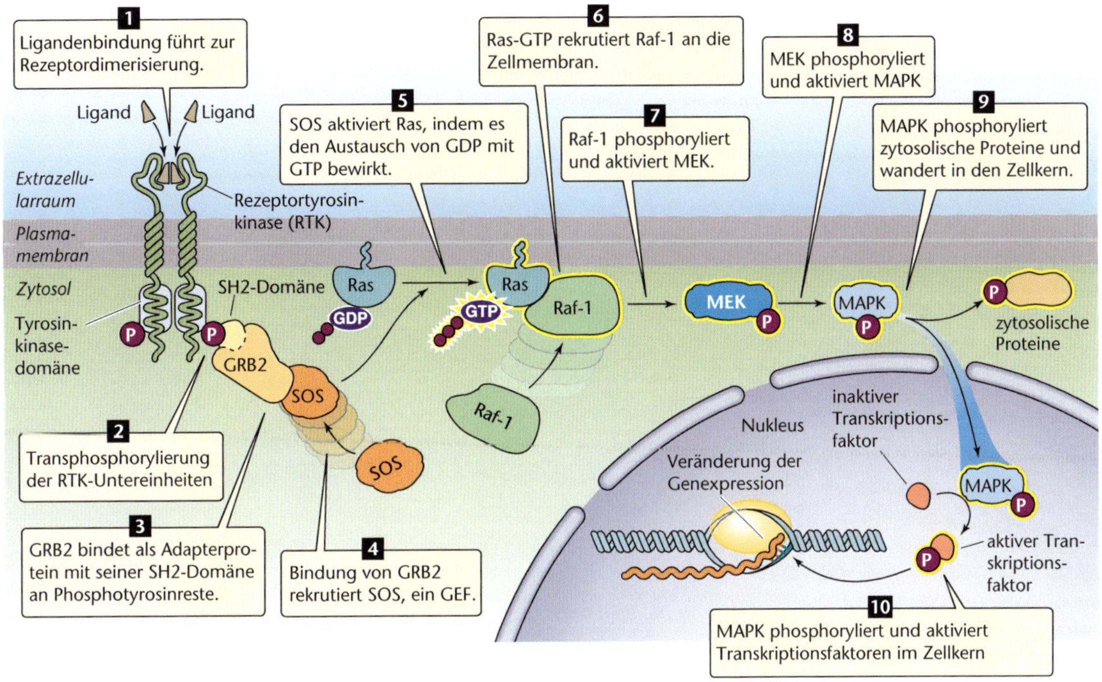


Abb. 2: RTK-Signaltransduktion und Ras/MAPK-Signalpfad. [17]

Der Neurotransmitter Glutamat wird von Photorezeptoren bei Dunkelheit ausgeschüttet, da ohne Licht die Rezeptormembran depolarisiert ist („Dunkelstrom").

## Kontrolle des zytosolischen $Ca^{2+}$-Levels

Der zytoplasmatische Calciumionengehalt spielt bei der Regulation vieler Zellfunktionen eine wichtige Rolle, darunter Exozytose, Kontraktion, Zytokinese und Fertilisation. Er wird daher streng kontrolliert (s. S. 86/87). $Ca^{2+}$-Pumpen des endoplasmatischen Retikulums und der Zellmembran sowie $Ca^{2+}$-bindende intrazelluläre Proteine halten die zytoplasmatische Calciumionenkonzentration normalerweise niedrig. Verschiede Signale können auf unterschiedlichen Wegen für lokale Erhöhungen (sog. $Ca^{2+}$-Sparks) der intrazellulären $Ca^{2+}$-Konzentration sorgen:

- ▶ Öffnung von $Ca^{2+}$-Kanälen der Zellmembran durch:
  - Membranpotential: spannungsgesteuerte $Ca^{2+}$-Kanäle (Neuronen, Muskelzellen)
  - Neurotransmitter: ligandengesteuerte Kationenkanäle (z. B. Glutamat-NMDA-Rezeptor, nikotinische Acetylcholin-Rezeptoren, ATP-P2X-Rezeptoren)
  - cAMP: cAMP-gesteuerte $Ca^{2+}$-Kanäle.
- ▶ Öffnung von ER-$Ca^{2+}$-Kanälen durch:
  - $IP_3$
  - zytosolisches $Ca^{2+}$ („$Ca^{2+}$-abhängige $Ca^{2+}$-Freisetzung")
  - mechanische Kopplung von DHPR-Rezeptoren (s. S. 36/37) an den Triaden der Skelettmuskulatur.

## RTK-Signaling

Rezeptor-Tyrosin-Kinasen (RTK) vermitteln die wachstums- und proliferationsfördernden Signale von Wachstumsfaktoren wie Epidermal growth factor (EGF), Vascular endothelial growth factor (VEGF) etc. Zudem signalisiert auch Insulin als wichtiges anaboles Stoffwechselhormon über einen RTK-Rezeptor.
RTK besitzen eine **intrinsische Tyrosin-Kinase-Aktivität** in den zytoplasmatischen Domänen (▌Abb. 2). Nach Ligandenbindung dimerisieren zwei Rezeptoruntereinheiten in der Zellmembran, sodass sich die zytoplasmatischen Kinasedomänen nahe kommen und gegenseitig phosphorylieren **(Transphosphorylierung).** Tyrosinphosphatreste ermöglichen zytosolischen Proteinen mit bestimmten Adapterdomänen (z. B. SH2-Domänen) die Bindung an den Rezeptor. Von diesen Proteinen wird das Signal weitergeleitet.

## Ras/MAPK-Signaling

Ein wichtiger Signalweg, welcher von RTK ausgeht, ist der Ras/MAPK-Weg. Hier wird nach Aktivierung einer RTK der Guaninnukleotid-Austauschfaktor (GEF) SOS an den Rezeptor rekrutiert. Dieser sorgt für die Aktivierung des kleinen G-Proteins Ras. Aktiviertes Ras leitet das Signal an eine Kinasenkaskade weiter, welche zur Aktivierung der Mitogen-aktivierten Kinase (MAP-Kinase) führt. Sie phosphoryliert wichtige proproliferative Transkriptionsfaktoren (z. B. AP-1, entspricht einem Dimer aus fos und jun). Damit spielt der Ras/MAPK-Pathway eine wichtige Rolle bei der Tumorentstehung.

### Zusammenfassung

G-Protein-gekoppelte Membranrezeptoren besitzen sieben Transmembrandomänen und spielen für die Signaltransduktion in vielen physiologischen Funktionsystemen eine wichtige Rolle. Rezeptor-Tyrosin-Kinasen haben intrinsische Enzymaktivität und kontrollieren in erster Linie Zellwachstum und -proliferation.

# Signalwege II

## TCR-Signaling und Immunsuppression

T-Lymphozyten erkennen Antigene (Oberflächenstrukturen von Mikroorganismen) mithilfe ihres **T-Zell-Rezeptors (TCR).** Dieser kann jedoch nicht selbstständig an Antigene binden, sondern benötigt die Hilfe von **MHC-Komplexen** (*engl.* Major histocompatibility complex) anderer Zellen. MHC-Komplexe präsentieren Peptidfragmente von Antigenen und stimulieren dadurch T-Zellen, deren Rezeptor die entsprechenden Antigenbruchstücke erkennt. Dies führt zur Proliferation der T-Zelle und einer entsprechenden Immunantwort gegen das Antigen.
Die Bindung einer T-Zelle an ein peptidbeladenes MHC-Molekül auf einer anderen Zelle führt zur Stimulation von löslichen Tyrosin-Kinasen, welche an die zytoplasmatischen Domänen des Rezeptors rekrutiert werden (▮ Abb. 1). Hierbei spielen reversible Tyrosinphosphorylierungen von Untereinheiten des Rezeptors und der Kinasen eine entscheidende Rolle. Die Aktivierung einer Phospholipase C führt zur Freisetzung von $Ca^{2+}$ aus dem ER. Calciumionen binden an **Calcineurin,** eine Phosphatase, welche den Transkriptionsfaktor NF-AT dephosphoryliert. Er transloziert daraufhin in den Zellkern und stimuliert dort die Expression von proliferationsfördernden Genen.

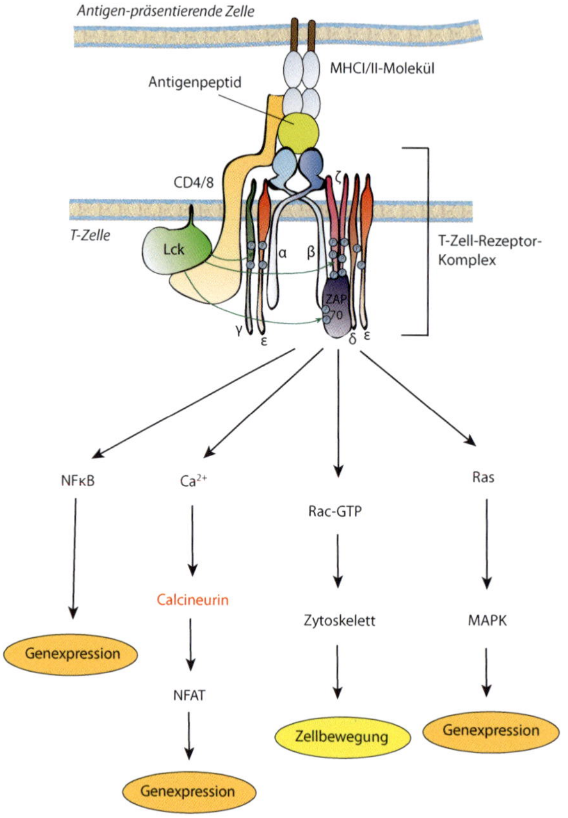


▮ Abb. 1: TCR-Signaling.
Grüne Pfeile = Phosphorylierung. [5]

> Auch Spenderorgane oder -blut werden von den T-Zellen des Empfängers als „fremd" erkannt und durch die nachfolgende Immunantwort abgestoßen. Die Inhibition von Calcineurin durch Cyclosporin revolutionierte die Transplantationschirurgie in den 1970er Jahren, da es die T-Zell-getriggerte Transplantatabstoßung im Organempfänger verhindert.

Auch der Ras- und der NfκB-Signalweg tragen in T-Lymphozyten zu deren Proliferation bei.

## Wnt-Signaling und Kolon-Karzinogenese

Der Wnt/β-Catenin-Pathway spielt eine wichtige Rolle bei der Kontrolle von Zellproliferation, Differenzierung, Lokomotion und Entwicklung. Insbesondere die Kontrolle der Zelldifferenzierung in den Krypten des Dickdarms zeigt die Wichtigkeit des Signalpfads bei der Verhinderung von Darmkrebs. Der Wnt-Ligand bindet an den Sieben-Transmembrandomänen-Rezeptor Frizzled (▮ Abb. 2). Dies führt über eine Signalkaskade G-Protein-abhängig zur Inhibition der Kinase GSK-β. Sie sorgt normalerweise für eine konstitutive Phosphorylierung eines **zytoplasmatischen β-Catenin-Pools.** Phosphoryliertes β-Catenin wird **APC-abhängig** proteasomal abgebaut. Eine Stabilisierung von β-Catenin führt zu dessen Translokation in den Zellkern, wo es als Transkriptions-Coaktivator für eine Proliferation der Zelle sorgt. Der Pathway ist durch die hohe Wnt-Konzentration in Darmkrypten angeschaltet

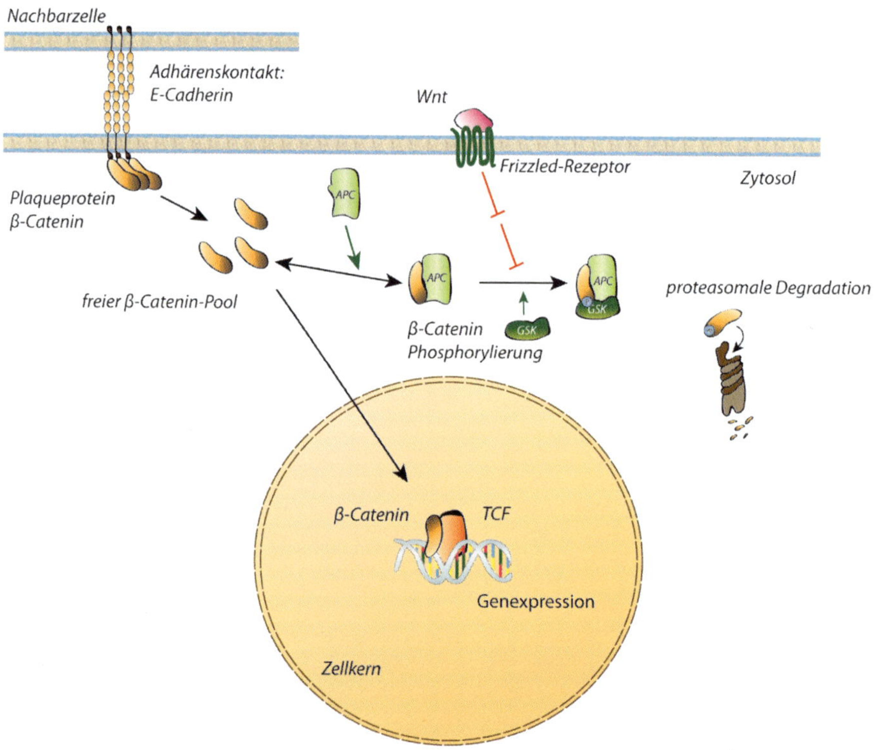


▮ Abb. 2: Wnt/β-Catenin-Signalpfad. Grüne Pfeile = Aktivierung/Förderung, rote Pfeile = Hemmung. [5]

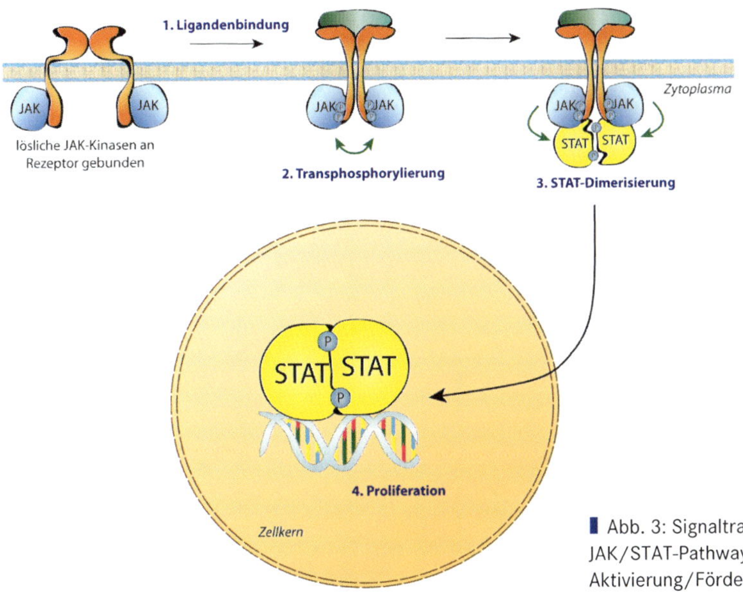


Abb. 3: Signaltransduktion über JAK/STAT-Pathway. Grüne Pfeile = Aktivierung/Förderung. [5]

und wird bei der Reifung eines Enterozyten zunehmend inaktiver. Dies trägt zur Differenzierung der Zelle bei.
APC-Mutationen sind für zahlreiche Fälle von hereditärem und auch sporadischem Dickdarmkrebs typisch. Sie verhindern eine proteasomale Degradation von β-Catenin, weshalb Patienten mit angeborenem APC-Defekt zahlreiche präkanzeröse Läsionen (sog. Darmpolypen) entwickeln. Durch Anhäufung weiterer Mutationen können einzelne Polypen zu manifestem Dickdarmkrebs entarten.

Der extrazelluläre Wnt-Ligand stabilisiert über Sieben-Transmembrandomänen-Rezeptoren G-Protein-abhängig den zytoplasmatischen β-Catenin-Pool. β-Catenin besitzt neben seiner Funktion bei der Zell-Zell-Adhäsion auch wichtige Funktionen als Transkriptions-Coaktivator.

## JAK/STAT-Signaling

Einige wichtige Hormone (z. B. Wachstumshormon (GH) [*engl.* Growth hormone = GH] und Erythropoetin = EPO) und Zytokine (Botenstoffe des Immunsystems) signalisieren über die Zytokin-Rezeptorfamilie. GH ist das wichtigste Wachstumssignal für Organe im menschlichen Körper, EPO stimuliert die Hämsynthese und Proliferation von Erythroblasten, den Vorläufern der roten Blutzellen. Beide Hormone sind daher klinisch relevant. Durch die Einnahme solcher Hormone zur unerlaubten Leistungssteigerung im Sport (Doping) haben sie zudem allgemeine Bekanntheit errungen. Zytokine sind Indikatoren für Immunreaktionen und können bei systemischen Entzündungsreaktionen ein therapeutisches Ziel sein. Bei der Zytokin-Rezeptor-Signaltransduktion führt die Bindung des Liganden an einen dimeren Rezeptorkomplex in der Zellmembran zur Annäherung von an zytoplasmatische Rezeptorabschnitte gebundenen **löslichen Tyrosin-Kinasen,** sog. **JAK** (*engl.* Just another kinase bzw. Januskinase, Abb. 3). Diese phosphorylieren und aktivieren sich daraufhin gegenseitig durch Transphosphorylierung. Zudem werden zytoplasmatische Rezeptorabschnitte an Tyrosinresten phosphoryliert. Dieser Prozess bildet Andockstellen für SH2-Domänen von zytoplasmatischen Transkriptionsfaktoren namens **STAT** (Signal transducers and activators of transcription). STATs binden an den Rezeptor und werden von Januskinasen phosphoryliert. Die Phosphorylierung ermöglicht eine Dimerisierung von zwei STAT-Molekülen über SH2-Domänen, was zur Dissoziation vom Rezeptor und Translokation in den Zellkern führt, wo dann die Genexpression beeinflusst wird.

Zytokin-Rezeptoren signalisieren über lösliche Tyrosin-Kinasen aus der JAK-Familie und STAT-Transkriptionsfaktoren.

## Steroidhormon-Signaling

Steroidhormone leiten sich vom hydrophoben Cholesterin ab und können die Zellmembran von Zielzellen per Diffusion durchdringen. Anschließend binden sie an **nukleäre Rezeptoren,** welche durch Chaperone im Zyto- oder Nukleoplasma in inaktiver Konformation gehalten werden (Abb. 4). Nach Ligandenbindung dimerisieren sie und gelangen in den Zellkern, um die Transkription von (meist zahlreichen) Genen zu beeinflussen. Die Gewebespezifität der Downstream-Effekte wird durch Coaktivatoren bestimmt. Nukleäre Rezeptoren besitzen zur Translokation in den Zellkern eine basische nukleäre Lokalisationssequenz (NLS), zusätzlich eine Dimerisierungsdomäne, eine DNA-Bindungsdomäne und eine Transaktivierungsdomäne zur Beeinflussung des basalen Transkriptionsapparats.

Hydrophobe Hormone können per Diffusion in Zielzellen eindringen und an nukleäre Rezeptoren binden. Nach Dimerisierung gelangen diese durch Freilegung ihrer NLS und Bindung an Importine in den Zellkern.

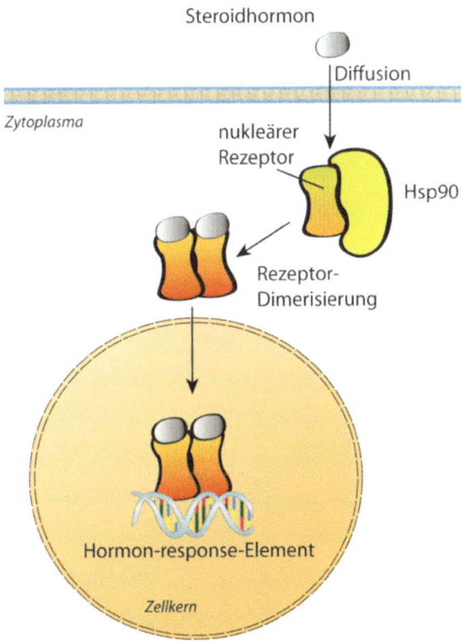


Abb. 4: Steroidhormon-Signaltransduktion. [5]

### Zusammenfassung

Alle vorgestellten Signalwege wirken über die Aktivierung von Transkriptionsfaktoren, welche normalerweise inaktiv im Zytoplasma vorliegen und bei Ligandenbindung an einen extra- oder intrazellulären Rezeptor in den Zellkern wandern, um dort die Transkription von Genen zu beeinflussen.

# Neuronale Kommunikation

## Einführung

Neurone bilden mit ihren Fortsätzen, den Axonen und Dendriten, die Datenautobahnen im menschlichen Körper. Das Nervensystem ermöglicht schnellste Reaktionen auf sensorische Inputs binnen Bruchteilen von Sekunden. Zudem garantiert es fein abgestimmte und andauernde Regulationen von autonomen (unbewussten) Körperfunktionen wie Herzschlag oder Verdauung. Nicht zuletzt werden sämtliche höhere ZNS-Funktionen und Denkleistungen des Menschen durch komplexe neuronale Netzwerke ermöglicht.

### Aufbau einer Nervenzelle

Eine Nervenzelle (Neuron) besteht aus einem Zellkörper **(Soma),** einem weitverzweigten **Dendritenbaum** zur Aufnahme von elektrischen Signalen und genau einem **Axon** zur Fortleitung des Signals (▌Abb. 1). Das Axon entspringt am **Axonhügel,** wo Aktionspotentiale als elektrische „Alles-oder-Nichts-Ereignisse" von spannungsabhängigen $Na^+$-Kanälen gebildet werden. Ein Axon kann mit verschiedenen anderen Zellen (Neuronen, Muskelzellen oder Epithelzellen) eine oder (durch Verzweigung) mehrere **Synapsen** ausbilden. Die Proteinsynthese und wichtigsten Stoffwechselvorgänge finden im Zellsoma statt. In Axonterminalen kommen lediglich Mitochondrien als größere Zellorganellen vor. Sie versorgen die Nervenendigung mit Energie in Form von ATP. Dieses wird zur Exozytose von synaptischen Vesikeln und darin enthaltenen Neurotransmittern benötigt.

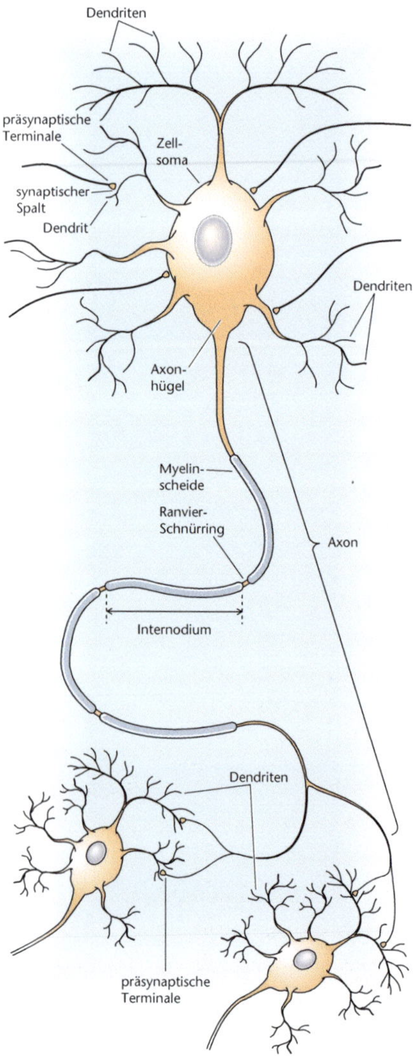


▌Abb. 1: Aufbau einer Nervenzelle. [17]

### Axonaler Transport

Axone von Nervenzellen können bis zu 1 m lang werden. Diese weit vom Zellsoma entfernten Strukturen werden über axonale Transportmechanismen mit Membranlipiden, Mitochondrien, Enzymen und anderen notwendigen Stoffen versorgt und von Abfallstoffen (sog. autophagische Vesikel) befreit. Mikrotubuli bilden dabei die „Transportstraßen" im Inneren der Axone. An ihnen entlang werden Proteine und Zellorganellen von Motorproteinen transportiert:

▶ schneller retrograder Transport: dyneinabhängig; 2,5 μm/s
▶ schneller anterograder Transport: kinesinabhängig; 0,5 μm/s.

Der retrograde axonale Transport ist schneller als der anterograde axonale Transport.

## Neuronale Signalweiterleitung

Elektrische Signale werden durch eine Änderung des Membranpotentials der Nervenzellen weitergeleitet. Dabei wird das **Ruhepotential** (i. d. R. –70 mV) der Zelle durch die Öffnung von spannungsabhängigen Kationenkanälen ab einem bestimmten Schwellenpotential vorübergehend auf bis zu +60 mV erhöht. Dieses **Aktionspotential** ist ein stereotypes Ereignis, da seine Amplitude und Dauer in einem Zelltyp stets gleich ausfällt. Dies beruht auf der sequentiellen Aktivierung von Membrankanälen (▌Abb. 2):

1. Depolarisation eines Membranabschnitts über das **Schwellenpotential** führt zur Aktiverung spannungsabhängiger $Na^+/Ca^{2+}$-Kanäle.
2. $Na^+$-Kanäle öffnen schnell **(schneller Aufstrich),** $Ca^{2+}$-Kanäle, wenn exprimiert, langsamer (Plateauphase).
3. $Na^+$-Kanäle inaktivieren schnell, spannungsabhängige $K^+$-Kanäle öffnen langsam **(langsame Repolarisation).**
4. $K^+$-Kanäle schließen langsam **(Nachhyperpolarisation).**
5. Einwärts-gleichrichtende $K^+$-Kanäle (u. a.) stellen das **Ruhepotential** wieder her.

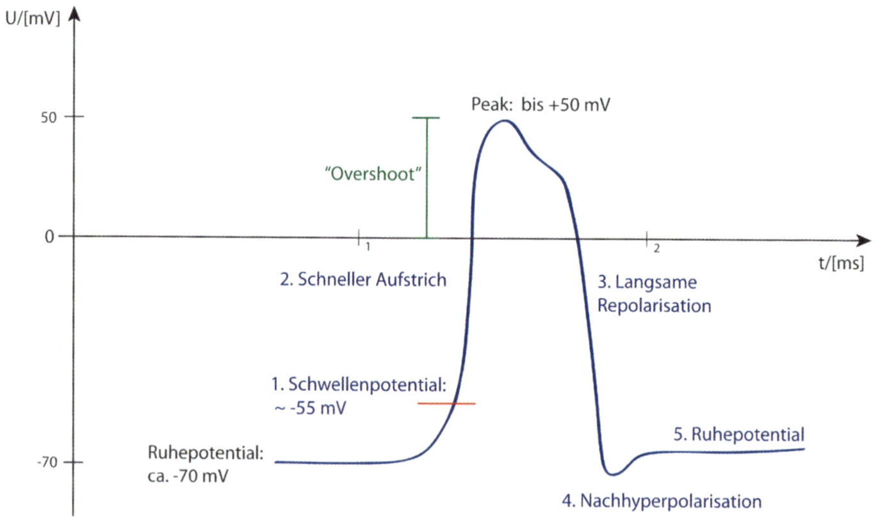


▌Abb. 2: Zeitlicher Ablauf eines Aktionspotentials. [5]

Aktionspotentiale breiten sich auf nicht erregten Membranregionen schnell in alle Richtungen aus. Die Ausbreitung basiert auf der Depolarisation benachbarter Areale, die das Schwellenpotential überschreitet. Dies führt auch in diesem Membranabschnitt zur Öffnung spannungsabhängiger $Na^+$-Kanäle. Bereits depolarisierte Membranabschnitte sind **refraktär** (nicht erregbar), da ihre $Na^+$-Kanäle einige Zeit in einem inaktiven Zustand verharren. Dies ermöglicht unter physiologischen Bedingungen die gerichtete Fortleitung elektrischer Impulse.

Aktionspotentiale sind Alles-oder-Nichts-Ereignisse.

## Synapsen

Synapsen sind die Verbindungsstellen zwischen zwei Neuronen bzw. einem Neuron und einer von ihm innervierten Zelle. Man unterscheidet zwei Typen von Synapsen.

**Elektrische Synapsen** Sie entsprechen in ihrem molekularen Aufbau den Gap junctions (s. S. 40/41) und ermöglichen neuronalen Zellverbänden die Weiterleitung von Aktionspotentialen ohne Zeitverzögerung. Zudem können Signale in beide Richtungen über elektrische Synapsen geleitet werden. Die Fortleitung von Aktionspotentialen in der Herzmuskulatur beruht ebenfalls auf elektrischen Synapsen.

**Chemische Synapsen** Sie bestehen aus einer prä- und einer postsynaptischen Seite, welche auf die Aussendung bzw. den Empfang von Neurotransmittern spezialisiert sind. Diese werden in der Präsynapse im Antiport mit $H^+$-Ionen in synaptische Vesikel verpackt, welche zunächst durch eine membranständige V-Typ-ATPase angesäuert werden. Die Freisetzung eines Neurotransmitters erfolgt schließlich durch die Ankunft eines Aktionspotentials in der Präsynapse (▌Abb. 3):

1. Aktionspotential depolarisiert präsynaptische Membran.
2. $Ca^{2+}$ strömt durch spannungsabhängige **$Ca^{2+}$-Kanäle** in die Axonterminale.
3. $Ca^{2+}$ bindet an **Synaptotagmin** der synaptischen Vesikel und induziert so den Aufbau eines **Trans-SNARE-Komplexes** zwischen vSNARE und tSNARE, was schließlich zur Exozytose der Neurotransmittermoleküle führt.
4. Neurotransmitter **diffundiert** durch den synaptischen Spalt.
5. Neurotransmitter bindet an **Rezeptoren** auf der subsynaptischen Membran.
6. Neurotransmitter wird enzymatisch inaktiviert, wieder in die Präsynapse aufgenommen oder von Gliazellen entsorgt.

## Neurotransmitter und ihre Rezeptoren

Neurotransmitter sind die Botenstoffe des Nervensystems. Sie sind typischerweise kleine organische Moleküle mit einer Aminogruppe (z. B. Aminosäuren oder Derivate), aber auch größere Peptide können als Neurotransmitter fungieren. Wie bei Hormonen werden ihre Effekte durch Rezeptoren und deren assoziierte Proteine bestimmt. Es werden zwei Gruppen von Neurotransmitter-Rezeptoren unterschieden:

**Ionotrope Rezeptoren** Diese ligandengesteuerte Ionenkanäle öffnen bei Bindung eines Liganden (eines Neurotransmitters) ihre Kanalpore zum Durchtritt von Ionen. Dies führt entweder zur Hyperpolarisation der subsynaptischen Membran (inhibitorisches postsynaptisches Potential) oder zu deren Depolarisation (exzitatorisches postsynaptisches Potential).

**Metabotrope Rezeptoren** Diese G-Protein-gekoppelten Rezeptoren mit sieben Transmembrandomänen üben ihre Effekte auf die Postsynapse über eine Signalkaskade aus, bei der Second messenger generiert oder abgebaut werden (s. S. 88/89).

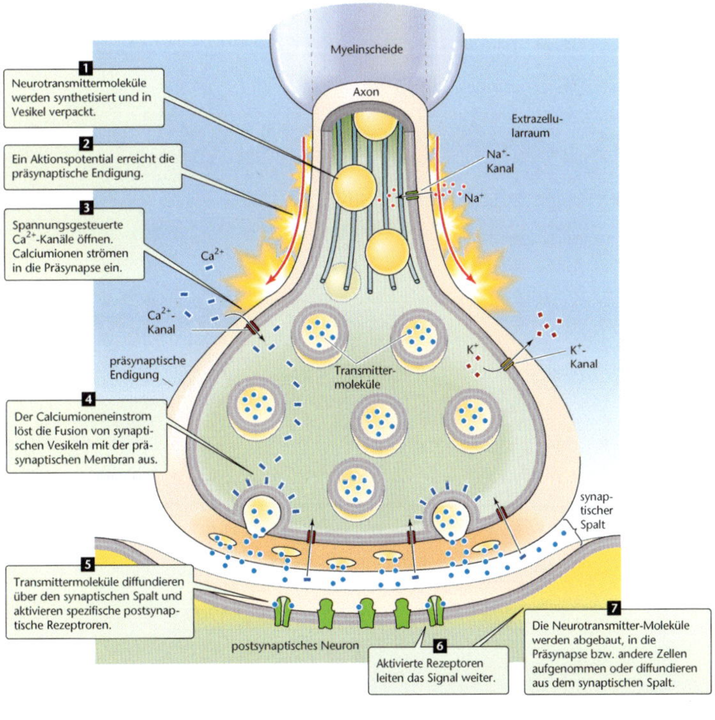


▌Abb. 3: Freisetzung von Neurotransmittern an einer chemischen Synapse. [17]

### Zusammenfassung

Das Nervensystem ist das schnellste Kommunikationssystem unseres Körpers. Es besteht aus hochspezialisierten Zellen (Neuronen), welche eine besondere molekulare Ausstattung benötigen, um ihre Funktionen erfüllen zu können.

# Endokrine Regulation

## Hormonklassen, Herkunft und Wirkweise

Das endokrine System (Hormonsystem, ▮ Tab. 1) kontrolliert viele wichtige Körperfunktionen und sorgt für das gemeinschaftliche Zusammenarbeiten aller Organe im Sinne einer bestimmten physiologischen Reaktionslage (z. B. Fight-and-Flight, Wachstum, Fortpflanzung, Wasserretention). Es besitzt also eine ähnliche übergeordnete Kontroll- und Kommunikationsfunktion wie das Nervensystem. Hormone bewirken i. d. R. länger andauernde Steuerungsvorgänge als neuronale Impulse.
Hormone werden in endokrinen Organen gebildet. Proteohormone und Peptidhormone (Eiweiße) werden auf dem exozytotischen Pfad der Zelle prozessiert. Dabei wird zunächst die ER-Signalsequenz von sog. **Prä-Prohormonen** abgespalten. **Prohormone** werden dann in ER und Golgi-Apparat posttranslational modifiziert (z. B. glykosyliert) und durch sog. **Prohormon-Konvertasen** proteolytisch gespalten. So entstehen aus Vorstufen aktive Hormone, welche evtl. in Vesikeln bzw. Granula gespeichert und schließlich konstitutiv oder reguliert ins Blut abgegeben werden (s. S. 70/71). Hierfür sind endokrine Organe häufig mit einem dichten, großvolumigen **Kapillarnetz** (Sinusoide) durchzogen. Im Blut binden v. a. hydrophobe Hormone **(Steroidhormone und Schilddrüsenhormone)** an spezielle Bindungsproteine oder Albumin, Peptidhormone benötigen mit Ausnahme von GH und IGF keine Transportmoleküle. Zum Schutz vor einer Degradation durch Proteasen besitzen Proteohormone viele glykosylierte Aminosäurereste.

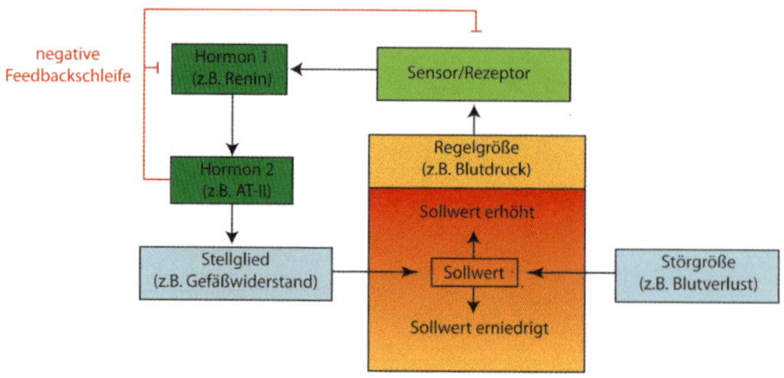


▮ Abb. 1: Hormoneller Regelkreis mit Feedback-Schleife. [5]

| Hormonsystem | Regulierte Körperfunktionen |
|---|---|
| Adrenerges System | Blutdruck, Stoffwechsel, Herzschlag, Leistung |
| Schilddrüsenhormone $T_3/T_4$ | Grundumsatz, Stoffwechsel |
| Renin-Angiotensin-Aldosteron-System (RAAS), atriales natriuretisches Peptid (ANP), Adiuretin (ADH) | Elektrolyt- und Wasserhaushalt |
| Geschlechtshormone | Fortpflanzung, Anabolismus |
| Calcitonin, Calcitriol, Parathormon | Calciumhomöostase |
| Cortisol | Stresslage, Stoffwechsel, Immunreaktion |
| Prolaktin | Laktation |
| Oxytocin | Wehentätigkeit, Mutter-Kind-Bindung |
| Inkretine (z. B. Sekretin, Gastrin) | Verdauung |
| Insulin | Anabolismus, Glucosespiegel im Blut, Stoffwechsel, Zellwachstum |
| Glucagon | Katabolismus, Glucosespiegel im Blut, Stoffwechsel |
| GH, Somatostatin, Insulin-like growth factors (IGF) | Organwachstum, Stoffwechsel |
| Melatonin | Tag-Nacht-Rhythmus |
| Erythropoetin (EPO), Thrombopoetin (TPO) | Blutbildung |

▮ Tab. 1: Übersicht wichtiger Hormonsysteme und ihrer Funktionen im menschlichen Körper.

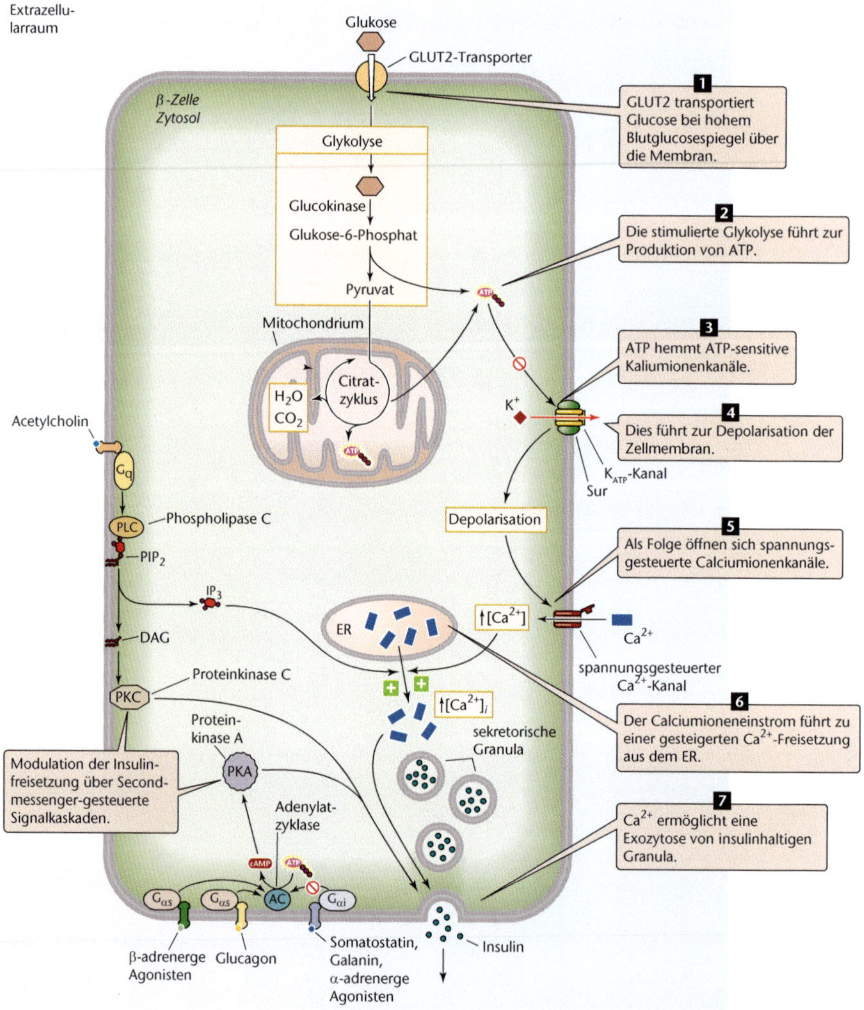


▮ Abb. 2: Freisetzung von Insulin aus den β-Zellen des Pankreas in Abhängigkeit von der Blutglucosekonzentration. Andere Hormone (z. B. Inkretine) und das vegetative Nervensystem können die Freisetzungskaskade modulieren. [17]

Neben Proteo-, Peptid- und Steroidhormonen kommen auch **Aminosäurederivate** als Hormone vor. Dazu zählen Adrenalin, Noradrenalin, Dopamin, Serotonin, Thyroxin und Trijodthyronin. Hormone stellen den gesamten Körper auf eine bestimmte Reaktionslage ein. Hierzu wirken sie auf verschiedene Zielorgane. Deren Zellen besitzen hochsensitive **Hormonrezeptoren,** welche über Signaltransduktionsketten das Signal an zelleigene Enzyme oder die DNA weiterleiten. Auf diese Weise werden bestimmte Effektormoleküle im Zielgewebe gesteuert, die für entsprechende Reaktionen sorgen. Am Ende eines Steuerungsvorgangs wird das hormonale Signal wieder abgeschaltet, indem sowohl das Hormon abgebaut als auch die zelluläre Signalkaskade über Feedbackschleifen abgeschaltet wird.

## Prinzipien endokriner Regulation

Das Hormonsystem ist ein Regulationssystem. Seine wichtigste Eigenschaft beruht darauf, Veränderungen einer **Zielgröße** wahrzunehmen und darauf mit vermehrter oder verminderter Ausschüttung eines Botenstoffs zu reagieren (▌Abb. 1). Hierdurch wird die Zielgröße wieder auf den **Sollwert** eingestellt (ähnlich einem technischen **Regelkreis**).

Endokrin aktive Zellen nehmen entweder die Konzentration eines Stoffs (z. B. $Na^+$, $Ca^{2+}$), eines anderen Hormons oder eine physikalische Größe (z. B. das Blutvolumen) wahr. Viele Hormonsysteme sind **hierarchisch gegliedert.** Dabei kontrolliert ein Hormon die Freisetzung eines zweiten Hormons etc. Downstream-Hormone hemmen dann oft an höheren Zentren die Freisetzung von übergeordneten Steuerhormonen **(negatives Feedback).**

## Freisetzung von Hormonen

Endokrin aktive Zellen nehmen eine Zielgröße wahr, um diese durch den Level ihres freigesetzten Hormons zu kontrollieren.

Die teilweise sehr komplexe Sensorfunktion wird deutlich bei der Regulation der **Insulinfreisetzung** durch β-Zellen der Langerhans-Inseln des Pankreas. Insulin ist ein Peptidhormon, das auf dem exozytotischen Pfad der Zellen modifiziert und in zinkhaltigen Granula gespeichert wird. Es wird nach einer Mahlzeit durch den ansteigenden Blutglucosespiegel freigesetzt, um diesen wieder zu senken. Dies geschieht durch folgende Kaskade (▌Abb. 2):

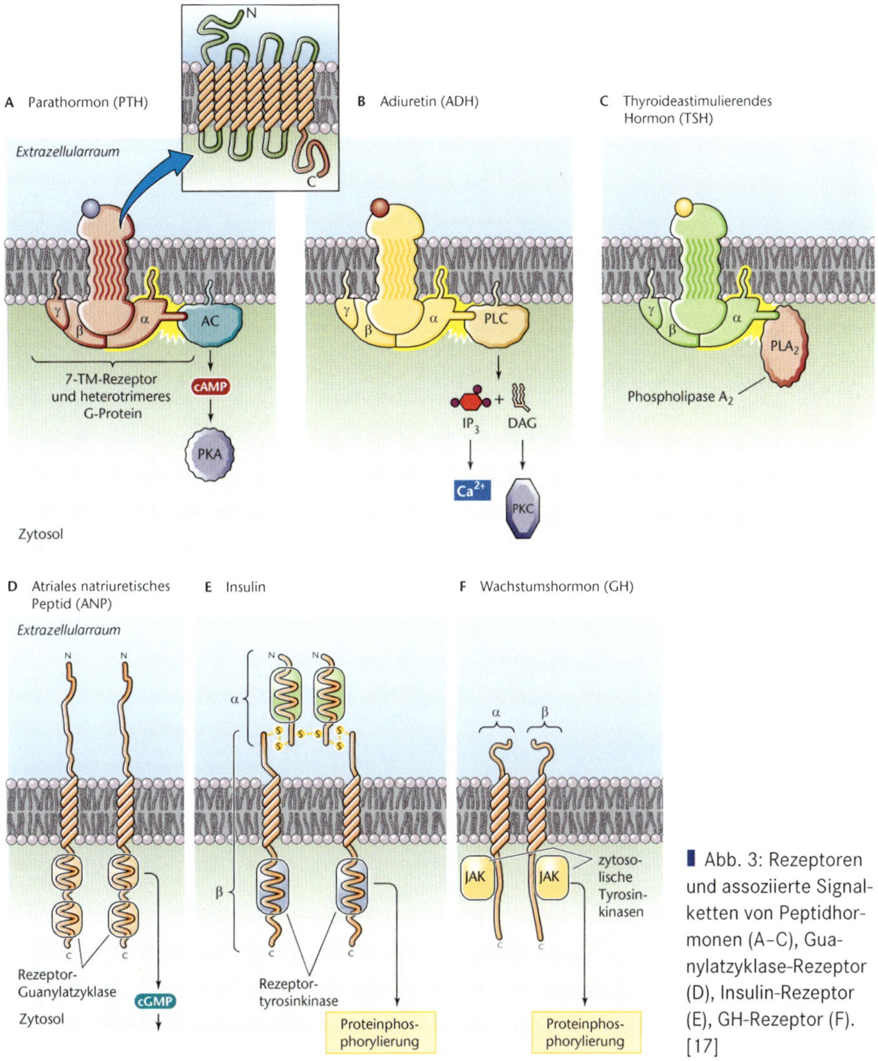


▌Abb. 3: Rezeptoren und assoziierte Signalketten von Peptidhormonen (A–C), Guanylatzyklase-Rezeptor (D), Insulin-Rezeptor (E), GH-Rezeptor (F). [17]

1. Glucose gelangt konzentrationsabhängig über den niedrigaffinen GLUT-2-Carrier durch erleichterte Diffusion in die β-Zelle.
2. Glucose wird glykolytisch abgebaut, es entsteht ATP.
3. ATP schließt ATP-sensitive $K^+$-Kanäle, es kommt zur Membrandepolarisation.
4. Spannungsabhängige $Ca^{2+}$-Kanäle der Zellmembran öffnen sich, es kommt zum $Ca^{2+}$-Einstrom.
5. $Ca^{2+}$-vermittelt im Zytoplasma die regulierte Exozytose von insulinhaltigen Granula.

Im Gegensatz zu Peptidhormonen können Steroidhormone aufgrund ihrer Hydrophobizität nicht gespeichert werden, sondern werden nach ihrer Synthese direkt in die Blutbahn abgegeben.

Peptidhormone werden auf dem exozytotischen Pathway prozessiert und in Vesikeln bis zu ihrer Freisetzung gespeichert. Steroidhormone können aufgrund ihrer Hydrophobizität nicht gespeichert werden.

### Rezeption endokriner Signale

Die Wahrnehmung von hormonellen Signalen funktioniert nach den Prinzipien der Signaltransduktion (s. S. 82/83, ▌Abb. 3).

### Zusammenfassung

Hormone werden in endokrinen Organen synthetisiert und in Abhängigkeit von einer Zielgröße freigesetzt. Ihre molekularen Funktionen sind v. a. von ihrer chemischen Natur abhängig, wobei Proteo-, Peptid- und Steroidhormone von Aminosäurederivaten unterschieden werden.

# Mechanismen der Tumorentstehung

Tumoren bestehen aus einer **klonal expandierenden Zellmasse.** Sie zeichnen sich durch eine ungezügelte Tendenz zur Proliferation aus, die zu expansivem Wachstum des Tumors führt. Entscheidend ist dabei die Dysregulation von Genen, welche den Zellzyklus steuern. Da Krebserkrankungen stets auf Veränderungen des Erbguts beruhen (welche meist im Laufe des Lebens erworben werden), können sie als **„Erkrankung der Gene"** bezeichnet werden. Aus diesem Grund ist es nicht überraschend, dass es auch zahlreiche erbliche Tumorsyndrome gibt. Sie basieren meist auf Keimbahndefekten von Genen, welche die Integrität des Genoms sicherstellen (z. B. DNA-Reparaturenzyme, p53). Dabei können **Karzinogene** (Umweltfaktoren, welche die Krebsentstehung durch DNA-Schädigung begünstigen, ▮ Tab. 1) schneller als in gesunden Individuen Tumoren hervorrufen.

## Dysregulation des Genoms

### Genomische Instabilität

Die Entstehung von Tumoren basiert auf Veränderungen des Erbguts normaler Körperzellen **(Transformation).** Eine wichtige Eigenschaft von Tumoren, welche auch zu deren Therapieresistenz beiträgt, ist die Tatsache, dass diese Erbgutveränderungen **über die Zeit veränderlich** sind. In der Tat ist die Mutationsrate in Tumoren gegenüber Normalgeweben deutlich erhöht. Sichtbar wird diese genomische Instabilität an fortwährenden Veränderungen der Chromosomen von Tumorzellen.

### Chromosomenaberrationen

**Numerische Chromosomenaberrationen** Diese bezeichnen entweder Zugewinne oder Verluste ganzer Chromosomen.

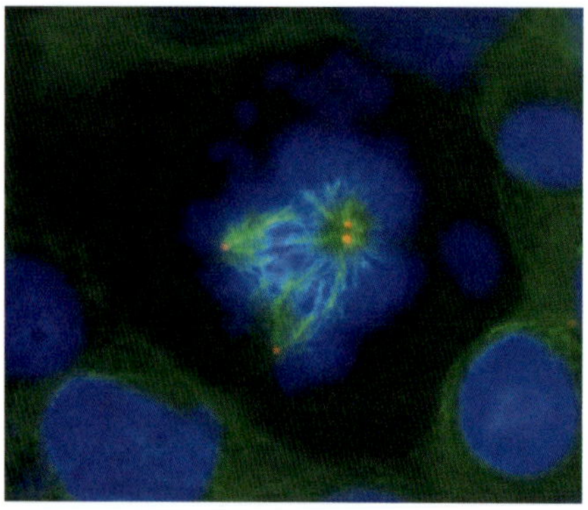

▮ Abb. 1: Multipolare Mitose einer Krebszelle in der Immunfluoreszenz-Mikroskopie. Rot = γ-Tubulin, grün = α-Tubulin, blau = DAPI (DNA). [5]

Ursächlich sind Fehler bei der mitotischen Verteilung der Chromosomen auf beide Tochterzellen. Als Fehler kommen z. B. Störungen bei der Trennung der beiden Schwesterchromatiden (Nondisjunction) in Frage, welche auf Defekten der Teilungsmaschinerie (z. B. Separase, Spindel-Checkpoint) beruhen. Auch Zentrosomenamplifikationen sind typisch für Krebszellen. Sie führen zur Ausbildung von multipolaren Zellteilungen, wobei die einzelnen Chromosomen ungleichmäßig auf die entstehenden Tochterzellen verteilt werden (▮ Abb. 1).

**Strukturelle Chromosomenaberrationen** Sie basieren auf Störungen des DNA-Maintenance-Apparats (Maschinerie zum DNA-Strukturerhalt). Hierzu gehören z. B. Reparaturproteine (s. S. 58/59) und Telomer-assoziierte Faktoren. Störungen dieser Komponenten führen zu sog. Breakage-Fusion-Bridge-Zyklen mit Entstehung von unkontrollierten Chromosomenbrüchen und -fusionen. Die Folge sind Deletionen, Insertionen, Amplifikationen oder Translokationen von Chromosomenbruchstücken (s. S. 56/57).

| Karzinogen (Auswahl) | Herkunft | Mechanismen | Typische assoziierte Tumorerkrankungen |
|---|---|---|---|
| UV-Licht | Sonnenlicht, Solarium | Thymidindimere | Basaliom, Melanom (Hautkrebs) |
| Ionisierende Strahlung | Reaktorunfälle, Röntgenstrahlung | DNA-Strangbrüche | Leukämien, Lymphome |
| Grillgut (heterozyklische aromatische Amine, Acrylamid) | Grillgut | Reagiert mit DNA | Magen- und Darmkrebs u. a. |
| Hartholzstaub | Eiche, Buche | Unklar | Adenokarzinom der Nasenschleimhaut |
| Zigarettenrauch (~ 50 verschiedene, v. a. polyzyklische aromatische Kohlenwasserstoffe) | Zigaretten | Reagiert mit DNA | Bronchialkarzinom, Darmkrebs |
| Asbest | Dichtungsmaterial | Chronische Entzündung | Pleuramesotheliom, Bronchialkarzinom |

▮ Tab. 1: Karzinogene, ihre molekulare Wirkweise und typische durch sie hervorgerufene Tumoren.

## Dysregulation einzelner Gene

**Onkogene** Sie codieren für zelluläre Proteine, welche an Mechanismen beteiligt sind, die zur malignen Entartung einer Zelle beitragen. Sie haben proliferationsfördernde und differenzierungshemmende Effekte. Zur Gruppe der Onkogene gehören beispielsweise mutierte Kinasen, G-Proteine wie Ras oder Rezeptor-Tyrosin-Kinasen. Wenn normale zelluläre Gene zu Onkogenen mutieren, nennt man die physiologischen Vorläufer Protoonkogene, ihre Produkte c-Onkogene. Durch Viren in Zellen integrierte Onkogene werden dagegen als v-Onkogene bezeichnet.

**Tumorsuppressorgene** Im Gegensatz zu Onkogenen codieren sie für Proteine, welche das Zellwachstum hemmen. Hierzu zählt z. B. der Gatekeeper p53, welcher proliferative Signalwege auf transkriptioneller Ebene kontrolliert. Sammeln sich in einer Körperzelle zu viele proliferationsfördernde Signale oder DNA-Schäden an, führt eine Aktivierung von p53 zum Zellzyklusarrest oder zur Apoptoseinitiierung.

### Multi-Step-Tumorgenese

Auf dem Weg zu einem manifesten Tumor müssen sich Mutationen in Onkogenen und Tumorsuppressorgenen anhäufen. Normalerweise sorgen mehrere Ebenen in der zellulären Signaltransduktionsmaschinerie (z. B. p53, Apoptoseinduktion, Telomere) sowie physiologische Grenzen des Zellwachstums (Nährstoffversorgung, Sauerstoffversorgung, Kontaktinhibition) für natürliche Barrieren in der Karzinognese (▮ Abb. 2A). Mehrere dieser Systeme müssen (z. B. durch die Wirkung von Mutagenen) inaktiviert werden, damit ein klinisch manifester Tumor entstehen kann (▮ Abb. 2B).

## Tumorstammzellkonzept

Das Stammzellkonzept (s. S. 76/77) hat auch in die Theorien zur Krebsentstehung Einzug gehalten. In Transplantationsexperimenten konnte gezeigt werden, dass nur wenige Zellen eines Tumors das Potential haben, in immundefizienten Empfängertieren Tumoren auszulösen. Diese Zellen werden als Tumorstammzellen bezeichnet. Sie scheinen auch zur Therapieresistenz von fortgeschrittenen Tumorleiden entscheidend beizutragen, da sie eine relativ geringe Proliferationsrate besitzen, was sie

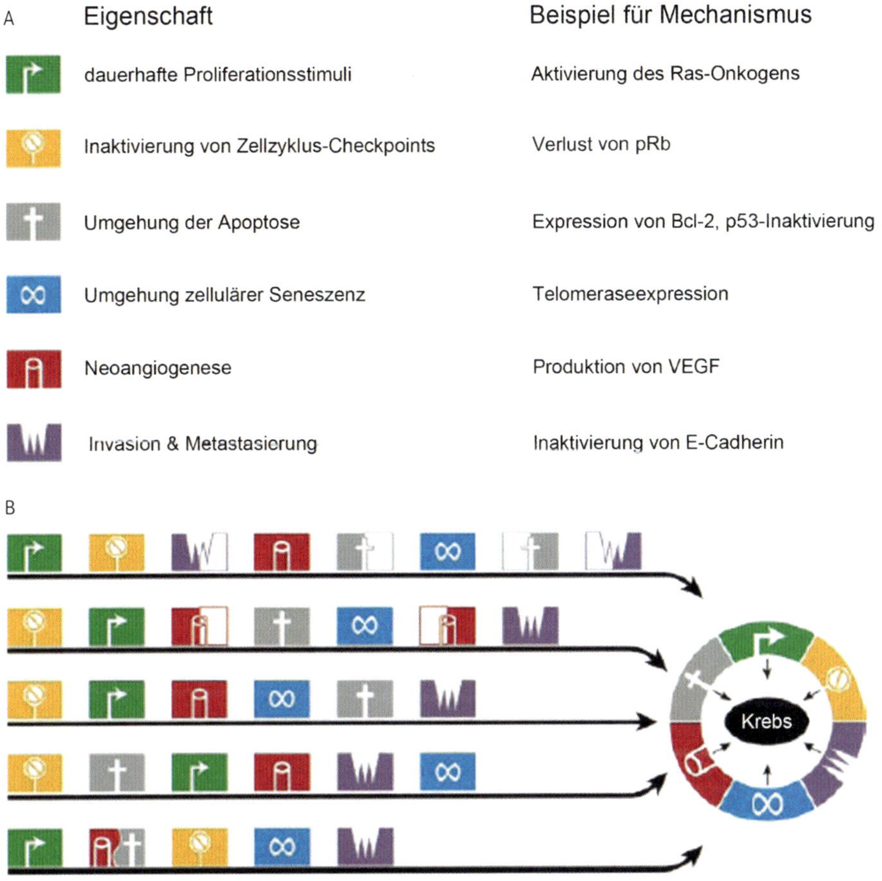


▌Abb. 2: Multi-Step-Tumorgenese: Zellsysteme, welche typischerweise in Tumoren dysreguliert sind (A). Die Reihenfolge der Hits ist bei der schrittweisen Tumorentwicklung in gewissen Grenzen variabel (B). [38]

für Chemotherapeutika weniger anfällig macht.

## Zellinvasion und Metastasierung

Die Gefährlichkeit von Krebserkrankungen beruht auf der Fähigkeit von malignen Tumorzellen, ihren Primärherd zu verlassen und im Körper zu streuen **(Metastasierung).** Ein modifiziertes Ziel moderner Tumortherapien könnte demnach eine Verhinderung der Metastasierung statt einer kompletten Eradikation jeder einzelnen Tumorzelle sein. Hierzu muss die **Metastasierungskaskade** unterbrochen werden. Sie besteht aus:

1. **Unterbrechung der Zell-Zell-Kontakte** in einem bestehen Gewebsverband (z. B. durch E-Cadherinverlust, s. S. 40/41)
2. **Epithelial-mesenchymale Transition** (Erlangen von erhöhter Zellmobilität, z. B. durch Ras-Mutation, Aktivierung des β-Catenin-Pathways); vgl. mit embryonalen Geweben (z. B. Delamination von Neuralrohrzellen in die Neuralleiste).
3. **Intravasation** (Eindringen in das Gefäßsystem)
4. Endotheladhäsion
5. Extravasation
6. Besiedelung von Fremdorganen.

> Epithelial-mesenchymale Transition bezeichnet die Umwandlung von epithelialem Phänotyp mit strukturell organisiertem Zellverband in einen mesenchymalen Phänotyp mit höherer individueller Beweglichkeit der Einzelzellen.

## Angiogenese

Eine Tumorzellmasse kann nur bis zu einem Durchmesser von ca. 0,2 mm allein per Diffusion ernährt werden (▌Abb. 3). Damit ein klinisch manifestes Tumorleiden entstehen kann, müssen Blutgefäße in den Tumor einsprossen. Dies findet durch unphysiologisch hohe Level an pro-angiogenetischen Faktoren statt, welche von Zellen des Tumorgewebes ausgeschüttet werden. Die Tumorgefäße sind häufig strukturell pathologisch aufgebaut und neigen zu spontanen Rupturen, was klinisch zu Problemen (lebensbedrohliche Blutungen) führen kann. Die Angiogenese wird molekular durch Hypoxie induziert (**HIF**-Transkriptionsfaktor) und z. B. durch den Wachstumsfaktor **VEGF** (*engl.* Vascular endothelial growth factor) vermittelt.

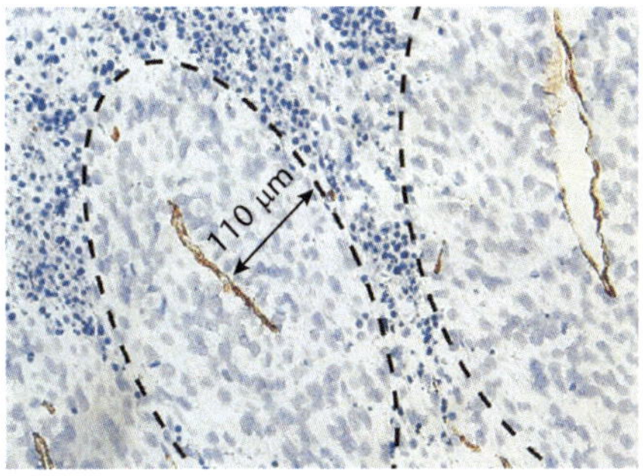


▌Abb. 3: Angiogenese (Immunhistochemie). Ab einer gewissen Entfernung zu einem versorgenden Gefäß (braun) werden Tumorzellen nekrotisch (sichtbare DNA-Kondensation im Zellkern, DNA = blau). [39]

### Zusammenfassung

Tumorzellen überwinden im Zuge der Karzinogenese mehrere natürliche Schutzmechanismen. Hierzu besitzen sie spezielle molekulare Mechanismen, die sie von normalen Körperzellen unterscheiden und zur gezielten Tumortherapie ausgenutzt werden können.

# Targeted therapy

Targeted therapy (zielgerichtete Therapie) bezeichnet die gezielte Einflussnahme auf dysregulierte molekulare Signalwege z. B. in Krebszellen. Grundlage für die Anwendung von maßgeschneiderten Medikamenten sind exakte Kenntnisse über die auslösenden Faktoren einzelner Tumoren und ihrer Rolle im molekularen Netzwerk der Tumorzelle (*engl.* „Rationale drug design"). Einige dieser Therapien haben mittlerweile Einzug in den klinischen Alltag gefunden und ergänzen die drei klassischen Säulen der Krebsmedizin: Chirurgie, Radiotherapie und Chemotherapie.

## Pharmakologische Überlegungen

Grundsätzlich ist es leichter, die Funktion von überaktiven zellulären Molekülen zu hemmen, als diejenige von defekten Molekülen wiederherzustellen. Unter den Inhibitoren lassen sich niedermolekulare **Small molecules** von Proteinen und monoklonalen Antikörpern unterscheiden. Beide Gruppen besitzen völlig unterschiedliche pharmakologische Eigenschaften. Small molecules sind organische Moleküle von geringer Größe, welche natürlichen oder synthetischen Ursprungs sein können. **Monoklonale Antikörper** werden aus einer Plasmazelle hergestellt, die mit einer transformierten Tumorzelle zu einem sog. Hybridom fusioniert wird, um viele Antikörpermoleküle mit derselben Spezifität herzustellen.

> Monoklonale Antikörper entstammen einem B-Zell-Klon und erkennen genau eine Zielstruktur, da sie alle genau dieselbe Aminosäuresequenz besitzen.

Auch Antikörper können gentechnisch verändert werden, z. B. um ihre eigene Antigenität im Menschen zu reduzieren **(humanisierte Antikörper).** Im Folgenden werden einige erfolgreiche Beispiele von zielgerichteter Anti-Tumor-Therapie vorgestellt.

## Zielgerichtete Tumortherapien

### Tyrosin-Kinase-Inhibitoren

Tyrosin-Kinasen (sowohl RTK als auch zytoplasmatische TK) sind in vielen Tumoren überexprimiert oder überaktiv. Sie stimulieren die Proliferation und Invasion von Krebszellen und hemmen ihr Apoptoseprogramm. Ihre Kinasedomäne lässt sich durch Small molecules effektiv hemmen. Diese Inhibitoren konkurrieren mit ATP an der ATP-Bindungsstelle, sodass das Substrat nicht phosphoryliert werden kann. Ein Beispiel ist Imatinib, das eine Tyrosin-Kinase namens Bcr-Abl in Patienten mit chronischer myeloischer Leukämie (CML) effektiv ausschalten kann (s. S. 106/107). Imatinib revolutionierte die CML-Therapie, da es die Rate von Langzeitremissionen auf über 90 % erhöhte. Imatinib ist ein effektives Medikament für CML-Patienten, da die Transformation einer hämatopoetischen Stammzelle in eine Tumorzelle bei dieser Krebserkrankung hauptsächlich auf einer einzigen chromosomalen Translokation beruht, bei der das Gen für die Abelson-Kinase (abl) hinter dem aktiven Promotor des bcr-Genlocus zu liegen kommt (t(9;22)). Das entstandene verkürzte Chromosom 22 wird nach dem Ort seiner Entdeckung als Philadelphia-Chromosom bezeichnet.

### Monoklonale Antikörper

Zahlreiche monoklonale Antikörper werden derzeit für die gezielte Therapie von Tumorerkrankungen getestet. Der monoklonale Antikörper Trastuzumab gegen den epidermalen Wachstumsfaktor Rezeptor HER2/NEU wird beispielsweise bei Brustkrebspatientinnen mit positivem Rezeptornachweis im Tumorgewebe zusätzlich zur Chemotherapie eingesetzt. Er hemmt die vom EGF-Rezeptor ausgehenden Pathways und führt zur Apoptose der Tumorzellen. Zudem wird antikörperabhängig das Komplementsystem aktiviert und eine Immunreaktion gegen Krebszellen mit gebundenem Antikörper in Gang gesetzt.

> Monoklonale Antikörper erkennt man leicht an der Endung -mab, die für „Monoclonal antibody" steht.

### Proteasomeninhibitoren

Proteasomen sind zelluläre Shredder, die alte, fehlgefaltete oder markierte Proteine abbauen (s. S. 72/73). Insbesondere Tumorzellen des multiplen Myeloms scheinen auf die Funktion von Proteasomen angewiesen zu sein, da Inhibitoren der Proteasomenfunktion (z. B. Bortezomib) eine deutliche Verbesserung der Prognose von Myelompatienten zeigen. Dies scheint zum einen darauf zu beruhen, dass Myelomzellen entartete Plasmazellen (ausdifferenzierte B-Lymphozyten) sind, welche eine große Menge an Antikörpermolekülen produzieren. Diese Antikörperproteine üben einen gewissen Stress auf die Myelomzellen aus, der durch proteasomalen Abbau reduziert wird, was für das Überleben der Tumorzellen notwendig ist. Zum anderen sind auch tumorigene Signalwege in Myelomzellen (insbesondere der Nfκb-Signalweg) auf den proteasomalen Abbau von Regulatorproteinen (IkB) nach ihrer Phosphorylierung (durch IKK) angewiesen. Fällt diese Regulation aus, verschwindet die wachstumsstimulierende Wirkung des Nfκb-Transkriptionsfaktors (▮ Abb. 1).

### Induktion von Zelldifferenzierung

Die meisten heutigen Krebstherapien zielen darauf ab, die Proliferation von Tumorzellen zu hemmen. Ein gänzlich anderer Ansatz besteht darin, entdifferenzierte Krebszellen dazu zu zwingen, sich in „normale" Gewebe auszudifferenzieren. Paradebeispiel ist die aktuelle Therapie der akuten Promyelozytenleukämie (APL), bei der hämatopoetische Vorläuferzellen durch eine Translokation des **Retinsäure-Rezeptors RAR** in den PML-Genlocus transformiert werden. Hierdurch entsteht ein PML-RAR-Fusionsprotein, welches die Differenzierung dieser Zellen zu Granulozyten hemmt. Die Gabe von All-trans-Retinsäure bringt PML-RAR in eine transkriptionsaktivierende Konformation und führt in höheren Dosen zu dessen proteasomaler Degradation. So kann sich die Haupttumorzellmasse wieder zu neutrophilen Granulozyten differenzieren. Diese molekular spezifische Therapie führt mit begleitender Chemotherapie bei APL-Patienten in über 80 % der Fälle zu anhaltenden kompletten Remissionen.

### Impfen gegen Krebs

Sowohl Erfahrungen aus der Vergangenheit als auch aktuelle epidemiologische Daten zeigen, dass eine Vermeidung von Tumorerkrankungen **(Krebsprävention)** mehr Krebstodesfälle verhindern könnte als die Therapie von bereits manifesten Tumoren. Dieses Potential war sicherlich ein entscheidender Grund für die Vergabe des Medizin-Nobelpreises 2008 an Harald zur Hausen für die Erforschung der Ursache und Entwicklung eines Impfstoffs gegen Gebärmutterhalskrebs (Zervixkarzinom). Dieser Tumor entsteht durch eine Infektion des Zervixepithels mit bestimmten Subtypen (v. a. 16 und 18) des **humanen Papillomvirus (HPV).** Papillomviren tragen virale Onkogene **(v-Onkogene E6 und E7)** in sich, die eine Transformation infizierter Epithelzellen verursachen können. Bei der Impfung werden jungen Mädchen im Alter von 12–17 Jahren vor einer stattgefundenen HPV-Infektion rekombinante Bestandteile der Kapsidhülle des Virus i. m. verabreicht. Dies führt zur Bildung von Antikörpern und T-Zellen gegen diese Virusbestandteile. Die

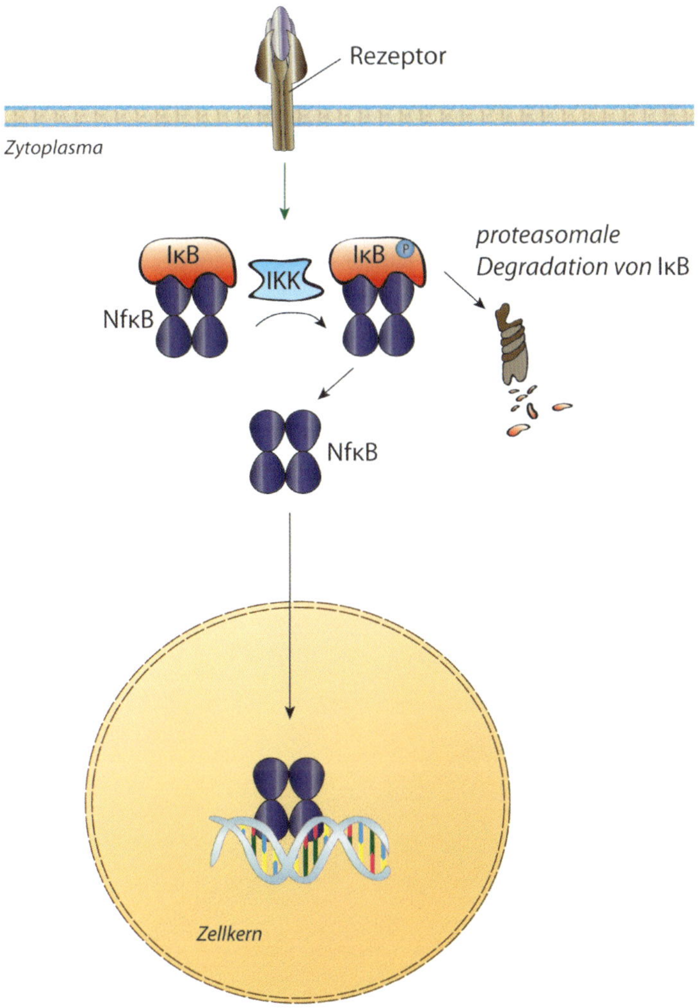


Abb. 1: Aktivierung des NfκB-Transkriptionsfaktors durch proteasomale Degradation von IκB. [5]

Impfung verhindert eine Infektion mit den entsprechenden HPV-Stämmen in über 98 % der geimpften Personen.

> Krebsimpfungen können die Neuinfektion von Personen mit tumorauslösenden Viren verhindern. Viren sind nach aktuellen Schätzungen an ca. 15 % aller Krebserkrankungen ursächlich beteiligt.

## Angiogenesehemmer

Tumoren können im menschlichen Körper nur bis zu einem Durchmesser von ca. 0,2 mm durch Diffusion mit Sauerstoff und Nährstoffen versorgt werden. Wollen sie weiter wachsen, sind sie auf das Aussprossen von neuen Gefäßen in das Tumorgewebe **(Neoangiogenese)** angewiesen. Die Angiogenese wird durch das Tumorgewebe aktiv induziert. Hierfür sezerniert es bei **Hypoxie** ($O_2$-Mangel) pro-angiogenetische Faktoren wie **VEGF** (*engl.* Vascular endothelial growth factor), welche die Gefäßneubildung stimulieren. Der monoklonale Antikörper Bevacizumab fängt VEGF ab, bevor es Endothelzellen stimulieren kann, und hemmt so die Angiogenese. Zudem reduziert sich durch eine Kontrolle des VEGF-Levels die Menge an aberranten Tumorgefäßen und damit die Blutungsgefahr. Bevacizumab wird bei fortgeschrittenen bösartigen Darm-, Lungen-, Brust- und Nierentumoren zusammen mit Chemotherapeutika eingesetzt.

## HDAC-Inhibitoren als epigenetischer Angriffspunkt

Histondeacetylasen entfernen Acetylgruppen von Histonproteinen. Durch die Entfernung der negativ geladenen Gruppen erhöht sich der Kondensationsgrad des Chromatins. Die Expression wichtiger Tumorsuppressorgene wird durch diesen epigenetischen Mechanismus in vielen Tumoren reduziert. **Histondeacetylase-Inhibitoren** sind eine neue Gruppe von Medikamenten gegen Tumoren, die genau diese Hypoacetylierungen zu vermeiden versuchen und somit die inaktiven Gene reaktivieren. **Vorinostat (SAHA)** ist ein bekannter Vertreter. Für eine spezielle Form des Lymphknotenkrebses, das kutane T-Zell-Lymphom, ist es bereits zugelassen.

### Zusammenfassung

Zielgerichtete Therapien sind eine große Hoffnung in der Krebsmedizin. Durch die Erforschung molekularer Ursachen von Tumoren versucht man neue Angriffspunkte für Medikamente zu finden, welche Krebszellen selektiv töten und normale Körperzellen schonen.

**Fallbeispiele**

# C Fallbeispiele

# Fall 1: Der Knoten in der Brust

## Klinischer Fall

Während einer Hospitation in der onkologischen Uniklinik stellt sich Ihnen eine 32-jährige Patientin vor, die von ihrem Hausarzt überwiesen wurde. Sie habe einen Knoten in ihrer linken Brust getastet. Der Hausarzt habe Sie daraufhin sofort in die Uniklinik überwiesen. Der behandelnde Arzt in der Uniklinik möchte abklären, ob der suspekte Knoten gut- oder bösartig ist.

**Frage 1:** Im Rahmen der körperlichen Untersuchung tastet der Arzt zuerst beide Brüste ab. Wie teilt man die weibliche Brust anatomisch ein, um einen Knoten genauer zu lokalisieren?

*Der Arzt setzt seine körperliche Untersuchung fort.*
**Frage 2:** Was sollte der Arzt nun unbedingt untersuchen, um abschätzen zu können, wie weit der Tumor fortgeschritten ist?

*In seinem Übereifer fällt dem Arzt plötzlich ein, dass er völlig vergessen hat, eine gründliche Befragung der Patientin (Anamnese) durchzuführen. Neben den allgemein bekannten Risikofaktoren für einen bösartigen Tumor der Mamma (keine Kinder oder erstes Kind nach dem 30. Lebensjahr, hoher sozioökonomischer Status, nicht stillende Frauen, frühe Menarche, Zigaretten- und Alkoholkonsum, vorausgegangener bösartiger Brusttumor der Gegenseite) sollte er insbesondere – angesichts des Alters der Patientin – eine spezielle Frage stellen.*
**Frage 3:** Wie lautet diese Frage?

*Im weiteren Verlauf veranlasst der Arzt eine Mammographie. Hierbei handelt es sich um eine spezielle Röntgenaufnahme der Brust (▮ Abb. 1).*
**Frage 4:** Wie würden sie anhand von ▮ Abbildung 1 einen suspekten Befund in der Mamma beschreiben? Welche alternative bildgebende Untersuchung gibt es noch außer der Mammographie?

*Nachdem der Arzt die Mammographie sieht, veranlasst er sofort eine Feinnadelpunktion des Knotens im äußeren oberen Quadranten der linken Brust. Es bestätigt sich die Verdachtsdiagnose eines intraduktalen Mammakarzinoms.*
**Frage 5:** Können Sie die Begriffe „duktal" und „Karzinom" im klinischen Kontext einordnen?

## Prädisponierende molekulare Faktoren

Wie bereits erwähnt, ist die Familienanamnese bei bösartigen Brusttumoren sehr wichtig.

**Frage 6:** Welche Gene kennen Sie, deren Mutationen zur Entstehung eines bösartigen Brusttumors beitragen können?

*Mutationsanalysen bestätigen eine BRCA-2-Mutation bei der Patientin.*
**Frage 7:** Für welchen Tumor neben bösartigem Brustkrebs besteht ein besonders hohes Risiko bei BRCA-Mutationen?

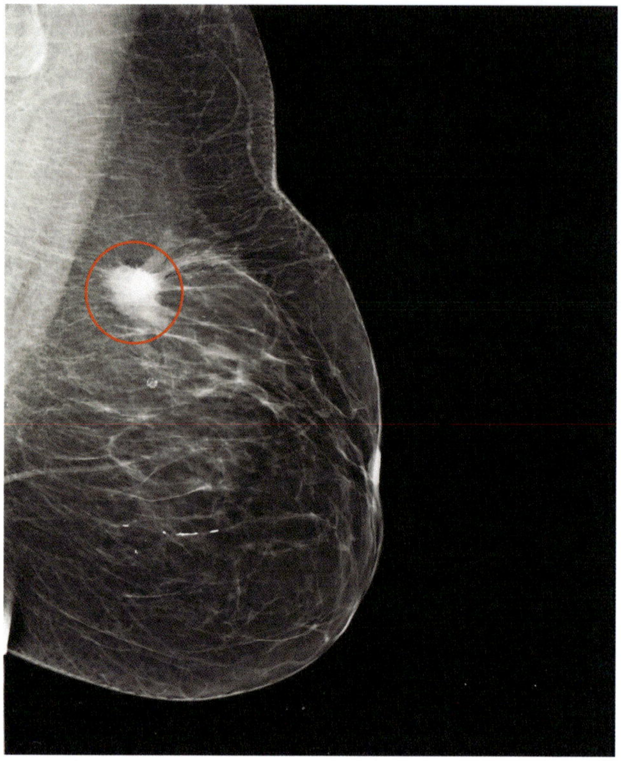

▮ Abb. 1: Mammographie der Brust mit auffälligem Befund (eingekreist). [39]

## Abgeleitete Therapie

Die Therapie bei bösartigen Brusttumoren ist sehr komplex und momentan Gegenstand verschiedener Studien.

**Frage 8:** Können Sie die Grundlagen der operativen Therapie und die daraus resultierenden Folgen für die postoperative Bestrahlung erläutern?
**Frage 9:** Welche medikamentösen Ergänzungen gibt es?

*Im Rahmen der Behandlung des bösartigen Brusttumors kann der neu entwickelte monoklonale Antikörper Trastuzumab eingesetzt werden.*
**Frage 10:** Was ist die Voraussetzung, damit Trastuzumab wirkt und an welchem Zielmolekül greift der Antikörper an?

*Bei unserer Patientin wird nach der brusterhaltenden Therapie mit postoperativer Bestrahlung eine Polychemotherapie durchgeführt. Auf eine Hormontherapie und auf eine Trastuzumab-Therapie kann verzichtet werden, da die Tumorzellen keine passenden Rezeptoren exprimieren.*

## Antworten

**Antwort 1:** Anatomisch unterteilt der Kliniker die Brust in vier **Quadranten.** Die meisten bösartigen Brusttumoren kommen außen oben vor (50 %, ▮ Abb. 2). Bei der Untersuchung ist stets das Tasten beider Mammae notwendig, um im Vergleich Konsistenz, Verhärtungen, Knoten, Größe, Form, Abgrenzbarkeit und Verschieblichkeit zu beurteilen.

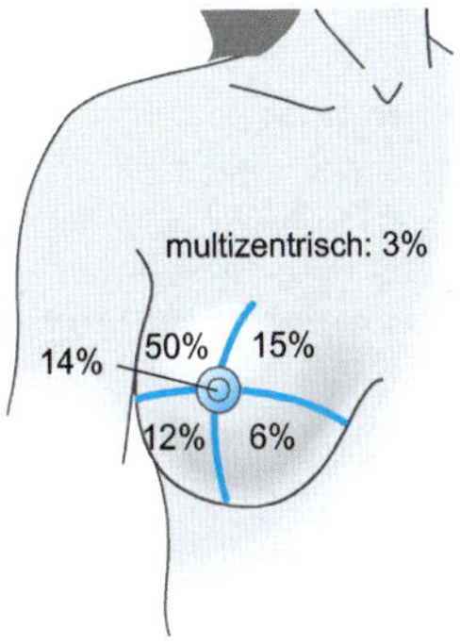


▮ Abb. 2: Einteilung der Brust und Häufigkeit der Mammakarzinome in den einzelnen Quadranten. [41]

**Antwort 2:** Bei einem Verdacht auf einen bösartigen Brusttumor sind im Rahmen der körperlichen Untersuchung stets die **Lymphknotenstationen** der Brust abzutasten. Die Metastasierung in die Lymphknoten erfolgt häufig früh. Man schätzt, dass 50 % der bösartigen Brusttumoren bei Diagnosestellung bereits in die Lymphknoten metastasiert haben. Folgende Lymphknotenstationen können bei der körperlichen Untersuchung der Brust getastet werden: axilläre, supra- und infraklavikuläre Lymphknoten.
**Antwort 3:** Die **Familienanamnese** ist bei Brustkrebspatientinnen besonders wichtig. Zu jeder guten Anamnese bei Verdacht auf einen bösartigen Knoten in der Brust gehört die Frage, ob Brustkrebs bereits aus der Verwandtschaft bekannt ist.
**Antwort 4:** Auf der Mammographie erkennt man einen Herdschatten mit sternförmigen Ausläufern (man bezeichnet diese als **„Krebsfüßchen"**) und gruppierten **Mikroverkalkungen.** Solche Mikroverkalkungen kommen insbesondere beim intraduktalen Mammakarzinom vor. Alternativ ist noch eine Ultraschalluntersuchung der Brust möglich. Als neuere Methode wird heutzutage eine **MRT** (Magnetresonanztomographie) in speziellen Situationen, z. B. bei unklaren Befunden in Mammographie und Ultraschall, eingesetzt.
**Antwort 5:** Bei einem „Karzinom" handelt es sich um einen Tumor, der von Epithelzellen ausgeht. „Duktal" bedeutet „von den Milchgängen ausgehend".
**Antwort 6:** Bei Brustkrebs kommen am häufigsten Mutationen im **BRCA-1-Gen** (BRCA = *engl.* Breast-cancer) auf Chromosom 17 oder im BRCA-2-Gen auf Chromosom 13 vor. Sie werden autosomal-dominant vererbt. Die Genprodukte von BRCA-1 und BRCA-2 sind an der **Reparatur von DNA-Doppelstrangbrüchen** beteiligt (s. S. 58/59). BRCA-Mutationen spielen bei etwa 5 % aller Brustkrebsfälle eine ursächliche Rolle. Noch seltener kann Brustkrebs im Rahmen einer Mutation des p53-Tumorsuppressorgens auf Chromosom 17 entstehen. Bei **p53-Mutationen** ist auch die Rate vieler anderer Tumorarten erhöht, man spricht vom Li-Fraumeni-Syndrom.

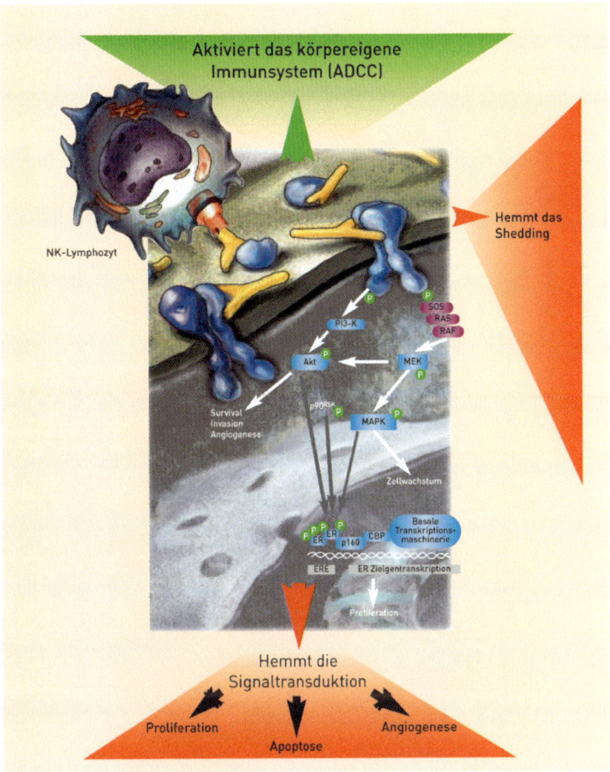


▮ Abb. 3: Wirkmechanismus von Trastuzumab auf Tumorzellen der Mamma. [42]

**Antwort 7:** Bei BRCA-Mutationen besteht auch ein erhöhtes Risiko für Eierstockkrebs (Ovarialkarzinom).
**Antwort 8:** Therapie der Wahl ist heute die brusterhaltende **Operation.** Hierbei wird der Knoten aus der Brust herausoperiert. Danach wird – je nach Erkrankungsstadium – eine **Bestrahlung** des Tumorgebiets und evtl. auch der Lymphknoten und Lymphabflusswege durchgeführt.
**Antwort 9:** Befinden sich auf der Oberfläche der Tumorzellen Hormonrezeptoren, kann auch eine **Hormonablationstherapie** durchgeführt werden. Weiterhin besteht die Möglichkeit zu einer **Polychemotherapie.**
**Antwort 10:** Wird das Onkogen HER2/NEU (auch ERB-B2 genannt) auf der Oberfläche der Tumorzellen überexprimiert, ist eine Therapie mit **Trastuzumab** effektiv, da dieser monoklonale Antikörper den Rezeptor blockieren kann (▮ Abb. 3). **HER2/NEU** ist ein Mitglied der epidermalen Wachstumsfaktor-Rezeptor-Familie. Eine Überexpression von HER2/NEU auf Tumorzellen geht häufig mit einer schlechten Prognose einher.

# Fall 2: Die vergessliche alte Dame

## Klinischer Fall

Im Rahmen Ihres Studentenunterrichts verbringen Sie einen Tag mit einem Assistenzarzt in einer geriatrischen Klinik. Zu Ihnen kommt Frau Müller mit ihrer 79 Jahre alten Mutter. Sie beklagt sich, dass ihre Mutter Gedächtnisstörungen habe, die in den letzten Jahren massiv zugenommen hätten. Dies gehe so weit, dass sie letzte Woche vergessen habe, wo sie wohne, und einen ganzen Tag durch das Dorf geirrt sei. Ein Bekannter habe sie dann nach Hause gebracht. Weiterhin sei Frau Müller aufgefallen, dass ihre Mutter zunehmend den Inhalt ihrer Aussagen mehrmals hintereinander wiederhole, ohne es selbst zu merken. Dies sei so auffällig und unangenehm gegenüber anderen Menschen, dass sie sich nicht mehr traue, ihre Mutter zu festlichen Anlässen mitzunehmen.
Der Assistenzarzt äußert die Verdachtsdiagnose einer Demenz.

**Frage 1:** Kennen Sie Symptome einer Demenz? Wodurch können dementielle Symptome ausgelöst werden?

*Die häufigste Form der Demenz ist der Morbus Alzheimer. Nach gründlicher Anamnese und körperlicher Untersuchung der Patientin hat der Assistenzarzt den Verdacht auf das Vorliegen eines Morbus Alzheimer. Er möchte diese Diagnose gerne weiter bestätigen.*
**Frage 2:** Welche Hilfsmittel stehen hierfür zur Verfügung?

*Da die Testergebnisse der alten Dame den Verdacht des Assistenzarztes weiter bestätigen, lässt er eine MRT (Magnetresonanztomographie) des Kopfs der Patientin durchführen (▮ Abb. 1).*
**Frage 3:** Welche charakteristischen Befunde erwarten Sie bei einem Morbus Alzheimer auf einem MRT-Bild? Können Sie diese in ▮ Abbildung 1 wiederfinden?

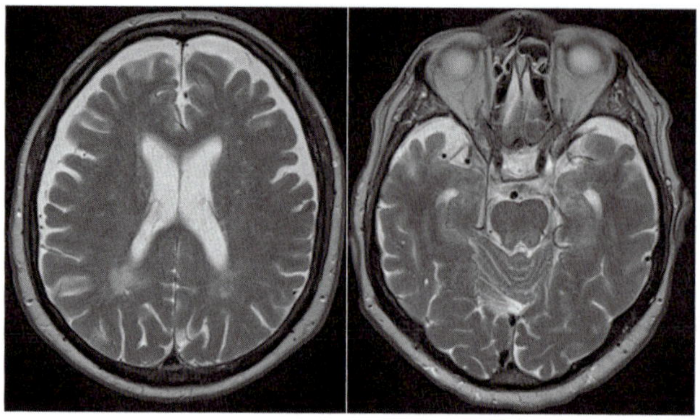

▮ Abb. 1: MRT der Patientin. [43]

## Prädisponierende molekulare Faktoren

Typische Veränderungen, die grundsätzlich nur histologisch erkannt werden können, liegen dem Morbus Alzheimer zugrunde.

**Frage 4:** Können Sie diese Veränderungen nennen, die man post mortem bei der Autopsie oder im Rahmen einer Hirnbiopsie erkennen könnte?

*Bei unserer Patientin wird auf eine Hirnbiopsie verzichtet, da es sich hierbei um einen hochinvasiven Eingriff handelt. Dieser würde zwar letzte Gewissheit über den Demenztyp bringen, jedoch gibt es noch keine spezifischen Therapien für die einzelnen Demenzformen, sodass der Eingriff ohne therapeutische Konsequenz bleiben würde.*
*Die Tochter fragt, ob es häufige genetische Risikofaktoren gebe, die mit Morbus Alzheimer assoziiert seien und ob daher eine Testung bei ihr und ihren Kindern notwendig sei.*
**Frage 5:** Welche genetischen Veränderungen sind Ihnen im Zusammenhang mit Morbus Alzheimer bekannt?

## Abgeleitete Therapie

Die Therapie bei Morbus Alzheimer ist bisher aufgrund eines fehlenden eindeutigen molekularen Targets eingeschränkt.

**Frage 6:** Welche Medikamentengruppen sind derzeit zur Therapie von Morbus Alzheimer verfügbar und wie wirken diese?

## Antworten

**Antwort 1:** Eine Demenz ist als ein schleichend beginnender und kontinuierlich fortschreitender Verfall kognitiver Fähigkeiten definiert, der berufliche und gesellschaftliche Funktionen eines Menschen schwer beeinträchtigt. Typische **Symptome** sind:

- Verlust kognitiver Fähigkeiten (Merkfähigkeit, Konzentration)
- Verlust der Orientierung
- sozialer Rückzug, Aktivitätsverlust
- Störungen der Motorik
- Wahrnehmungsstörungen
- Stimmungsschwankungen
- neuropsychologische Symptome (z. B. Sprachstörungen).

Demenzen können verschiedene **Ursachen** zugrunde liegen:

- Neurodegeneration (u. a. Morbus Alzheimer)
- Gefäßerkrankungen
- Infektionen (z. B. Prionen, HIV)
- Intoxikationen (z. B. Alkohol)
- Tumoren
- Mitochondriendefekte
- Demyelinisierungserkrankungen (z. B. amyotrophe Lateralsklerose)
- Trauma.

**Antwort 2:** Es existieren eine ganze Reihe **psychometrischer Tests** und Fragebögen, die der Assistenzarzt anwenden kann, um die Diagnose eines Morbus Alzheimer zu erhärten. Hierzu gehören unter anderem der MMSE (*engl.* Mini mental status examination), der ADAS (*engl.* Alzheimer's disease assessment scale), der SIDAM (ein strukturiertes Interview zur Differenzialdiagnose der Demenzen) oder der Uhrentest. Mithilfe dieser Tests wird in standardisierter Form die mentale Leistungsfähigkeit der Patientin überprüft. Zudem helfen sie, einzelne Demenzformen gegeneinander abzugrenzen. Hierzu sollte auch eine Untersuchung von **Blut** und **Liquor** der Patientin erfolgen.

**Antwort 3:** In der MRT-Darstellung des Gehirns von Alzheimer-Patienten erwartet man im fortgeschrittenen Stadium eine generalisierte **Hirnatrophie.** Sie wird sichtbar an einer Volumenverminderung der Gyri und einer Zunahme der Sulci (▌Abb. 2). Zudem sind die Liquorräume aufgrund der schwindenden Hirnmasse vergrößert (▌Abb. 1). Mit zunehmender Progredienz kann eine Atrophie (Gewebsschwund) des **Hippocampus** (im Bereich des medialen Temporallappens) als Verlaufsparameter genutzt werden. In frühen Krankheitsstadien sind diese Veränderungen jedoch häufig noch nicht zu sehen. Der Hippocampus spielt bei der Konsolidierung von Gedächtnisvorgängen eine wichtige Rolle.

**Antwort 4:** Der Morbus Alzheimer ist eine neurodegenerative Erkrankung, bei der man extrazellulär im Hirngewebe unlösliche **Proteinaggregate** (s. S. 62/63) findet. Hierbei handelt es sich um sog. Aβ-Amyloid, das von einem Protein **(Amyloid-Precursor-Protein, APP)** gebildet wird, dessen molekulare Funktion noch weitgehend unklar ist. Es wird normalerweise durch ein Enzym, die **Sekretase,** gespalten und abgebaut. Intrazellulär ist zudem pathologisch hyperphoshoryliertes **Tau-Protein** in den Neuronen nachzuweisen. Man spricht von neurofibrillären Tangles. Bei Tau handelt es sich um ein Mikrotubulus-assoziiertes Protein (MAP, s. S. 28/29). Ob diese Prozesse Ursache oder Begeiterscheinung der Erkrankung sind, ist jedoch nach wie vor ungeklärt.

**Antwort 5:** 5 % der Alzheimererkrankungen zeigen eine familiäre Häufung. Sie treten dann i. d. R. in jüngerem Lebensalter auf als bei der Patientin in unserem Fall. Hierfür sind Mutationen in drei Genen verantwortlich **(APP, Presenilin 1 und Presenilin 2).** APP ist das Vorläuferprotein von Aβ, welches in den Amyloidplaques aggregiert. Mutationen in APP können seine proteolytische Resistenz erhöhen. Presenilin 1 ist Bestandteil eines Enzymkomplexes, der APP spaltet (sog. γ-Sekretase). Die ε4-Variante des ApoE-Gens ist ein wichtiger genetischer Risikofaktor für Morbus Alzheimer. Sie kommt aber bei den familiär auftretenden Formen nicht gehäuft vor. Wenn in einer Familie keine Häufung von Alzheimererkrankungen auftritt, kann i. d. R. auf eine genetische Testung verzichtet werden. Zudem muss die Erkrankung auch bei einem positiven Testergebnis nicht zwangsläufig auftreten, und es existieren keine Maßnahmen, die einen möglichen Krankheitsbeginn sicher verhindern oder hinauszögern können.

**Antwort 6:** Als Antidementivum gegen Morbus Alzheimer kann man Galantamin einsetzen. Durch Modulation von Nikotin-Rezeptoren und Hemmung der **Acetylcholinesterase** (▌Abb. 3) kommt es zu einer Erhöhung der Acetylcholinkonzentration im synaptischen Spalt neuronaler Synapsen. Acetylcholinesterasehemmer zeigten in einigen Studien eine Verzögerung des Verlaufs der Erkrankung.

Memantin ist ein weiteres Präparat bei Morbus Alzheimer. Es handelt sich hierbei um einen nichtkompetitiven **NMDA-Rezeptor-Antagonisten.** NMDA-Rezeptoren werden durch den exzitatorischen Neurotransmitter Glutamat aktiviert. Bei Alzheimerpatienten wird ein zu hoher Glutamatspiegel in einigen Hirnbereichen festgestellt, der hier über NMDA-Rezeptoren toxische Wirkungen auf die Neuronen entfaltet.

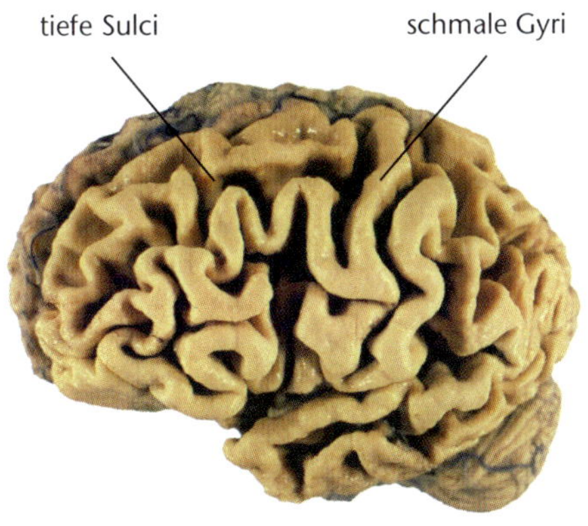


▌Abb. 2: Hirnatrophie bei Morbus Alzheimer. [44]

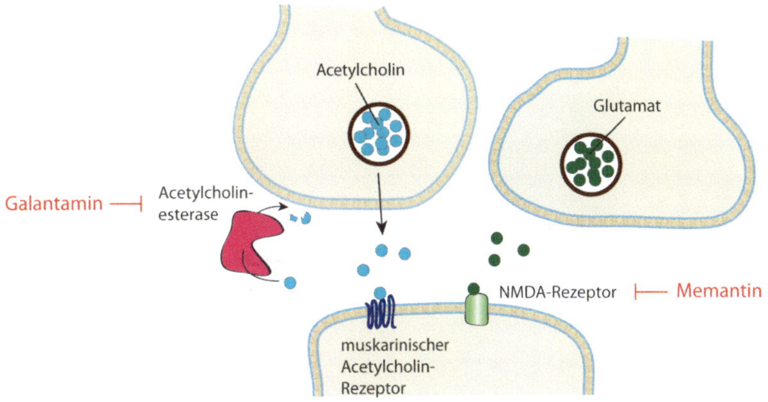


▌Abb. 3: Wirkmechanismus von Antidementiva. [5]

# Fall 3: Magic bullet

## Klinischer Fall

Im Rahmen Ihres Krankenpflegepraktikums in einer internistischen Ambulanz lernen Sie eine 62-jährige Dame kennen, die seit geraumer Zeit an starker Müdigkeit leidet und sich insgesamt schwach fühlt. Zudem sei seit zwei Wochen ein starkes Schwitzen in der Nacht aufgetreten, sodass sie ihre Schlafbekleidung mehrmals wechseln müsse. Ab und zu leide sie an leichtem Völlegefühl und Druck im linken Oberbauch.

**Frage 1:** Sammeln Sie die Leitsymptome der Dame und ordnen Sie die Symptome der Patientin ein. Eine Beeinträchtigung welcher Organsysteme kann die Beschwerden der Patientin verursachen?

*Nach seiner klinischen Untersuchung zeigt Ihnen der Ambulanzarzt Dr. Bauer einen weiteren interessanten Befund: Bei der abdominalen Untersuchung konnte er eine vergrößerte Milz tasten, die deutlich unterhalb des linken Rippenbogens palpabel ist.*

**Frage 2:** Ab welcher Größe spricht man von einer vergrößerten Milz? Welche diagnostischen Untersuchungen würden Sie nach den erhobenen Befunden bei der Patientin durchführen?

*Im angefertigten Blutausstrich der Patientin sieht der Laborarzt folgenden Befund im Mikroskop (▮ Abb. 1):*

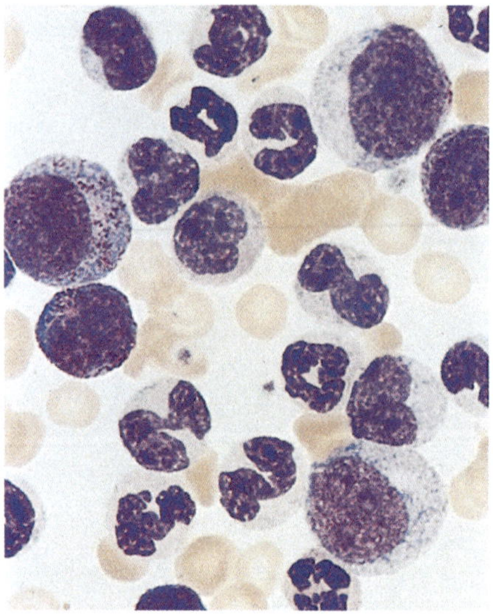

▮ Abb. 1: Beispiel für den peripheren Blutausstrich der Patientin. [45]

**Frage 3:** Was fällt Ihnen bei der Betrachtung dieses Blutausstrichs auf? Welcher Zelltyp herrscht vor?

*„Zur Bestätigung der Verdachtsdiagnose müssen wir der Patientin jetzt noch eine Knochenmarkprobe entnehmen und zytogenetisch untersuchen“, sagt Dr. Bauer zu Ihnen. Dabei wird ein Karyogramm angefertigt.*

**Frage 4:** Welche Besonderheit erwarten Sie im Karyogramm der Patientin mit CML?

## Molekulare Pathogenese

Das 1960 zum ersten Mal nachgewiesene Philadelphia-Chromosom stellt die erste strukturelle Chromosomenaberration dar, die mit der Tumorentstehung assoziiert werden konnte. Dass das Philadelphia-Chromosom bei 95 % aller CML-Patienten die wesentliche genomische Veränderung ist, legt die Vermutung nahe, dass es in der Pathogenese der Erkrankung eine wesentliche Rolle spielt.

**Frage 5:** Wie könnte eine Translokation zur Tumorentstehung beitragen?

*In CML-Zellen transloziert das abl-Gen von Chromosom 9 in eine Region von Chromosom 22, die sich Breakpoint-cluster-Region (abgekürzt bcr) nennt. Das abl-Gen codiert für eine lösliche Tyrosin-Kinase (Abelson-Kinase)). Durch die reziproke Translokation t(9;22) entsteht das Fusionsgen bcr-abl, das für ein neues Fusionsprotein (Bcr-Abl) codiert, welches in gesunden Zellen nicht vorkommt.*

**Frage 6:** Welchen Einfluss muss folglich der bcr-Anteil des Fusionsgens auf den abl-Anteil besitzen, wenn durch die Translokation die Proliferation von Blutzellen gefördert wird?

*Bei CML-Patienten werden in fortgeschrittenen Stadien häufig neben t(9;22) weitere Translokationen, Deletionen und Amplifikationen von Chromosomenabschnitten bzw. ganzen Chromosomen gefunden, die sich darüber hinaus in der Tumorzellpopulation ständig verändern.*

**Frage 7:** Wie könnte es zur Entstehung dieser chromosomalen Instabilität kommen?

## Abgeleitete Therapie

Die chronisch-myeloische Leukämie (CML) ist eine Form von chronisch verlaufendem Blutkrebs, der auf molekularer Ebene mit dem Bcr-Abl-Fusionsprotein eine klar definierte Ursache besitzt. „Gut, Sie wissen ja bereits einiges über die Grundlagen der Krebsentstehung“, lobt Sie der Ambulanzarzt Dr. Bauer.

**Frage 8:** „Wissen Sie denn auch, wie man prinzipiell gegen Krebs therapeutisch vorgehen kann“? Nennen Sie klassische Therapiesäulen in der Krebsmedizin.

**Frage 9:** „Wieso wirken denn Chemotherapeutika gegen Krebs?“

*„Heute verwendet man in der CML-Therapie jedoch i. d. R. keine Chemotherapeutika mehr. Sie sind nicht so gut wirksam und mit weitaus mehr Nebenwirkungen behaftet als das heutige Standardmedikament Imatinib. Es ist ein Tyrosin-Kinase-Inhibitor, der Bcr-Abl selektiv hemmt“, erklärt Ihnen der Ambulanzarzt.*

**Frage 10:** Überlegen Sie sich einen möglichen Wirkmechanismus von Imatinib an der Bcr-Abl-Tyrosin-Kinase.

## Antworten

**Antwort 1:** Müdigkeit ist häufig Resultat einer Schlafstörung oder ein unspezifisches Symptom, das z. B. bei schlechten Kreislaufverhältnissen beobachtet werden kann. In Zusammenhang mit der geschilderten Schwäche ist auch eine **systemische Erkrankung** in Betracht zu ziehen (z. B. Entzündung, Infektion oder Tumorerkrankung). Nachtschweiß ist ein Warnsymptom und sollte immer an eine Tumorerkrankung (insbesondere des blutbildenden Systems) denken lassen! Völle- und Druckgefühl deutet auf eine Beteiligung der Abdominalorgane hin (linker Oberbauch → Milzbeteiligung möglich).

**Antwort 2:** Ab einer Überschreitung der Normalgröße von max. 11 cm × 7 cm × 4 cm spricht man von einer vergrößerten Milz **(Splenomegalie).** Die deutlich vergrößerte Milz bei der Patientin deutet zusammen mit den Anamnesebefunden auf eine Störung im blutbildenden System oder eine Infektion hin. Daher ist eine **Blutuntersuchung** mit Blutbild und Blutausstrich unbedingt durchzuführen.

**Antwort 3:** In diesem Blutausstrich sieht man zu **viele Leukozyten** (insbesondere Granulozyten). Zudem sind nicht nur reife neutrophile, eosinophile und basophile Granulozyten zu sehen, sondern auch deren Vorstufen (erkennbar am noch nicht segmentierten Kern, **„Linksverschiebung"**). Dieses „bunte Bild" mit vielen verschiedenen Zelltypen ist ein deutlicher Hinweis auf eine proliferative Erkrankung des blutbildenden Systems. Betroffen ist ausschließlich die myeloische Blutzellreihe, da die Anzahl der Lymphozyten im Ausstrich nicht erhöht ist. Der Befund ist im Zusammenhang mit der eher langsamen Krankheitsentwicklung und der Splenomegalie typisch für eine chronisch-myeloische Leukämie (kurz CML).

**Antwort 4:** Die zytogenetische Untersuchung ist nach wie vor der Goldstandard in der CML-Diagnostik. Hierbei kann nämlich in über 90 % der Fälle ein **Philadelphia-Chromosom** nachgewiesen werden. Es entsteht nach reziproker Translokation t(9;22)(q34;q11) als verkleinertes Chromosom 22 (▮ Abb. 2).

**Antwort 5:** Bei einer Translokation wird DNA zwischen zwei nichthomologen Chromosomen ausgetauscht. Als Folge kann die Proliferationstendenz der betroffenen Zelle u. a. erhöht werden durch:

- ▶ Zerstörung eines Tumorsuppressorgens
- ▶ Entstehung eines Onkogens (z. B. bcr-abl)
- ▶ Beeinflussung der Genexpression proliferationsrelevanter Gene (Translokation hinter anderen Promotor).

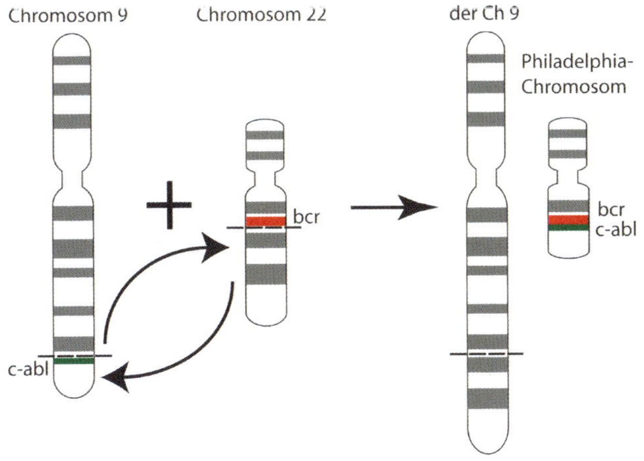


▮ Abb. 2: Entstehung des Philadelphia-Chromosoms bei CML. [5]

**Antwort 6:** Da es sich beim abl-Gen um eine Tyrosin-Kinase handelt, die zur Tumorentstehung führt, wenn sie übermäßig aktiv ist, muss der bcr-Gen-Anteil zu einer gesteigerten abl-Kinase-Aktivität führen.

**Antwort 7:** Chromosomale Instabilität ist ein Phänomen, das regelmäßig in Tumoren gefunden wird. Fraglich ist noch, ob es Ursache oder Resultat im Prozess der Karzinogenese ist – i. d. R. tritt sie relativ früh auf. Chromosomale Instabilität kann die Folge von Störungen des **mitotischen Apparats** in Tumorzellen (Entstehung von numerischen Chromosomenaberrationen) oder des **DNA-Reparaturapparats** (Entstehung von strukturellen Chromosomenaberrationen) sein.

**Antwort 8:** Die drei klassischen Säulen der Krebstherapie sind Chirurgie, Strahlentherapie und Chemotherapie.

**Antwort 9:** Chemotherapeutika greifen an verschiedenen Schritten der Zellteilung an. Da Tumorzellen sich schneller und häufiger teilen als die meisten Körperzellen, werden sie von Chemotherapeutika vornehmlich geschädigt.

**Antwort 10:** Imatinib blockiert die ATP-Bindungsstelle der **Bcr-Abl-Kinasedomäne** (▮ Abb. 3), sodass die Phosphorylierung ihrer Substrate verhindert wird. Diese Phosphorylierungskaskade führt in CML-Zellen zu einer erhöhten Proliferationsrate. Mit Imatinib ist die CML-Therapie weitaus spezifischer und damit effektiver und nebenwirkungsärmer geworden. Das Time-Magazin gab ihm 2001 den Namen „Zauberkugel" (*engl.* Magic bullet).

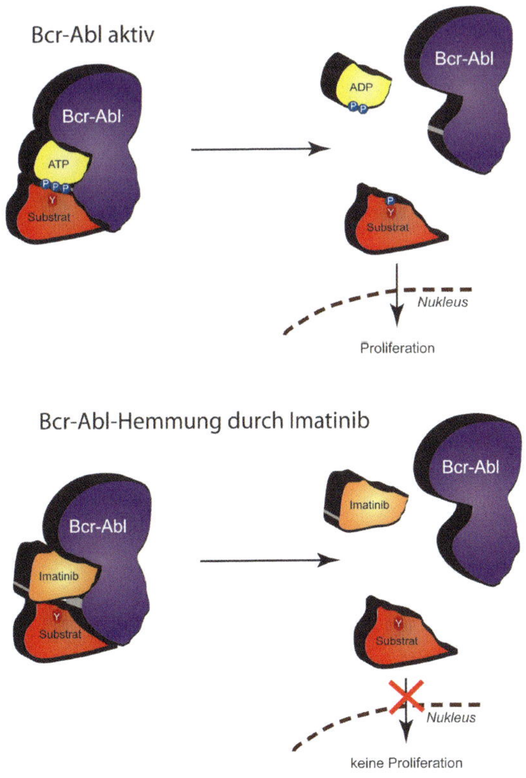


▮ Abb. 3: Wirkmechanismus von Imatinib. [5]

# Fall 4: Die alten Würstchen aus der Dose

## Klinischer Fall

Um 3 Uhr morgens werden Sie während Ihres praktischen Jahrs in der medizinischen Universitätsklinik aus dem Schlaf gerissen. Die Schwester berichtet Ihnen völlig aufgeregt, dass vor ungefähr 2 h ein Mann, begleitet von seiner Ehefrau, in die Ambulanz gekommen sei. Am Anfang habe er stark erbrochen. Er gab Übelkeit seit dem späten Abend an. Die Schwester berichtet Ihnen, dass es dem Mann jetzt sehr viel schlechter gehe. Sie begeben sich sofort in die Ambulanz.

**Frage 1:** Was ist der erste Vorgang, der während eines Arzt-Patienten-Kontakts erfolgen sollte?

*Auf den ersten Blick stellen Sie keine Auffälligkeiten fest. Beim genaueren Hinsehen fallen Ihnen jedoch beidseits weite Pupillen und eine Ptosis der Augenlider auf.*
**Frage 2:** Welche Frage sollten Sie daraufhin dem Patienten stellen?

*Sie fragen den Patienten nach seinen letzten Mahlzeiten, und er berichtet Ihnen von Würstchen aus einer Konservendose, die er zum Abendbrot verzehrt hat.*
**Frage 3:** Welche relevante Frage hinsichtlich dieses Nahrungsmittels sollte in dieser Situation nicht vergessen werden?

*Sie nehmen den Patienten auf.*
**Frage 4:** Welche Diagnostik schlagen Sie vor?

*Aus dem mikrobiologischen Labor erfahren Sie, dass im Stuhl des Patienten Botulinustoxin nachgewiesen wurde.*

## Ätiologie der Erkrankung

**Frage 5:** Wie wirkt das Toxin?
**Frage 6:** Welche molekularen Mechanismen liegen der Wirkung zugrunde?
**Frage 7:** Welches Bakterium produziert das Toxin? Kennen Sie eine besondere Eigenschaft des Bakteriums (▮ Abb. 1)?
**Frage 8:** In welchen Nahrungsmitteln kommt das Toxin typischerweise vor und wie kann man einer Intoxikation vorbeugen?
**Frage 9:** Kennen Sie ein anderes Toxin, das ebenfalls SNARE-Komplexe in der Präsynapse angreift? Wie unterscheidet es sich von Botulinustoxin?

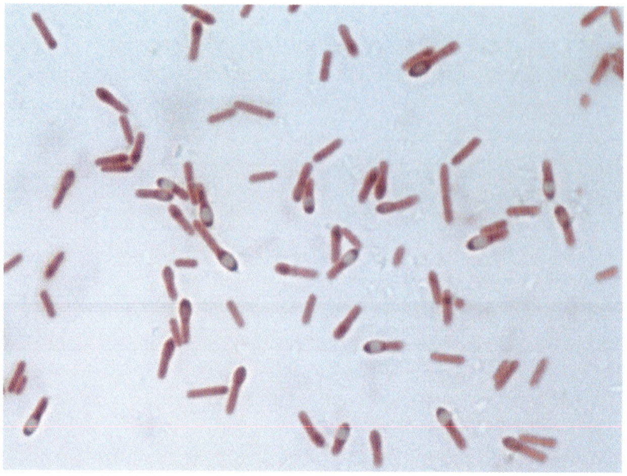

▮ Abb. 1: Sporen des anaeroben Bakteriums Clostridium botulinum. [46]

## Abgeleitete Therapie

Sie verlegen den Patienten sofort auf die intensivmedizinische Station, da Sie ein Fortschreiten der Muskellähmung bis hin zum Atemstillstand befürchten.

**Frage 10:** Welche Therapieoptionen haben Sie im Falle einer Botulismus-Intoxikation?
**Frage 11:** Können Sie eine Aussage zur Prognose des Patienten machen?

*Der Patient bekommt im Laufe der Erkrankung diverse weitere Symptome wie Harnverhalt, Obstipation und schließlich einen schweren Darmverschluss (Ileus). Eine Operation zur Behebung des Ileus wird notwendig. Nach einem komplikationslosen postoperativen Verlauf kann der Patient aus der Behandlung entlassen werden.*

## Antworten

**Antwort 1:** Generell sollte ein guter Arzt stets die Augen offen halten. Wenn ein Patient die Tür des Behandlungszimmers öffnet, ergeben sich durch genaues Hinsehen häufig erste Hinweise auf mögliche Leiden des Patienten. Selbst wenn diese ausbleiben, kann man anhand des äußeren Erscheinungsbilds erkennen, wie schwer der Patient durch seine Erkrankung beeinträchtigt ist. Die **Inspektion** ist daher der erste Vorgang während eines Arzt-Patienten-Kontakts.

**Antwort 2:** Man sollte den Patienten an dieser Stelle noch fragen, ob er **Doppelbilder** sieht. So kann eine Lähmung der Augenmuskeln festgestellt werden. Weitere Lähmungserscheinungen wie **Dysarthrie** (Sprachstörungen aufgrund von Beeinträchtigungen der an der Sprachbildung beteiligten Muskulatur) und **Dysphagie** (Schluckstörungen) sollten im Rahmen einer vollständigen neurologischen Untersuchung überprüft werden.

**Antwort 3:** Neben der bedeutenden Tatsache, dass das Würstchen aus einer Konservendose stammt, ist noch zu überprüfen, ob die Ehefrau des Patienten ebenfalls davon gegessen hat. Falls es sich nämlich um eine Intoxikation handelt, könnte man durch schnelles Handeln den Verlauf der Erkrankung bei ihr abschwächen. In unserem Fall hat die Ehefrau die Würstchen jedoch nicht gegessen.

**Antwort 4:** Nahrungsreste, Erbrochenes, Magensaft und Stuhl des Patienten sollten nach einem möglichen Krankheitserreger oder **Toxinen** überprüft werden. Zudem sollte eine genaue neurologische Untersuchung stattfinden.

**Antwort 5:** Botulinustoxin hemmt die Acetylcholinfreisetzung an den neuromuskulären Endplatten (▮ Abb. 2 und s. S. 36/37 und S. 92/93). Diese Hemmung ist irreversibel und führt zu einer Lähmung der betroffenen Muskeln. Kleine Muskeln (insbesondere die Augenmuskeln) sind häufig zuerst gelähmt.

**Antwort 6:** Botulinustoxine binden über ihre B-Ketten (schwere Ketten) an Ganglioside und bestimmte Membranproteine (SV2, Synaptotagmin) der präsynaptischen Seite von **neuromuskulären Synapsen** (▮ Abb. 2). Nach rezeptorvermittelter Endozytose (s. S. 70/ 71) und Ansäuerung des endozytotischen Vesikels trennt sich die A-Kette (leichte Kette) von der B-Kette ab und transloziert ins Zytoplasma. Dort wirken die unterschiedlichen A-Ketten als Proteasen und **spalten SNARE-Proteine,** die dadurch funktionsunfähig werden. Synaptische Vesikel, welche mit Acetylcholin beladen sind, können dadurch nicht mehr mit der Plasmamembran fusionieren und ihre Neurotransmitter nicht in den synaptischen Spalt ausschütten.

**Antwort 7: Clostridium botulinum,** ein anaerobes Bakterium, produziert das Toxin. Es bildet **Sporen** (Dauerstadium ohne aktiven Stoffwechsel), die hitzeresistent sind. In anaerobem Milieu keimen diese Sporen wieder aus und bilden das besagte Toxin.

**Antwort 8:** Das Toxin kommt in verunreinigten Lebensmitteln, bevorzugt in Fleischwaren vor. Typischerweise sind Konservenbüchsen mit Nahrungsmitteln betroffen (wie in unserem Fall). Durch **Erhitzen** auf über 100 °C für 15–30 min können die Toxine inaktiviert werden.

**Antwort 9:** Das Toxin aus Clostridium tetani beinhaltet ebenfalls eine zinkhaltige Endopeptidase, die SNARE-Proteine spaltet. Allerdings agiert sie nach retrogradem axonalem Transport in inhibitorischen Interneuronen des Rückenmarks **(Renshaw-Neurone).** Diese können dann nicht mehr ihren Neurotransmitter Glycin ausschütten, sodass $\alpha$-Motoneurone enthemmt werden. Es kommt dadurch zu einer spastischen Lähmung der Muskulatur („Wundstarrkrampf").

**Antwort 10:** Bei Verdacht auf Botulismus sollte so schnell wie möglich (noch vor der intensivmedizinischen Therapie) **Antitoxin** gegeben werden, welches das gefährliche Toxin im Serum bindet und damit inaktiviert. Eine Magen-Darm-Entleerung ist eine weitere gute Therapieoption. Im Rahmen der **intensivmedizinischen Behandlung** wird bei Auftreten der lebensgefährlichen Atemlähmung eine maschinelle Beatmung durchgeführt.

**Antwort 11:** Bei Behandlung auf der Intensivstation mit Ausschöpfung aller Therapiemöglichkeiten liegt die Sterblichkeit (Mortalität) von Botulismus bei weniger als 10 %. Behandelt man die Erkrankung hingegen nicht, steigt die Mortalität auf über 70 % an. Botulinustoxin ist das **stärkste bekannte bakterielle Gift** überhaupt.

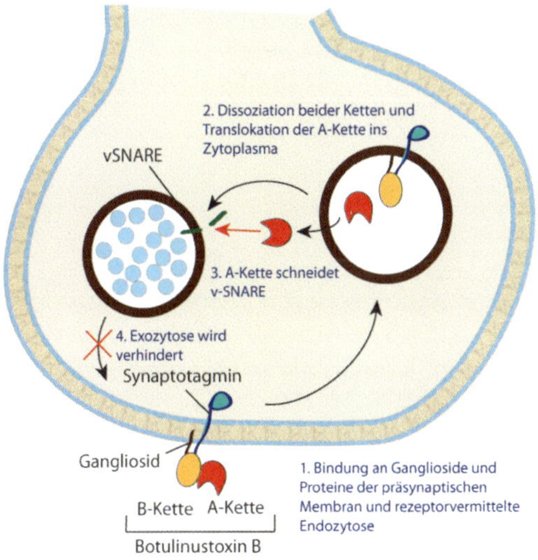


▮ Abb. 2: Wirkmechanismus von Botulinustoxin an peripheren cholinergen Neuronen. [5]

# Fall 5: Der watschelnde Gang

## Klinischer Fall

Im Rahmen einer Famulatur in der Kinderklinik stellt sich eines Morgens Frau Schneider mit ihrem drei Jahre alten Sohn Johannes bei Ihnen vor. Sie arbeiten an diesem Tag mit einem jungen Assistenzarzt zusammen, der ebenfalls erst seit einer Woche in der Klinik tätig ist. Bei Johannes fiel der Mutter ein „watschelnder Gang" auf, außerdem sei das Treppensteigen für Johannes sehr schwierig geworden. Anderen Kindern falle das Treppensteigen wesentlich leichter. Sie mache sich große Sorgen um Johannes, zumal er ihr erstes Kind sei und sie ohne Erfahrung, was die normale Entwicklung von Kindern angehe.

**Frage 1:** Sammeln Sie die Leitsymptome von Johannes. Welches Organsystem ist bei dem Jungen wahrscheinlich geschwächt?

*Der behandelnde Arzt entscheidet, dem Jungen Blut abzunehmen. Er sieht aufgrund der vorliegenden Symptome die Notwendigkeit einer genauen Abklärung gegeben und schlägt der Mutter daher einen stationären Aufenthalt in ein paar Tagen vor. Die Mutter willigt ein. Der Assistenzarzt nimmt dem jungen Patienten noch Blut ab und entlässt ihn nach Hause.*

**Frage 2:** Er lässt ein großes Blutbild anfertigen. Sie als Famulant machen sich eigene Gedanken und überlegen sich, welche Laborparameter Sie aufgrund der Symptomatik des Patienten bestimmt hätten.

*Am nächsten Morgen bekommt der junge Arzt die Laborparameter von Johannes ausgestellt. Er erschrickt, da die Kreatin-Kinase (CK) bei 9500 IU/l liegt und somit massiv erhöht ist. Alle anderen Laborparameter sind unauffällig.*

**Frage 3:** Auf welchen Prozess im Körper deutet die Erhöhung der Kreatin-Kinase (CK) hin?

*Der Fall wird dem Oberarzt der Abteilung vorgestellt. Aufgrund seiner Erfahrung entscheidet dieser, den Jungen nochmals gründlich zu untersuchen. Als Johannes ein paar Tage später wieder in der Klinik eintrifft, beginnt der Oberarzt mit der körperlichen Untersuchung. Dabei fallen ihm bei der Inspektion eine Hyperlordose der Lendenwirbelsäule und dicke Waden auf (▮ Abb. 1).*

**Frage 4:** Können Sie diese beiden Befunde erklären?

*Der Oberarzt führt in Ihrer Anwesenheit das Gowers-Zeichen (▮ Abb. 1A) und das Meryon-Zeichen durch. Beide fallen positiv aus.*

**Frage 5:** Können Sie die Durchführung und die Ergebnisse dieser beiden Untersuchungen erklären? Welche Verdachtsdiagnose haben Sie nach der körperlichen Untersuchung durch den Oberarzt?

*Durch eine Muskelbiopsie mit Immunhistochemie und Mutationsanalyse kann diese Verdachtsdiagnose bestätigt werden.*

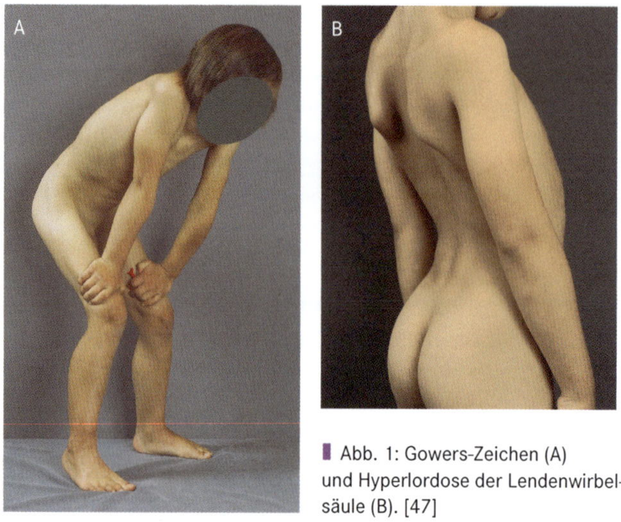


▮ Abb. 1: Gowers-Zeichen (A) und Hyperlordose der Lendenwirbelsäule (B). [47]

## Molekulare Pathogenese

Bei der Muskeldystrophie Typ Duchenne kommt es zu Mutationen im Dystrophin-Gen auf dem kurzen Arm des X-Chromosoms. Vererbt wird die Erkrankung X-chromosomal rezessiv.

**Frage 6:** Welche Funktion hat das Produkt des Dystrophin-Gens in der Muskulatur?

*Der Oberarzt nimmt Sie als Famulant noch am gleichen Tag mit in die Ambulanz der Klinik für Innere Medizin und zeigt ihnen einen 39-jährigen Patienten, den er vor vielen Jahren in der Kinderklinik zu betreuen begann. Er erklärt Ihnen, dass der Patient an einer Muskeldystrophie vom Typ Becker leide. Die Pathogenese dieser Erkrankung sei sehr ähnlich wie diejenige der Muskeldystrophie vom Typ Duchenne.*

**Frage 7:** Können Sie den Unterschied in der Pathogenese erklären?

## Abgeleitete Therapie und Prognose

**Frage 8:** Wie sind Verlauf und Prognose der Muskeldystrophie Typ Duchenne zu beurteilen? Können Sie kurz auf den Unterschied in Verlauf und Prognose zwischen der Duchenne-Muskeldystrophie und derjenigen vom Typ Becker eingehen?

**Frage 9:** Kann man die Muskeldystrophie Typ Duchenne heilen? Welche therapeutischen Optionen werden heute angewandt?

## Antworten

**Antwort 1:** Auffallend bei dem jungen Patienten sind eine Veränderung des **Gangbilds** („watschelnder Gang") sowie Schwierigkeiten beim **Treppensteigen.** Der watschelnde Gang lässt sich durch eine Schwäche beider Mm. glutei medii erklären (wichtigste Abduktoren im Hüftgelenk). Die Schwierigkeiten beim Treppensteigen deuten auf eine proximal betonte Schwäche der Beinmuskulatur hin. Insgesamt scheint also das neuromuskuläre Organsystem des jungen Patienten betroffen zu sein.

**Antwort 2:** Da man nach den Schilderungen der Mutter primär an eine generalisierte Erkrankung der Muskulatur denken muss, sollten die Muskelenzyme bestimmt werden, welche einen Zerfall von Muskelzellen anzeigen. Hierzu gehört unter anderem die Kreatin-Kinase (CK), aber auch eine Reihe anderer **Enzyme** wie GOT, LDH und Aldolase. Sie werden von absterbenden Myozyten ins Blut freigesetzt. Sollte es sich bei Johannes um eine Muskelerkrankung handeln, müssten ein oder mehrere dieser Enzyme erhöht sein.

**Antwort 3:** Wie in Antwort 2 erläutert, lässt sich die massiv erhöhte Kreatin-Kinase (CK) durch den **Zerfall des Muskelgewebes** erklären. Die Kreatin-Kinase spielt im Energiestoffwechsel von Muskelzellen (Synthese von energiereichem Kreatinphosphat) eine wichtige Rolle.

**Antwort 4:** Die **Hyperlordose** der Lendenwirbelsäule ist eine Kompensation zur Erhaltung der Körperstabilität, die in unserem Fall aufgrund der Schwäche der Beckenmuskulatur auftritt. Ohne diese Lordosehaltung würde der Körper von Johannes drohen, nach vorne überzukippen. Die dicken Waden werden bei diesem Krankheitsbild als **Gnomenwaden** bezeichnet. Zerstörtes Muskelgewebe wird durch Binde- und Fettgewebe ersetzt, da sich differenzierte Muskelzellen nicht mehr teilen können. Es handelt sich also nicht um eine echte **Hypertrophie** der Waden (Größenzunahme von Muskelzellen), sondern eine sog. Pseudohypertrophie.

**Antwort 5: Gowers-Zeichen:** Beim Aufrichten aus der Hocke stützt Johannes sich mit den Händen am Knie ab. Er klettert praktisch an sich selbst nach oben.

**Meryon-Zeichen:** Hebt man Johannes an den Axillen hoch, ist er nicht im Stande, sich am Untersucher festzuhalten, sondern rutscht zwischen dessen Armen durch.

Die Diagnose einer **Muskeldystrophie** liegt nahe. Da es sich noch um ein junges Kind mit einer deutlichen Symptomatik handelt, muss man von der schwersten Form der Muskeldystrophien, der Muskeldystrophie vom Typ Duchenne, ausgehen.

**Antwort 6:** Das Protein Dystrophin befindet sich intrazellulär an der Plasmamembran von Skelettmuskelzellen und dient der Stabilisierung des Sarkolemm über eine Verankerung mit dem Aktinzytoskelett. Ist es nicht oder nur fehlerhaft vorhanden, kommt es zum Absterben von Muskelzellen. Diese werden dann durch Binde- und Fettgewebe ersetzt.

**Antwort 7:** Bei Mutationen im Dystrophingen kann es zu Leserasterverschiebungen kommen (*engl.* **Frameshift,** s. S. 56/57), die aufgrund der Entstehung von Stopp-Codons häufig einen vollständigen Funktionsausfall des Genprodukts bedingen. Dies ist bei der Muskeldystophie vom Typ Duchenne der Fall. Bei der Muskeldystrophie vom Typ Becker bleibt das Leseraster des Dystrophingens intakt (*engl.* **Inframe**), lediglich eine Aminosäure wird gegen eine andere ausgetauscht **(Punktmutation).** Das Protein Dystrophin ist in diesem Fall teilweise funktionstüchtig, was einen milderen Verlauf der Erkrankung bedingt.

**Antwort 8:** Da die Erkrankung progredient ist, geht die Gehfähigkeit bei Patienten mit dieser Erkrankung ca. zwischen dem 9. und 13. Lebensjahr verloren. Im Rollstuhl kommt es dann zur Entwicklung von **Kontrakturen,** v. a. an der unteren Extremität und zur Ausbildung einer massiven **Skoliose** (Seitverbiegung der Wirbelsäule). Die Betätigung der Atemmuskulatur wird zunehmend schwieriger. In späteren Stadien kommt es auch zu einem Untergang der Herzmuskelzellen **(Kardiomyopathie).** Patienten mit der Muskeldystrophie Typ Duchenne versterben zwischen dem 20. und 25. Lebensjahr meist an **Atem- oder Herzinsuffizienz.** Die Muskeldystrophie Typ Becker zeigt einen milderen Verlauf. Die Symptome ähneln denen der Muskeldystrophie vom Duchenne-Typ, treten aber später auf. Die Gehfähigkeit bleibt meist bis zum 40.–60. Lebensjahr vorhanden. Limitierend für die Lebenserwartung ist bei diesen Patienten häufig eine Herzbeteiligung.

**Antwort 9:** Heilen kann man die Muskeldystrophie Typ Duchenne nicht. Ziel der therapeutischen Maßnahmen sollte eine Linderung der Beschwerden sein. Man spricht hier von einer symptomatischen Therapie, da sie die Symptome, nicht jedoch die Ursache beseitigen kann. Hierzu gehören **Physiotherapie** zur Behandlung von Muskelbeschwerden (Kontrakturen) und eine Atemtherapie in späteren Stadien. Bei massiven Wirbelsäulenproblemen muss an eine orthopädische operative Korrektur gedacht werden. Bei der Muskeldystrophie Typ Duchenne kann eine Langzeitbehandlung mit **Cortison** (Prednison) die Gehfähigkeit um 1–2 Jahre verlängern. Eine Gentherapie ist momentan Gegenstand **intensiver molekularbiologischer Forschung.** Hierbei zielt man auf einen Ersatz des dysfunktionellen Dystrophingens in den betroffenen Muskeln ab. Die therapeutischen Optionen bei der Muskeldystrophie vom Typ Becker unterscheiden sich nicht von denen der Duchenne'schen Muskeldystrophie.

# D Anhang

# Membrantransporter

| Transporter | Vorkommen | Funktion | Wichtige Antagonisten |
|---|---|---|---|
| **Poren** | | | |
| Porine | Äußere Mitochondrienmembran | Transport von Soluten bis ca. 5 kDa Größe | - |
| Kernporen | Kernhülle | Transport von Molekülen bis ca. 60 kDa Größe | - |
| Aquaporine | Ubiquitär | Wassertransport über Zellmembranen | - |
| **Kanäle** | | | |
| **Spannungsgesteuerte Kanäle** | | | |
| $Na^+$-Kanäle | Erregbare Zellen | Aktionspotentiale | Tetrodotoxin, Lidocain |
| $K^+$-Kanäle | Ubiquitär | Aufrechterhaltung des Ruhepotentials, Repolarisation | Amiodaron, Sotalol |
| $Ca^{2+}$-Kanäle | Ubiquitär | Aktionspotentiale, graduierte Depolarisationen | Dihydropyridine (z. B. Nifedipin), Phenylalkylamine (z. B. Verapamil), Benzothiazepine (z. B. Diltiazem) |
| **Ligandengesteuerte Kanäle** | | | |
| Nikotinischer Acetylcholinrezeptor | Neurone (Ganglien), Skelettmuskulatur | Zwei Acetylcholinmoleküle führen zu Kanalöffnung, Kationeinstrom und Muskelfaserkontraktion | Curare, $\alpha$-Bungarotoxin, Kobratoxin |
| NMDA-Rezeptor | Neurone | Glutamatrezeptor, leitfähig für Kationen, vermittelt Lernvorgänge | Ketamin, PCP |
| **Carrier** | | | |
| **Uniporter** | | | |
| GLUT1 | Ubiquitär | Insulinunabhängige Glucoseversorgung von Zellen (hohe Affinität) | Zytochalasin B |
| GLUT2 | Pankreas, Leber, Darm, Niere | Glucosetransport abhängig von Plasmakonzentration (geringe Affinität) in Hepatozyten und $\beta$-Zellen des Pankreas; in Darm/Niere basolateral Abgabe von Glucose ins Blut | Zytochalasin B |
| GLUT3 | ZNS | Glucoseaufnahme ins ZNS (hohe Affinität) | Zytochalasin B |
| GLUT4 | Muskel- und Fettgewebe | Insulinabhängige Glucoseaufnahme | Zytochalasin B |
| GLUT5 | Enterozyten | Apikale Fructoseresorption | Zytochalasin B |
| **Antiporter** | | | |
| NCE ($Na^+/Ca^{2+}$) | | Import von drei $Na^+$ gegen ein $Ca^{2+}$ | - |
| $Na^+/H^+$ | Plasmamembran, ubiquitär | Austausch von ein $Na^+$ gegen ein $H^+$ | Amilorid |
| **Symporter** | | | |
| SGLT1 | Enterozyten, Pars recta des proximalen Tubulus der Niere | Symport von zwei $Na^+$ und ein Glucosemolekül | Phlorizin |
| SGLT2 | Pars convoluta des proximalen Tubulus der Niere | Symport von ein $Na^+$ und ein Glucosemolekül | Phlorizin |
| NKCC | Distaler Tubulus der Niere (apikale Membran) u. a. | Symport von ein $Na^+$, ein $K^+$, zwei $Cl^-$ | Furosemid |
| **Pumpen** | | | |
| $F_OF_1$-ATPase | Innere Mitochondrienmembran | ATP-Synthese (vier $H^+$/ATP) | Oligomycin |
| V-Typ-ATPase | Membranvesikel | Ansäuerung von Vesikeln ($H^+$-Import) | - |
| P-Typ-ATPasen | $Na^+/K^+$-Pumpe; $Ca^{2+}$-Pumpen (z. B. SERCA); $H^+/K^+$-ATPase (Magenschleimhaut) | $Na^+/K^+$-Pumpe: drei $Na^+$ gegen zwei $K^+$<br>SERCA: zwei $Ca^{2+}$ gegen zwei $H^+$<br>$H^+/K^+$-ATPase: ein $H^+$ gegen ein $K^+$ | $Na^+/K^+$-ATPase: Herzglykoside (Digitalis)<br>SERCA: Orthovandat<br>$H^+/K^+$-ATPase: Omeprazol |
| ABC-Transporter | Plasmamembran (z. B. CFTR-Chloridkanal, MDR-Transporter), ER (z. B. TAP-Transporter) | Plasmamembran: Transport (Export) diverser Stoffe (z. B. Xenobiotika)<br>TAP: Transport von Peptidfragmenten ins ER | - |

| Signalmolekül | Beispiel/Kaskade | Funktion |
|---|---|---|
| **Rezeptoren** | | |
| **Ligandengesteuerte Ionenkanäle** | | |
| s. S. 114/115 | | |
| **G-Protein-gekoppelte Rezeptoren** | | |
| mAChR$_{1-5}$ | $M_{1,3,5}$: $G_{q/11}$<br>$M_{2/4}$: $G_i$ | Regulation des Vegetativums (v. a. Parasympathikus) |
| Adrenorezeptoren ($\alpha_{1/2}$, $\beta_{1-3}$) | $\alpha_1$: $G_{q/11}$<br>$\alpha_2$: $G_i$<br>$\beta_{1-3}$: $G_s$ | Regulation des Vegetativums (v. a. Sympathikus) |
| Angiotensin-II-Rezeptoren | $AT_1R$: $G_{q/11/12/13}$, $G_i$ | Kontrolle des Blutdrucks und Volumenhaushalts |
| ADP-Rezeptoren (P2Y) | $P2Y_{12}$: $G_i$ | Thrombozytenaggregation |
| **Enzym-gekoppelte Rezeptoren** | | |
| Rezeptor-Tyrosin-Kinasen (RTK, z. B. EGF-R., VEGF-R., FGF-R.) | Ras-MAPK, PI3K-PKB, PLC-γ-$Ca^{2+}$/PKC | Proliferation, Zellwachstum, Verlust der Kontaktinhibition, Neoangiogenese |
| Zytokin-Rezeptoren | JAK-STAT | Proliferation, Zellwachstum |
| Rezeptor-Serin-Threonin-Kinasen | Smads | Proliferation↓, Differenzierung, Produktion von extrazellulärer Matrix, Entwicklungsvorgänge |
| **Zytoplasmatische Rezeptoren** | | |
| Retinsäure-Rezeptoren (RXR, RAR) | Heterodimerisierung | Entwicklung, Differenzierung, Zellwachstum |
| Steroidhormon-Rezeptoren (GR) | Homodimerisierung | Erhöhung des Blutglucosespiegels, Stress, Knochenabbau, Fettumverteilung, Immunsuppression etc. |
| **G-Proteine** | | |
| Heterotrimere G-Proteine | GPCR-G-Protein-Dissoziation von α- und βγ-UE | Enzymregulation, Beeinflussung der Offenheitswahrscheinlichkeit von Kanälen |
| Ras | MAPK, PI3K-PKB-mTOR-GSK3β, RalGEF, Rho | Proliferation, Zellwachstum, Verlust der Kontaktinhibition, Neoangiogenese |
| Rho | RhoK, Regulation des Aktin-Zytoskeletts | Zellmigration |
| **Kinasen** | | |
| **Tyrosin-Kinasen** | | |
| MAPK | RTK-Grb2-SOS-RasGTP-Raf-Mek-MAPK | Proliferation, Zellwachstum, Verlust der Kontaktinhibition, Neoangiogenese |
| **Serin-Threonin-Kinasen** | | |
| PKA | GPCR-Gs-cAMP-PKA | Metabolismus, Proliferation, Kanäle |

# Glossar

**Amidbindung** Chemische Bindung, die bei der Reaktion einer Carboxylgruppe mit einer Aminogruppe entsteht: –CO–NH–.

**Anabolismus** Aufbau von körpereigenen Molekülen. Dieser Prozess benötigt Energie.

**Anhydridbindung** Reagieren zwei Carboxylgruppen miteinander, entsteht eine Anhydridbindung. In dieser sind zwei Carbonylgruppen über eine Sauerstoffbrücke verbunden: –CO–O–CO–.

**Anomer** Eine spezielle Art von Isomeren bei Kohlenhydraten, die durch Stellung der Hydroxylgruppe am ersten Kohlenstoffatom des Kohlenhydratrings bestimmt wird. Steht die Hydroxylgruppe unter der Ringebene, spricht man von der α-Form, steht die Gruppe oberhalb, spricht man von der β-Form. Durch Ringöffnung und -schluss können beide Anomeren ineinander umgewandelt werden (Mutarotation).

**Anorganisches Phosphat** Entspricht dem gelösten Phosphat-Ion, i. d. R. als $P_i$ bezeichnet.

**Apolipoprotein** Proteinanteil von Lipoproteinen. Lipoproteine sind große Komplexe aus Lipiden und Proteinen. Sie ermöglichen den Transport hydrophober Lipide im wässrigen Milieu des Blutplasmas.

**Arteriosklerose** Generalisierte Arterienerkrankung. In einem Stufenprozess kommt es zur Anlagerung von Bindegewebe, Fett, Kalk und Thromben an der Gefäßwand. Folge ist eine zunehmende Verstopfung des Gefäßes mit konsekutiver Minderperfusion des nachgeschalteten Stromgebiets.

**Asymmetrisches C-Atom** Besitzt vier verschiedene Substituenten. Dadurch ergeben sich zwei verschiedene Möglichkeiten, die vier Gruppen im Raum anzuordnen (zwei sog. Konfigurationen).

**Atmungskette** Besteht aus mehreren Enzymkomplexen der inneren Mitochondrienmembran, die durch Oxidation von NADH/$FADH_2$ einen Protonengradienten über diese Membran erzeugen. Durch den Protonenfluss entlang dem Gradienten in die Mitochondrienmatrix wird in speziellen Enzymkomplexen, den ATP-Synthasen, ATP synthetisiert.

**ATP** Adenosintriphosphat ist der universelle Energieüberträger in der Zelle. Aus der Spaltung seiner Phosphorsäureanhydridbindungen wird Energie frei, die für zahlreiche Prozesse in der Zelle verwendet werden kann.

**β-Oxidation** Stoffwechselweg zum Abbau von Fettsäuren in der Zelle (v. a. in der mitochondrialen Matrix).

**B-Zellen** Genauer B-Lymphozyten. Diese Immunzellen des Körpers synthetisieren nach Aktivierung durch ein Antigen als Plasmazellen große Mengen an Antikörpern.

**Catastrophe** Englischer Fachbegriff für den schnellen Zerfall von Zytoskelettfilamenten durch Hydrolyse der Triphosphatform gebundener Nukleotide (GTP im Falle von Tubulin, ATP im Falle von Aktin) in die Diphosphatform (GDP bzw. ADP).

**Chemotherapeutikum** Substanzen, die sich teilende Zellen angreifen. Sie werden in der Tumortherapie eingesetzt. Da sie die Teilung von Zellen stoppen, werden sie auch als Zytostatika bezeichnet. Es existieren verschiedene Gruppen von Chemotherapeutika, die gegen unterschiedliche Tumortypen eingesetzt werden können.

**Cholera** Bakterielle Infektionskrankheit, ausgelöst durch den Erreger Vibrio cholerae. Die Ansteckung erfolgt über verunreinigtes Trinkwasser oder kontaminierte Nahrungsmittel und geht mit schwerem Erbrechen und Durchfällen einher. Folge ist eine Exsikkose mit Verlust von Elektrolyten, die potenziell tödlich sein kann.

**Cis- und Trans-Stellung** Bezieht sich auf die Stellung von zwei Substituenten in Relation zu einer Referenzbindung. Klassischerweise handelt es sich um eine Doppelbindung. Sind die Substituenten auf der gleichen Seite lokalisiert, spricht man von der Cis-Stellung. Bei Lokalisation der Substituenten auf gegenüberliegenden Seiten der Bindung handelt es sich um die Trans-Stellung.

**Citratzyklus** Spielt eine wichtige Rolle für den Energiestoffwechsel und die Biosynthese von Glucose, Aminosäuren und Fetten. Er findet in der mitochondrialen Matrix statt und oxidiert Acetyl-CoA in mehreren Schritten zu $CO_2$, wobei die dabei entstehenden Reduktionsäquivalente in die Atmungskette zur ATP-Synthese eingeschleust werden.

**Coiled-coil** Diese Proteinstruktur mit schraubenförmiger (seilartiger) räumlicher Konfiguration bildet sich häufig, wenn zwei α-Helices über hydrophobe Wechselwirkungen assoziieren. Sie kann sich innerhalb einer Peptidkette oder zwischen zwei unterschiedlichen Proteinen ausbilden.

**Colony-stimulating factors** Faktoren, die während der Hämatopoese an der Differenzierung der Vorläuferzellen in die reifen Blutzellen beteiligt sind. Sie binden an oberflächliche Rezeptoren und induzieren intrazelluläre Signalkaskaden.

**Differenzierung** Prozess der Spezialisierung eines Gewebes. Durch die Regulation der Genexpression kann gesteuert werden, in welchen Zelltyp sich undifferenzierte Zellen (z. B. Stammzellen) im Körper entwickeln.

**Dissoziation** Trennung oder Zerfall. In der Medizin handelt es sich meist um einen Stoff/Molekül/Atom, welcher/welches sich von einer größeren Struktur/Lokalisation entfernt.

**Disulfidbrücke** Entsteht durch die Reaktion zweier Thiolgruppen (SH-Gruppen). Solche Disulfidbrücken (-S-) spielen für die Ausbildung der korrekten räumlichen Struktur von Proteinen eine wichtige Rolle. Sie werden durch Oxidation von Cysteinseitenketten ausgebildet.

**Dynamische Instabilität** Schneller Wechsel zwischen Dissoziations- und Assoziationsvorgängen an den Enden von Zytoskelettfilamenten (Mikrotubuli und Aktinfilamente). Insbesondere beobachtet bei Mikrotubuli. Vergleiche „Catastrophe“ und „Rescue“.

**Eisprung** Im Rahmen des weiblichen Zyklus derjenige Zeitpunkt, in dem die reife Eizelle das Ovar verlässt und in die Tuba uterina eintritt. Der dazugehörige Fachterminus lautet „Ovulation“.

**Enthalpie** Maß für die Energie eines thermodynamischen Systems. **Merke:** Jedes thermodynamische System strebt nach einem Enthalpieminimum.

**Entropie** Maß für die Unordnung in einem thermodynamischen System. **Merke:** Jedes thermodynamische System strebt nach einem Entropiemaximum.

**Erythropoetin** Kurz EPO, hat aufgrund seines Mißbrauchs im Leistungssport Popularität erlangt. EPO wird in der Niere gebildet und stimuliert die Bildung von Erythrozyten im Knochenmark.

**Esterbindung und Thioesterbindung** Esterbindungen entstehen durch die chemische Reaktion einer Säure- mit einer Alkoholgruppe. Es bildet sich eine Carbonylgruppe, die über eine Sauerstoffbrücke mit dem Restmolekül verbunden ist: –CO–O–.
Bei einer Thioesterbindung reagiert statt der Alkoholgruppe eine Thiolgruppe (SH-Gruppe): –SH–O–.

**Etherbindung** Reaktion zweier Alkoholgruppen unter Ausbildung einer Sauerstoffbrücke: –O–.

**Fertilisation** Befruchtung, also Vorgang der Verschmelzung von männlicher und weiblicher Keimzelle.

**Fibrille** Bündelartige Assoziation mehrerer fadenförmiger Makromoleküle, bestehend aus vielen einzelnen Peptid- oder Polysaccharidketten (z. B. Myofibrille aus vielen Myofilamenten).

**Filament** Dünnes, fadenförmiges Makromolekül (z. B. Myofilamente Aktin und Myosin).

**Fischer-Projektion** Zweidimensionale Darstellung der Chiralität eines asymmetrischen Kohlenstoff-Atoms. Senkrechte Bindungen zeigen hinter die Zeichenebene, waagerechte zeigen nach vorne aus der Zeichenebene heraus.

**Flagellum** Eukaryote Flagellen (Geißeln) sind aus Mikrotubuli aufgebaut und vollständig von der Plasmamembran umgeben. Sie schlagen dyneinabhängig in einer Wellenbewegung und ermöglichen so die Fortbewegung z. B. von Spermien. Sie sind nicht zu verwechseln mit prokaryoten Flagellen, die nicht von der Plasmamembran des Bakteriums umgeben sind und propellerartige Bewegungen ausführen.

**Genexpression** Regulierter Prozess des Ablesens von Genen und somit Übersetzung derselbigen in ein Protein.

**Gluconeogenese** Neubildung von Glucose in der Zelle, z. B. aus Aminosäuren oder Lactat. Durch Enzyme katalysierter Vorgang. Irreversible Reaktionen der Glykolyse (Abbau von Glucose) werden umgangen.

**Glykogenolyse** Intrazellulärer Abbau von Glykogen, der osmotisch unwirksamen Speicherform der Glucose. Die Glykogenolyse kann beispielsweise während des Fastens durch den Organismus hormonell oder nerval induziert werden und betrifft primär Leber und Skelettmuskel, die Hauptspeicherorte des Glykogens.

**Häm** Prosthetische Gruppe u. a. des Hämoglobins, welches seine rote Farbe bedingt. Komplex mit zweiwertigem Eisenion im Zentrum.

**Hämatopoese** Neubildung von Blutzellen, also Erythrozyten, Leukozyten und Thrombozyten aus einer hämatopoetischen Vorläuferzelle (Stammzelle) durch den Einfluss von Differenzierungsfaktoren (Zytokinen).

**Harnstoffzyklus** Stoffwechselweg, bei dem zytotoxische Stickstoffmoleküle in der unschädlichen Verbindung Harnstoff fixiert werden. Der Zyklus findet in der Leber statt. Anschließend wird Harnstoff über den Blutweg zur Niere transportiert und über den Urin ausgeschieden.

**Homo- und Heterodimer** Ein Dimer ist ein Komplex, bestehend aus zwei Einzelbestandteilen (Monomere). Sind diese gleichartig spricht man vom Homodimer. Sind diese jedoch verschieden, spricht man von einem Heterodimer.

**Homologe Chromosomen** Zwei gleichartige Chromosomen innerhalb einer Zelle. Ursprünglich stammt eines der beiden Chromosomen vom Vater, das andere von der Mutter. Auf den beiden Chromosomen befinden sich die gleichen Gene, jedoch können diese als unterschiedliche Allele (unterschiedliche Gensequenzen) vorliegen.

**Hydrolase** Enzym, welches eine Hydrolyse durchführt.

**Hydrolyse** Spaltung einer Verbindung unter Verwendung von Wasser.

**Hydrophobe Wechselwirkungen** Nichtkovalente schwache chemische Bindung, die auf der Wechselwirkung von hydrophoben Gruppen beruht.

**Interkalierung** Einlagerung von Molekülen oder Ionen in chemische Verbindungen. In der Molekularbiologie handelt es sich meist um eine Einlagerung von Substanzen in die Doppelhelix-Struktur der DNA.

**Ion** Elektrisch geladenes Atom oder Molekül. Kann sowohl negativ also auch positiv geladen sein.

**Isomer** Chemische Verbindungen mit gleicher Summenformel, aber unterschiedlicher Strukturformel.

**Kardiomyopathie** Erkrankung des Herzmuskels mit teilweise ausgeprägter genetischer Komponente. Man unterscheidet eine obstruktive Form mit Hypertrophie des Myokards von einer dilatativen Form mit einer Rarefizierung des Myokards.

**Karzinogenese/Tumorgenese** Prozess der stufenweisen Entstehung eines Karzinoms/Tumors durch angeborene, spontane oder induzierte DNA-Veränderungen.

**Karzinom** Bösartiger Tumor ausgehend von Epithelien.

**Katabolismus** Abbau von körpereigenen Bestandteilen. Dieser Prozess erzeugt Energie, welche eine Zelle für zahlreiche Prozesse verwenden kann.

**Katalysator** Meist Enzym. Substanz, die die Aktivierungsenergie einer chemischen Reaktion herabsetzt, sodass diese unter den vorhandenen Bedingungen im Organismus stattfinden kann.

**Kinetochor** Struktur, die dem Zentromer lateral aufsitzt und bei der Mitose als Ansatzstelle für ca. 20 Mikrotubuli des Spindelapparats dient. Das Kinetochor besteht aus einer engen Assoziation von DNA und Proteinen.

**Kolonkarzinom** Dickdarmkrebs, eine der häufigsten Krebsformen. Betroffen sind vor allem ältere Menschen.

**Kondensationsreaktion** Verknüpfung zweier Moleküle unter Abspaltung von Wasser.

**Konfiguration** Räumliche Anordnung der Atome eines Moleküls, wobei Drehungen um Einfachbindungen nicht berücksichtigt werden (vgl. „Konformation").

**Konformation** Im weiteren Sinne die dreidimensionale Struktur von Molekülen in der Zelle (z. B. Proteine). Im engeren Sinne die Anordnung der Atome eines Moleküls unter Berücksichtigung seiner Dynamik, also beispielsweise der freien Drehbarkeit um C–C-Einfachbindungen. Zwei Konformere unterscheiden sich in ihren Bindungswinkeln und können durch Modifikation dergleichen ineinander überführt werden.

**Konvertase** Enzym, welches eine Umwandlung einer Substanz in eine andere vornimmt.

**Kovalente Bindung** Feste Bindung zwischen zwei Atomen durch ein Elektronenpaar.

**Laktation** Produktion der Muttermilch nach der Geburt.

**Lamellipodien** Breite Plasmaausstülpungen eukaryoter Zellen (z. B. während der Phagozytose), hervorgerufen durch ein Rearrangement ihres Aktinzytoskeletts.

**LDL** *Engl.* Low density lipoprotein. Es handelt sich um Lipoproteine, welche primär Cholesterin von der Leber in die Körperperipherie transportieren. LDL ist im Volksmund auch als „schlechtes Cholesterin" bekannt. Hohe Werte im Blut gehen mit einem erhöhten Risiko für kardiovaskuläre Ereignisse einher.

**Lokomotion** Aktive Fortbewegung von biologischen Strukturen, z. B. Zellen.

**Metastasen** Tochtergeschwülste eines Tumors. Durch Ausbreitung von Tumorzellen des Primärherds über die Blut- und Lymphbahn können sich Tochtergeschwülste in anderen Organen festsetzen. Bestimmte

Tumortypen metastasieren bevorzugt in bestimmte Organe. So metastasiert z. B. der Dickdarmkrebs gerne hämatogen in die Leber.

**Mikrovilli** Oberflächliche fadenförmige Strukturen auf Zellen, welche die Zelloberfläche zu Resorptionszwecken vergrößern (z. B. Enterozyten).

**Motorproteine** Gruppe von Proteinen, welche die chemische Energie aus der Hydrolyse von ATP nutzen, um kinetische Energie zu erzeugen.

**$NAD^+$ und $NADH + H^+$** Reduktionsäquivalente in der Zelle, die durch Reduktions-/Oxidationsvorgänge temporär Energie speichern. Sie werden in reduziertem Zustand (mit gebundenen energiereichen Elektronen) in die Atmungskette eingeschleust, wo sie durch Oxidation ihre Elektronen abgeben und zur Ausbildung eines Protonengradienten über die innere Mitochondrienmembran beitragen.

**Neuralleiste** Embryonale Struktur, die durch Faltung aus dem Ektoderm entsteht.

**Neuralrohr** Bildet sich aus der Neuralleiste und befindet sich zwischen Epidermis und Chorda dorsalis.

**Neutrophile (Granulozyten)** Abwehrzellen, die im Rahmen der Bakterienabwehr eine wichtige Rolle spielen. Sie phagozytieren Fremdorganismen oder töten sie durch Ausschüttung von Enzymen und freien Radikalen. Sie sind der häufigste Leukozyten-Zelltyp im Blut.

**Nukleation** Neubildung von Zytoskelett-Filamenten durch Aneinanderreihung erster Monomere.

**Osteoporose** Knochenerkrankung, die sich in höherem Alter v. a. bei Frauen (bedingt durch den Östrogenmangel) manifestiert. Dabei wird der Knochen spröde, sodass sich das Risiko von spontanen Frakturen (Knochenbrüchen) erhöht. Häufig sind die Wirbelkörper betroffen.

**Pertussis** Infektionskrankheit, die durch das Bakterium Bordetella pertussis verursacht wird. Typisch sind starke Hustenattacken, deswegen heißt die Erkrankung auch „Keuchhusten". Eine Impfung gegen Pertussis wird empfohlen.

**Polymer** Großes Makromolekül, bestehend aus vielen Monomeren, die chemisch miteinander verbunden sind.

**Primitivknoten** Embryonale Struktur, vordere Verdickung des Primitivstreifens. Der Primitivknoten ist an der Lateralisierung des Embryos (Ausbildung der Körperseiten) beteiligt.

**Prostaglandin** Gruppe von Gewebshormonen, die durch den Einfluss von COX (Zyklooxygenase) aus Arachidonsäure gebildet werden. Sie sind an Vorgängen wie Schmerz und Entzündung beteiligt. Aspirin hemmt die COX und somit die Prostaglandin-Synthese.

**Proteolyse** Abbau von Proteinen. Als limitierte Proteolyse wird ein Prozess bezeichnet, bei dem nur ein Stück von einem Protein entfernt wird, sodass das betreffende Protein aktiviert wird.

**Pyrophosphat** Zwei Phosphatmoleküle, die durch Kondensation chemisch miteinander verbunden sind. Wird durch Pyrophosphatase in der Zelle schnell gespalten, sodass die Energie der Anhydridbindung freigesetzt wird.

**Reaktive Sauerstoffspezies (ROS)** Reaktive Sauerstoffradikale, die schädlich für die Zelle sind und daher entschärft werden müssen. Zelluläre Enzyme führen diese Entschärfungsreaktionen durch (z. B. Superoxiddismutase, Katalase).

**Remission** Abnehmen von Krankheitssymptomen und speziell in der Onkologie eine Verringerung der Tumorlast im Sinne eines Ansprechens auf Radio- oder Chemotherapie. Man unterscheidet die partielle (Reduktion der Tumorlast um mehr als 50 %) von der kompletten Remission.

**Renin** Enzym, das eine wichtige Rolle im Renin-Angiotensin-Aldosteron-System (RAAS) spielt. Es ist an der Regulation von Salz- und Wasserhaushalt sowie Blutdruck beteiligt. Renin wird im juxtaglomerulären Apparat der Niere gebildet und bei niedrigem Blutdruck freigesetzt. Es spaltet als Endopeptidase Angiotensinogen zu Angiotensin I und setzt dadurch eine Kaskade in Gang, deren Effektorhormone Angiotensin II und Aldosteron den Blutdruck durch Vasokonstriktion bzw. Wasserretention in der Niere anheben.

**Rescue** Englischer Fachbegriff für den Übergang des schnellen Zerfalls von Zytoskelettfilamenten in ein langsames Wachstum. Hervorgerufen durch eine lokale Erhöhung von GTP- bzw. ATP-gebundenen Filamentuntereinheiten von Mikrotubuli bzw. Aktinfilamenten.

**Retroviren** Viren, die ihre Erbinformation in Form von RNA enthalten. Nach dem Eintritt in ihre Wirtszelle können sie diese mithilfe einer reversen Transkriptase in DNA umschreiben und mittels einer Integrase in das Wirtsgenom einbauen. Ein bekannter Vertreter ist das HI-Virus.

**Rezeptor** Befinden sich ubiquitär im Körper, sowohl an Zelloberflächen als Membranrezeptoren wie auch im Zellinneren. Sie sind Proteine oder auch Proteinkomplexe, die durch ihren jeweiligen räumlichen Aufbau und bestimmte Modifikationen einen spezifischen Liganden binden können. Rezeptoren geben Informationen ins Zellinnere weiter oder schleusen Substanzen in die Zelle ein.

**Rheumatische Erkrankungen** Zu Erkrankungen des rheumatischen Formenkreises zählen einige 100 unterschiedliche Krankheiten. Ihnen gemeinsam ist die Pathogenese, bei der Autoantikörper eine wesentliche Rolle spielen. Die Ursache für deren Entstehung ist unklar. Die Antikörper richten sich gegen körpereigene Antigene und verursachen eine chronische Entzündung. Die Symptome sind Schmerzen und Gelenkschwellungen bis hin zu Gelenkzerstörung und Fehlstellung als Spätfolgen.

**Ribozym** Katalytisch aktive RNA-Moleküle, die chemische Reaktionen beschleunigen. So hilft die rRNA des Ribosoms bei der Knüpfung von Peptidbindungen einer wachsenden Polypeptidkette.

**Sarkom** Maligner Tumor, der vom Mesenchym ausgeht. Man kann diese Gruppe unterteilen in Knochen- und Weichgewebssarkome. Es gibt mehrere hundert unterschiedliche Tumoren, die charakteristische histologische und genetische Merkmale aufweisen.

**Signaltransduktion** Aufnahme und Weiterleitung von Signalen, welche eine Zelle über bestimmte Rezeptoren wahrnimmt. An der Weiterleitung, Amplifikation und Integration dieser Signale sind eine Vielzahl verschiedener Moleküle beteiligt.

**siRNA** Synthetische, doppelsträngige, ca. 22 bp lange µRNA-Moleküle, deren Sequenz komplementär zu bestimmten mRNA-Molekülen in transfizierten Zelle ist. Durch Bindung an die mRNA wird diese abgebaut und die Proteinbiosynthese somit verhindert. siRNA-Moleküle spielen eine wichtige Rolle in der molekularbiologischen Forschung und stellen eine potentielle neue Medikamentenklasse dar.

**Stammzelle** Unsterbliche Zellen, die sich bei der Zellteilung einerseits selbst erneuern können und andererseits weiter differenzierte Tochterzellen hervorbringen.

**Steroide** Polyzyklische Kohlenwasserstoffe, die zu den Lipiden gehören. Zu den Steroiden zählen z. B. Cholesterin, viele Hormone (z. B. Sexualhormone), Vitamin D und die Gallensäuren.

**Stickstoffmonoxid (NO)** Verbindung aus Stickstoff und Sauerstoff, die im Körper in Endothelzellen gebildet und freigesetzt wird. Es aktiviert in glatten Muskelzellen der Gefäße eine zytosolische Guanylatzyklase, die cGMP bildet, was zur Vasodilatation führt.

**Thermogenese** Bildung von Wärme i. d. R. durch Stoffwechselaktivität und Muskelzittern. Beim Neugeborenen findet die Thermogenese u. a. im braunen Fettgewebe durch eine Entkopplung der Atmungskette statt.

**Thrombopoetin (TPO)** Glykoprotein, das als Zytokin wirkt und in Leber und Niere produziert wird. Es fördert die Bildung und Differenzierung der Thrombozyten im Knochenmark.

**Thrombozyten** Kleinste Zellen des Bluts, die durch Abschnürung aus Megakaryozyten entstehen. Sie enthalten keinen Kern und damit auch keine DNA. Thrombozyten sind wichtiger Bestandteil der primären Hämostase und sorgen für einen raschen Verschluss einer Endothelverletzung.

**Treadmilling** Englischer Fachbegriff für die durch ein gerichtetes Wachstum von Zytoskelettfilamenten bedingte Fortbewegung derselbigen. Insbesondere beobachtet bei Aktinfilamenten.

**Trophoblastzellen** Äußere Zellschicht einer Blastozyste. Sie verbindet diese mit der Wand des Uterus und stellt somit die Grenzschicht zwischen jungem Organismus und Mutter dar.

**Tuberkulose** Bakterielle Infektionskrankheit (Mycobacterium tuberculosis), die durch Tröpfchen übertragen wird. Sie ist immer noch weit verbreitet und führt die Liste der tödlichen Infektionskrankheiten an. Es erkranken vor allem immungeschwächte Personen, Ältere, Alkohol- und Drogenabhängige. Die Symptome sind häufig unspezifisch. Eine Kombinationstherapie mit vier verschiedenen Antibiotika dauert ein halbes Jahr.

**T-Zellen** Auch T-Lymphozyten genannt. Gehören zu den weißen Blutzellen (Leukozyten). T-Zellen werden im Knochenmark gebildet und reifen im Thymus. Sie erkennen fremde Antigene nur, wenn sie ihnen auf sog. MHC-Rezeptoren von antigenpräsentierenden Zellen präsentiert werden.

**Van-der-Waals-Kräfte** Schwache Wechselwirkungen zwischen unpolaren Teilchen aufgrund temporärer Ladungsverschiebungen in ihren Elektronenhüllen. Je größer die Moleküle sind, desto wichtiger wird diese chemische Wechselwirkung.

**Wasserstoffbrückenbindungen** Stärkere nichtkovalente Wechselwirkungen als z. B. die Van-der-Waals-Kräfte. Sie bilden sich zwischen zwei polaren funktionellen Gruppen über ein Wasserstoffatom aus und treten beispielsweise zwischen Wassermolekülen oder bei der Basenpaarung der DNA auf.

**Zentrosom** Wichtigstes Mikrotubulus-organisierendes Zentrum menschlicher Zellen. Zuständig für den Aufbau des Mikrotubulus-Zytoskeletts in der Interphase und des Spindelapparats während der Mitose.

**Zilien** Ausstülpungen der Plasmamembran von Epithelzellen. Sie bestehen aus Mikrotubuli als sog. Axonem und einem Basalkörper, der von den Zentriolen einer Zelle gebildet wird. Es werden Kinozilien (beweglich, Transportfunktion) von primären Zilien (unbeweglich, Sensorfunktion) unterschieden.

**Zygote** Befruchtete Eizelle direkt nach dem Eindringen des Spermiums. Die Zygote ist diploid und wird durch den Zilienschlag der Tube Richtung Gebärmutter bewegt. Die Zygote teilt sich und nistet sich schließlich als Blastozyste 5–6 Tage nach Befruchtung in die Gebärmutterschleimhaut ein.

**Zytokinese** Einschnürung der Zellmembran im Rahmen der Zellteilung zur Bildung von zwei Tochterzellen. Die Zytokinese beginnt meist in der Anaphase der Mitose (Kernteilung) und wird von zentralen Anteilen der Mitosespindel aus gesteuert. Ihr liegt die Kontraktion eines kortikalen Rings aus Aktin- und Myosinfilamenten zugrunde.

# BASICS-Quiz

**1 Im Zellzyklus existieren mehrere Checkpoints. Welche Aussage zu diesen Kontrollpunkten ist falsch?**

A Am $G_1$-Restriktionspunkt induzieren Wachstumsfaktoren die Phosphorylierung des Retinoblastom-Proteins.

B Kommt es zu DNA-Schäden, wird der Zellzyklus im Rahmen des DNA-Damage-Checkpoints in der $G_1$-, S- oder $G_2$-Phase angehalten.

C Beim DNA-Replikations-Checkpoint spielen inaktive Replikationsgabeln eine wichtige Rolle.

D Die Anaphase wird erst in Gang gesetzt, wenn alle Kinetochore der Chromosomen mit den Mikrotubuli der beiden gegenüberliegenden Spindelpole verbunden sind.

E Die Trennung der Schwesterchromatiden erfolgt vor dem Spindel-Checkpoint.

**2 Verschiedene Mechanismen und Karzinogene tragen zur Entstehung von bösartigen Tumoren bei. Welche Aussage hierzu ist richtig?**

A UV-Licht führt typischerweise zu Adenokarzinomen der Nasenschleimhaut.

B Zu den numerischen Chromosomenaberrationen gehört die Deletion.

C Eine mutationsbedingte Inaktivierung eines Ras-GAP (Ras-GTPase-aktivierendes Protein) regt eine Zelle zur Proliferation an.

D Das Tumorstammzellkonzept spielt in der aktuellen Krebsforschung keine Rolle mehr und hat lediglich historische Bedeutung.

E Während der Metastasierung kommt es zur Stabilisation von Zell-Zell-Kontakten.

**3 Apoptose und Nekrose sind zwei unterschiedliche Mechanismen, durch welche Zellen zugrunde gehen können. Welche Aussage hierzu ist falsch?**

A Caspasen werden im Rahmen der Apoptose aktiviert.

B Nekrose wird durch physikochemische Reize oder Noxen ausgelöst.

C Nekrose geht typischerweise mit einer Entzündungsreaktion einher.

D Bax und Bad sind zwei wichtige anti-apoptotische Faktoren. Durch ihre Expression kann sich eine Zelle vor dem Untergang schützen.

E Der Fas-Ligand kann über den extrinsischen apoptotischen Signalweg den Vorgang des programmierten Zelltods auslösen.

**4 Welche Aussage zu Steroidhormonen und deren Signaltransduktion ist richtig?**

A Steroidhormone können die Membran einer Zelle nicht durchdringen und binden daher an oberflächliche Membranrezeptoren.

B Steroidhormone binden an nukleäre Rezeptoren im Zytoplasma.

C Nukleäre Rezeptoren werden durch p53 in einer inaktiven Konformation gehalten.

D Nukleäre Rezeptoren besitzen eine saure nukleäre Lokalisationssequenz.

E Nach Bindung von Steroiden kommt es zur Trimerisierung von nukleären Rezeptoren.

**5 Die Prophase der Meiose wird in verschiedene Stadien unterteilt. Welche Aussage ist falsch?**

A Im Leptotän kommt es zur Kondensation von Chromosomen.

B Im Leptotän entstehen Doppelstrangbrüche in der DNA, um Rekombinationsvorgänge möglich zu machen.

C Im Pachytän kommt es zur Ausbildung von Chiasmata.

D Im Pachytän entstehen die Chiasmata bevorzugt in rekombinierten DNA-Bereichen.

E Im Diplotän wird der synaptonemale Komplex aufgebaut.

**6 Welche Aussage zu Synapsen und Neurotransmittern trifft nicht zu?**

A Chemische Synapsen bestehen aus einer prä- und einer postsynaptischen Membran.

B Vor der Ausschüttung eines Neurotransmitters in den synaptischen Spalt strömen Calciumionen in die Axonterminale.

C Im Rahmen der Exozytose eines Neurotransmitters kommt es zur Bildung eines Trans-SNARE-Komplexes zwischen Vesikelmembran und präsynaptischer Membran.

D Ionotrope Rezeptoren führen nach Bindung eines Neurotransmitters immer zur Depolarisation der postsynaptischen Membran.

E Metabotrope Rezeptoren sind G-Protein-gekoppelte Rezeptoren mit sieben Transmembrandomänen.

**7 Welche Aussage zu Insulin und dessen Freisetzungsmechanismus ist falsch?**

A Die Insulinfreisetzung aus dem endokrinen Pankreas basiert auf einer Öffnung von ATP-sensitiven Kaliumkanälen in β-Zellen.

B Insulin wird postprandial bei hohen Glucosespiegeln im Blut ausgeschüttet, um diese zu senken.

C Insulin wird in zinkhaltigen Granula gespeichert.

D Die Fusion der Granula mit der Zellmembran der β-Zellen wird durch einen Anstieg der intrazellulären Calciumkonzentration vermittelt.

E Die Regulation der Insulinausschüttung basiert auf dem Vorhandensein eines Membrantransporters mit einer niedrigen Affinität für Glucose.

**8 Die Targeted therapy spielt eine immer größer werdende Rolle v. a. in medizinischen Zentren bei der Behandlung komplexer Krankheitsbilder. Welche Aussage ist falsch?**

A Trastuzumab ist ein monoklonaler Antikörper. Er wird im Kampf gegen Brustkrebs eingesetzt.

B Histondeacetylase-Inhibitoren reduzieren die Packungsdichte der DNA durch eine verminderte Bildung von Heterochromatin.

C Inhibitor der Proteasomenfunktion ist z. B. Bortezomib. Die Prognose von Patienten mit multiplem Myelom kann durch Therapie mit Bortezomib gebessert werden.

D Die Induktion von Zelldifferenzierung spielt bei der Targeted therapy von Tumorerkrankungen noch keine Rolle.

E Bevacizumab ist ein VEGF-Antagonist. Es verhindert daher die hypoxieinduzierte Gefäßneubildung in Tumorgeweben.

**9 Oligo- und Polysaccharide spielen in der Medizin eine wichtige Rolle. Welche Aussage ist falsch?**

A Oligosaccharide sind Bestandteile von Glykoproteinen.
B In Polysacchariden sind Monomere miteinander verknüpft. Man unterscheidet bei Polysacchariden Homo- von Heteroglykanen.
C Glykogen ist die Speicherform der Glucose. Im Menschen findet man Glykogen in erster Linie in Gehirn- und Darmzellen.
D Glykogen ist eine Homoglykan. Glykogen besteht aus vielen Glucosemonomeren, die durch zwei verschiedene glykosidische Bindungstypen miteinander verknüpft sind.
E Die repetitive Disaccharideinheit des Chondroitinsulfats wird von D-Glucuronsäure und N-Acetylgalactosamin gebildet.

**10 Beim Aufbau eines Proteins werden vier verschiedene Strukturebenen unterschieden. Welche Aussage über die Strukturebenen eines Proteins ist falsch?**

A Die lineare Aminosäuresequenz einer Peptidkette wird als Primärstruktur bezeichnet.
B Wasserstoffbrückenbindungen zwischen dem Carboxy-Sauerstoff und dem Amid-Wasserstoff des Peptidrückgrats sind entscheidend bei der Ausbildung von Sekundärstrukturen.
C Die Tertiärstruktur wird durch kovalente Bindungen wie Disulfidbrücken zwischen Cysteinresten stabilisiert. Nichtkovalente Wechselwirkungen zwischen Aminosäuren tragen nicht zur Stabilisierung dieser Struktur bei.
D Einen strukturell oder funktionell eigenständigen Bereich einer Tertiärstruktur nennt man „Domäne“.
E Hämoglobin bildet eine Quartärstruktur aus.

**11 Welche Aussage zu eukaryoten RNA-Polymerasen ist richtig?**

A Die RNA-Polymerase I synthetisiert tRNA.
B Die RNA-Polymerase III synthetisiert rRNA im Nukleolus.
C Die RNA-Polymerase I synthetisiert auch die snRNA.
D Das Gift des Knollenblätterpilzes, $\alpha$-Amanitin, hemmt v. a. die RNA-Polymerase II.
E Die RNA-Polymerasen benötigen einen DNA-Primer als Startmolekül.

**12 Welche Aussage zum zentralen Dogma der Molekularbiologie ist falsch?**

A Die Erbinformation liegt auf der DNA.
B Proteinsequenzen können niemals in DNA-Sequenzen umgeschrieben werden.
C Nach aktuellem Stand der Forschung kann in keinem Fall der Weg von der mRNA zur DNA beschritten werden.
D Es existieren Mechanismen, die mRNA-Sequenzen auch posttranskriptionell noch verändern können.
E Die Expressionsstärke von Genen kann auf verschiedenen Ebenen reguliert werden.

**13 Welche Aussage zum endoplasmatischen Retikulum ist falsch?**

A Proteine, die am rauen endoplasmatischen Retikulum synthetisiert werden, enthalten eine spezielle Signalsequenz, welche vom SRP (engl. Signal recognition particle) erkannt wird.
B Das raue endoplasmatische Retikulum besitzt ein Qualitätskontrollsystem für Proteine.
C Im glatten endoplasmatischen Retikulum findet u. a. die Synthese von Lipiden statt.
D Im glatten endoplasmatischen Retikulum der Leber finden Entgiftungsreaktionen durch das Zytochrom-$P_{450}$-System statt.
E Calciumionen werden nur im endoplasmatischen Retikulum der Muskulatur zur Kopplung von Muskelerregung und -kontraktion gespeichert.

**14 Welche Aussage zu Mitochondrien trifft zu?**

A Mitochondrien sind von einer Einzelmembran umhüllt.
B In der mitochondrialen Matrix befindet sich ein lineares Genom.
C Tick, Trick und Track führen den Transport von Proteinen über die mitochondriale Membran durch.
D Das mitochondriale Genom codiert für alle Proteine eines Mitochondriums.
E Im Mitochondrium existiert kein DNA-Reparatursystem. Deshalb ist die Mutationsrate im mitochondrialen Genom erhöht.

**15 Membranen haben verschiedene Funktionen. Welche Aussage hierzu ist falsch?**

A Die Barrierefunktion von Membranen wird durch den hohen Gehalt an Lipiden sichergestellt.
B Phosphatidylserin kommt bevorzugt in der äußeren Lipidschicht der Plasmamembran vor.
C Die Glykokalix auf der Außenseite der Plasmamembran dient einer Zelle zur Interaktion mit ihrer Umgebung.
D Rezeptoren befinden sich oft auf der Membranoberfläche und dienen der Übermittlung von extrazellulären Signalen ins Zellinnere.
E Rezeptoren mit GPI-Ankern befinden sich besonders häufig in sog. Lipid rafts. Hierbei handelt es sich um Mikrodomänen von Membranen, die besonders reich an Sphingolipiden und Cholesterin sind.

**16 Welche Aussage zu Peroxisomen trifft zu?**

A Wasserstoffperoxid, welches in Peroxisomen entsteht, kann durch lysosomale Hydrolasen entgiftet werden.
B Die peroxisomale Katalase setzt Wasserstoffperoxid in Stickstoff und Wasserstoff um.
C In den Peroxisomen kann Ethanol nicht abgebaut werden, da Peroxisomen nicht zu Entgiftungsreaktionen in der Lage sind.
D Peroxisomen besitzen stets einen konstanten Durchmesser.
E Das Zellweger-Syndrom ist eine Erkrankung, deren Kennzeichen eine gestörte Peroxisomenbildung ist. Die molekulare Ursache sind Mutationen in den PEX-Gen-Loci.

# BASICS-Quiz

**17 Es existieren verschiedene Typen von Intermediärfilamenten, die in jeweils spezifischen Geweben angetroffen werden können. Wenn ein Pathologe von einem GFAP-positiven Tumor spricht, dann stammt dieser am ehesten aus/von entarteten:**

**A** Fibroblasten
**B** Neuronen
**C** Darmzellen
**D** Astrozyten
**E** Oligodendroglia.

**18 Welche Aussage zu Proteinen in Zell-Zell-Kontakten trifft zu?**

**A** In Desmosomen strahlen Intermediärfilamente ein.
**B** Hemidesmosomen werden aus gewebsspezifischen Cadherinen aufgebaut.
**C** Der Schlussleistenkomplex ist aus Tight junctions und Zonula adhaerens aufgebaut. Desmosomen sind nicht am Aufbau beteiligt.
**D** Nexus trennen Epithelien in eine apikale und eine basolaterale Seite.
**E** Die integralen Membranproteine Occludin und Claudin finden sich in Adhärenskontakten.

**19 Welche Aussage zur Transkription und Translation ist falsch?**

**A** AUG ist das Start-Codon auf der mRNA und codiert für die Aminosäure Methionin.
**B** Ein Codon der mRNA bindet am Ribosom ein entsprechendes Anticodon der tRNA.
**C** Als posttranskriptionelle Modifikation wird an die prä-mRNA ein Poly-A-Schwanz am 3'-Ende angefügt.
**D** Introns stellen codierende Sequenzen innerhalb der DNA dar, wohingegen die Exons als nichtcodierende Bereiche gelten.
**E** Die 5'-Kappe wird aus 7-Methylguanosin aufgebaut.

**20 Wie viele Gene besitzt das menschliche Genom ungefähr?**

**A** 2300
**B** 23 000
**C** 230 000
**D** 2 300 000
**E** 23 000 000.

**Lösungen** 1E, 2C, 3D, 4B, 5E, 6D, 7A, 8D, 9C, 10C, 11D, 12C, 13E, 14E, 15B, 16E, 17D, 18A, 19D, 20B.

[1] Wolfgang Zettlmeier, Barbing.
[2] Sasan Partovi, Abteilung für Diagnostische und Interventionelle Neuroradiologie, Universitätsspital Basel, Schweiz.
[3] Wolfgang Zettlmeier, Barbing in: Zeeck, A., Grond, S., Papastavrou, I.: Chemie für Mediziner, 7. Auflage 2010
[4] Mit freundlicher Genehmigung von Torsten Roth.
[5] Björn Jacobi, Klinische Kooperationseinheit Molekulare Hämatologie/Onkologie, Deutsches Krebsforschungszentrum (DKFZ) und Klinik für Innere Medizin V, Universität Heidelberg.
[6] Kreiert aus Strukturdaten der RSCB Protein-Datenbank (www.pdb.org) mithilfe der JMol-Software (www.jmol.org), PDB ID: 2hhb (Fermi, G., Perutz, M. F., Shaanan, B., Fourme, R.: The crystal structure of human deoxyhaemoglobin at 1.74 A resolution. (1984) Journal of Molecular Biology 175: 159–174).
[7] Wolfgang Zettlmeier in: Dettmer, U., Folkerts, M., Kächler, E., Sönnichsen, A.: Intensivkurs Biochemie. Elsevier/Urban & Fischer, 2005.
[8] Prof. Ulrich Welsch in: Welsch, U.: Atlas Histologie. Elsevier/Urban & Fischer, 7. Auflage 2005.
[9] Kreiert aus Strukturdaten der RSCB Protein-Datenbank (www.pdb.org) mithilfe der JMol-Software (www.jmol.org), PDB ID: 1J4N (Sui, H., Han, B. G., Lee, J. K., Walian, P., Jap, B. K.: Structural basis of water-specific transport through the AQP1 water channel. (2001) Nature 414: 872–878).
[10] Kreiert aus Strukturdaten der RSCB Protein-Datenbank (www.pdb.org) mithilfe der JMol-Software (www.jmol.org), PDB ID: 2bg9 (Unwin, N.: Refined structure of the nicotinic acetylcholine receptor at 4A resolution. (2005) Journal of Molecular Biology 346: 967).
[11] Kreiert aus Strukturdaten der RSCB Protein-Datenbank (www.pdb.org) mithilfe der JMol-Software (www.jmol.org), PDB ID: 1SU4 (Toyoshima, C., Nakasako, M., Nomura, H., Ogawa, H.: Structural biology. Pumping ions. (2000) Nature 405: 647–655).
[12] Prof. Jürgen Roth, Zürich in: Schartl, M., Gessler, M., von Eckardstein, A.: Biochemie und Molekularbiologie des Menschen. Elsevier/Urban & Fischer, 2009.
[13] Stefan Elsberger, Planegg in: Welsch, U.: Lehrbuch Histologie. Elsevier/Urban & Fischer, 3. Auflage 2010.
[14] Prof. Ulrich Welsch in: Welsch, U.: Lehrbuch Histologie. Elsevier/Urban & Fischer, 3. Auflage 2010.
[15] Biochimica et Biophysica Acta (BBA) – Bioenergetics, Volume 1757/Issue 9–10, Weber, J.: ATP synthase: subunit–subunit interactions in the stator stalk. 1162–1170 (2006), with permission from Elsevier.
[16] Mit freundlicher Genehmigung von Dr. med. Hendrik Rosewich, Universitätsmedizin Göttingen, Zentrum Kinderheilkunde und Jugendmedizin.
[17] Boron W. F., Boulpaep, E.: Medical physiology. Saunders, 2. Auflage 2009.
[18] Cell, Volume 136/Issue 3, Houdusse, A., Carter, A. P.: Dynein swings into action. 395–396 (2009), with permission from Elsevier.
[19] Michael Budowick, München in: Welsch, U.: Lehrbuch Histologie. Elsevier/Urban & Fischer, 3. Auflage 2010.
[20] Baynes, D.: Medical Biochemistry. Mosby, 1999.
[21] Michael Budowick, München in: Welsch, U.: Atlas Histologie. Elsevier/Urban & Fischer, 7. Auflage 2005.
[22] Prof. Dr. D. Drenckhahn in: Benninghoff, A., Drenckhahn, D.: Anatomie, Band 1. Elsevier/Urban & Fischer, 17. Auflage 2008.
[23] Audrey Gordon, Progeria Research Foundation, Peabody, Massachusetts.
[24] Developmental Cell, Volume 17/Issue 5, Matera, A. G., Izaguire-Sierra, M., Praveen, K., Rajendra, T. K.: Nuclear bodies: random aggregates of sticky proteins or crucibles of macromolecular assembly? 639–647 (2009), with permission from Elsevier.
[25] Turnpenny, P., Ellard, S.: Emery's Elements of medical genetics. Churchill Livingstone Elsevier, 13. Auflage 2007.
[26] Clark, D. P.: Molecular Biology. Academic Press, 2010.
[27] Cell, Volume 108/Issue 4, Ramakrishnan V.: Ribosome structure and the mechanism of translation. 557–572 (2002), with permission from Elsevier.
[28] Kreiert aus Strukturdaten der RSCB Protein-Datenbank (www.pdb.org) mithilfe der JMol-Software (www.jmol.org), PDB ID: 1YSA (Ellenberger, T. E., Brandl, C. J., Struhl, K., Harrison, S. C: The GCN4 basic region leucine zipper binds DNA as a dimer of uninterrupted alpha helices: crystal structure of the protein-DNA complex. (1992) Cell (Cambridge, Mass.) 71: 1223–1237).
[29] Kreiert aus Strukturdaten der RSCB Protein-Datenbank (www.pdb.org) mithilfe der JMol-Software (www.jmol.org), PDB ID: 2QL2 (Longo, A., Guanga, G. P., Rose, R. B: Crystal structure of E47-NeuroD1/beta2 bHLH domain-DNA complex: heterodimer selectivity and DNA recognition. (2008) Biochemistry 47: 218–229).
[30] Kreiert aus Strukturdaten der RSCB Protein-Datenbank (www.pdb.org) mithilfe der JMol-Software (www.jmol.org), PDB ID: 1AAY (Elrod-Erickson, M., Rould, M. A., Nekludova, L., Pabo, C. O: Zif268 protein-DNA complex refined at 1.6 A: a model system for understanding zinc finger-DNA interactions. (1996) Structure 4: 1171–1180).
[31] Saskia Joppien in: S. Joppien, S. L. Maier, D. S. Wendling: BASICS Experimentelle Doktorarbeit. Elsevier/Urban & Fischer, 2010.
[32] Cell, Volume 125/Issue 3, Bukau, B., Weissman, J., Horwich, A.: Molecular chaperones and protein quality control. 443–451 (2006), with permission from Elsevier.
[33] Kreiert aus Strukturdaten der RSCB Protein-Datenbank (www.pdb.org) mithilfe der JMol-Software (www.jmol.org), PDB ID: 2BEG (Luhrs, T., Ritter, C., Adrian, M., Riek-Loher, D., Bohrmann, B., Dobeli, H., Schubert, D., Riek, R.: 3D structure of Alzheimer's amyloid-beta(1-42) fibrils. (2005) Proceedings of the National Academy of Sciences of the United States of America 102: 17 342–17 347).
[34] Mit freundlicher Genehmigung von PD Dr. med. Christian Hartmann, Abteilung für Neuropathologie, Uniklinik Heidelberg.
[35] Litwack G.: Human Biochemistry and Disease. Academic Press Elsevier, 2008.
[36] Kreiert aus Strukturdaten der RSCB Protein-Datenbank (www.pdb.org) mithilfe der JMol-Software (www.jmol.org), PDB ID: 1UBQ (Vijay-Kumar, S., Bugg, C. E., Cook, W. J.: Structure of ubiquitin refined at 1.8 A resolution. (1987) Journal of Molecular Biology 194: 531–544).
[37] Current Opinion in Cell Biology, Volume 16/Issue 6, Edinger, A. L., Thompson, C. B.: Death by design: apoptosis, necrosis and autophagy. Current Opinion. 663–669 (2004), with permission from Elsevier.
[38] Cell, Volume 100/Issue 1, Hanahan, D., Weinberg, R. A.: The hallmarks of cancer. 57–70, (2000), with permission from Elsevier.
[39] Seminars in Cancer Biology, Volume 13/Issue 2, Folkman, J.: Angiogenesis and apoptosis. 159–167 (2003), with permission from Elsevier.
[40] Mit freundlicher Genehmigung von Prof. Dr. Paul Georg Bongartz, Abteilung für Diagnostische und Interventionelle Neuroradiologie, Universitätsspital Basel, Schweiz.
[41] Henriette Rintelen, Velbert in: Goerke, K., Steller, J., Valet, A.: Klinikleitfaden Gynäkologie, Geburtshilfe. Elsevier/Urban & Fischer, 7. Auflage 2008.
[42] Roche Pharma Ag 2010 ppa.
[43] Mit freundlicher Genehmigung von PD Dr. Stephan Ulmer, Abteilung für Diagnostische und Interventionelle Neuroradiologie, Universitätsspital Basel, Schweiz.
[44] Böcker, W., Denk, H., Heitz, P. U.: Pathologie, Elsevier/Urban & Fischer, 4. Auflage 2008.
[45] Prof. Dr. Mathias Freund in: Freund, M.: Praktikum der mikroskopischen Hämatologie. Elsevier/Urban & Fischer, 11. Auflage 2008.
[46] Mit freundlicher Genehmigung von Prof. Dr. Alexander Dalpke, Department für Infektiologie, Bereich Medizinische Mikrobiologie und Hygiene, Universität Heidelberg.
[47] Mit freundlicher Genehmigung von Prof. Dr. med. Dietrich Reinhardt, Dr. von Haunersches Kinderspital der Ludwig-Maximilians-Universität München. In: Muntau, A.: Intensivkurs Pädiatrie. Elsevier/Urban & Fischer, 5. Auflage 2009.
[48] Dr. med. Dr. jur. R. Erlinger in: Welsch, U.: Lehrbuch Histologie. Elsevier/Urban & Fischer, 3. Auflage 2010.

# E Register

# Register

# Register

19789687R00085

Printed in Poland
by Amazon Fulfillment
Poland Sp. z o.o., Wrocław